XGI 중심
PLC 제어

엄기찬 저

 북스힐

머 리 말

PLC(Programmable Logic Controller)는 종래에 사용하던 제어반 내의 릴레이, 타이머, 카운터 등을 반도체 소자로 대체시켜 프로그램 제어를 할 수 있는 제어장치로서 소품종 다량생산 시스템은 물론이고 다품종 소량생산 시스템의 제어계로서 적합하므로 지속적인 발전을 해 오고 있다.

산업사회가 자동화 시스템으로 발전함으로써 작업의 능률화, 극대화 및 정확도를 요구하게 되며, 그에 부응하는 PLC의 활용이 거의 전 산업분야로 확대되고 있다. 또한 PLC에 의한 자동화의 응용으로서 FA의 진전에 따라 생산설비의 다양한 라인화나 FMS화, 정보의 모니터링 기술이 발전을 거듭하고 있으며, 국내의 LS산전에서는 차세대 자동화시대를 실현시킬 XGT(Next Generation Technology)라는 PLC를 개발하여 보급하고 있다. XGT PLC는 GLOFA를 기본으로 하여 업그레이드시킨 XGI 시리즈와 Master-K를 기본으로 하여 업그레이드시킨 XGK 시리즈를 포함하고 있다.

본서는 GLOFA를 업그레이드시킨 XGI 시리즈의 PLC에 대한 기초 지침서로서 LS산전의 XGI 관련 사용설명서, 카탈로그, XG5000의 사용법 및 명령어집 등을 참고하여 엮었으며, XGI를 이용하는 기초 프로그램과 응용 프로그램을 수록하였다.

1장에서는 자동제어의 개요, 2장에서는 XGI PLC의 개요에 대하여 기술하였으며, 3장에서는 하드와이어 시스템, 4장에서는 메모리 구성과 변수, 5장에서는 소프트와이어 시스템, 6~10장에서는 프로그램과 PLC운용의 편집 tool인 XG5000의 사용법에 따라 모니터링, 시뮬레이션, 연산자의 기능 및 펑션, 펑션블록 등의 이용방법을 체계적으로 서술하였다. 또한 11장에서는 아날로그 입·출력모듈을 이용하는 제어에 관하여 기술하고 12장에는 XGI PLC

의 기초 및 응용 프로그램을 수록하였다.

본서는 산업현장의 차세대 PLC인 XGI PLC의 참고도서 또는 대학의 PLC의 기초교재로서 엮었으며, 초보자뿐 아니라 특히 GLOFA PLC기종을 사용해온 산업체 또는 교육기관에서는 IEC규격에 따르면서 체계가 유사하여 적응이 용이할 것으로 사료된다. 그러나 내용이 미비하거나 오류가 있을 것으로 생각되며 독자들의 충고 및 조언을 들어 수정·보완해갈 예정이다.

끝으로 이 책이 나오기까지 LS산전의 XGI PLC에 관련하는 문헌의 저자 분들께 감사드리고 북스힐의 조승식 사장님, 임종우 부장님을 비롯한 관계자 여러분께 감사드린다.

2014. 12. 저자 씀

12장 PLC프로그램 목록

■ 기초 프로그램 목록

■ 응용 프로그램 목록

:: 요약 차례

1 제어와 자동제어의 개요

제어(control)라 함은 목적하는 동작의 결과를 얻기 위하여 제어대상에 필요한 동작(조작)을 가하는 것을 의미한다. 이 제어는 사람에 의해 행해질 때 수동제어(manual control)라 하며, 제어장치에 의해 자동적으로 행해지는 경우를 **자동제어**(automatic control)라 한다.

자동제어는 제어를 하기 위한 정보, 즉 제어신호가 전해지는 경로의 개폐상황에 따라 **폐회로 제어**(closed loop control)와 **개회로 제어**(open loop control)의 두 가지로 분류된다. 개회로 제어는 시퀀스 제어(sequence control)와 같이 1개의 동작이 끝나면 그 결과에 따라서 다음 동작이 개시되는 식으로 순차동작을 일으켜 목적달성을 하는 방식이며, 가공공정의 자동화 등 공정 자동화의 주체를 이룬다. 이에 대해 폐회로 제어는 제어의 질의 개선에 효과가 있는 방식으로서, 제어결과를 입력측으로 피드백시켜 결과를 소요 목적에 합치하도록 하는 제어이다. 제어이론의 대부분은 폐회로에 관한 것이며, 좁은 의미의 자동제어는 이 방식이다.

자동제어와 대조를 이루는 것이 수동제어로서, 제어장치 및 조작부의 기능을 인간이 주관한다. 이것을 기계화한 것이 자동제어이고, 이로써 종래 인간이 해오던 단조로운 일들의 자동화가 가능해지는 것 외에 품질 및 생산량의 향상도 기대할 수 있게 되었다. 그러나 근래에는 제어목적이나 이것에 대한 요구도가 현저히 향상되어 전부 기계화하는 것은 불가능하므로 기계계 속에 인간을 개재시킴으로써 그 기능을 얻고자 하는 인간－기계시스템 (man－machine system)이 개발되고 있다.

1.1 │ 자동제어계

1.1.1 개회로 제어계

이 제어계는 미리 설정해 놓은 순서에 따라 순차적으로 동작시키는 제어이며, 따라서 조건의 변화가 생기면 목적에 맞게 동작하지 않는다. **개회로 제어**는 다음과 같이 분류된다.

(1) 순서제어

제어의 각 단계를 순차적으로 수행하며, 이때 각 단계의 동작이 완료되었을 때 센서(검출기)에 의해 다음 단계의 신호로 작동을 진행하는 제어이다. 예로서 자동 조립장비, 컨베이어 장치, 전용 공작기계 등이다.

(2) 시한제어

시간의 경과에 따라 제어의 각 단계를 동작시키는 제어이며, 따라서 센서는 사용하지 않아도 된다. 예로서 세탁기, 교통신호 제어, 네온사인 등에서 이용되고 있다.

(3) 조건제어

제어대상의 상태신호, 완료신호를 조합하여 정해진 조건이 성립되면 기기를 동작시키는 제어이다. 따라서 입력조건에 따라 출력이 정해지며, 그것에 의해 제어대상이 동작하고 그에 따라 다음의 입력조건이 정해진다. 예로서 불량품 처리제어, 빌딩의 엘리베이터 제어에 이용되고 있다.

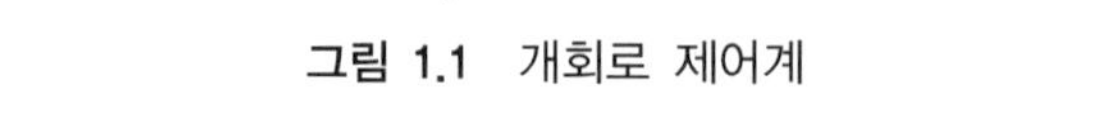

목표값 ➡ 제어장치 ➡(조작)➡ 제어대상 ➡ 제어량

그림 1.1 개회로 제어계

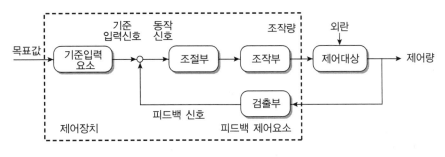

그림 1.2 폐회로 제어계

1.1.2 폐회로 제어계

폐회로 제어는 제어량을 측정하여 목표값과 비교하고, 그 차를 적절한 정정신호로 교환하여 제어장치로 되돌리며, 제어량이 목표값과 일치할 때까지 수정 동작을 하는 자동제어를 말한다. 제어장치는 기준입력요소, 검출부, 조절부, 조작부 등으로 구성된다.

1.2 | 자동제어 방식

(1) 공기식(pneumatic type)

공기식 조절기 및 조작기에 의해 행하는 제어이며, 각 기기는 금속관 또는 폴리에틸관에 의한 공기압으로 이어지고, 동력원으로서 압축공기가 이용된다. 특징은 다음과 같다.

① 에너지원이 건조된 압축공기이므로 청결하다.
② 연속제어 및 순차제어를 할 수 있다.
③ 동작이 원활하고 비례동작이 가능하다.
④ 대형장치에는 공기식으로서 큰 힘의 출력을 내기 어려우므로 에너지원으로서 유압식이 적합하다.

(2) 전기식(electric type)

신호의 전송과 조작부의 구동을 전기신호로서 이용하고, 제어량의 변화를 기계적 변위로 변환시킨다. 단순한 제어와 단일 루프제어에 적합하며 시퀀스 제어의 기본적인 방식이다. 특징은 다음과 같다.

① 에너지원을 용이하게 얻을 수 있다.

② 구조 및 원리가 간단하고 고장이 적다.

③ 염가이다.

④ 관리 및 보수가 용이하며 간단한 장치에 적합하다.

(3) 전자식(electronic type)

제어량의 변화를 센서에 의하여 검출하고, 비교, 연산하여 조작부에 전송하여 조절한다. 제어량은 전기저항이나 전압으로 변화시켜 이 신호에 의해 조작기가 구동된다. 특징은 다음과 같다.

① 고정밀도 제어가 가능하다.

② 연속제어 및 순차제어를 할 수 있다.

③ 비례제어, 미분제어, 적분제어 및 보상제어가 가능하다.

④ 보수가 용이하다.

(4) DDC(direct digital control) 방식

직접 디지털 제어(DDC)는 아날로그 조절기 대신에 마이크로컴퓨터의 소프트웨어에 의한 디지털량으로 조작부를 움직인다. 즉, 각 센서로부터 아날로그 신호(전자적 신호)를 받아 디지털화하여 연산을 하며 출력은 다시 조작기를 작동시킬 수 있도록 아날로그량(전압이나 전류)으로 변환된다. 특징은 다음과 같다.

① 검출부가 전자식이다.

② 조절부가 컴퓨터이므로 연산제어가 가능하고, 정밀도와 신뢰도가 높다.

③ 전 제어계통이 중앙감시 장치에 연결되어 설계변경, 제어방식의 변경, 제어상태의 감시를 중앙에서 할 수 있다.

④ 설비비가 고가이다.

(5) DCS(distribute control system) 방식

분산제어 시스템(DCS)은 전체의 통합관리(제어 및 감시)를 중앙제어실에서 하지만 자동제어 프로그램이 내장되어 있는 여러 개의 제어용 컴퓨터를 기능별로 분산시켜 위험을 최소화할 수 있는 방식이다. DCS 방식의 요구조건은 다음과 같다.

① 공정제어 전용 시스템으로서 신뢰도가 높아야 한다.
② 플랜트 운전을 편리하게 하기 위해 각종 표준화면의 설치가 필수적이다.
③ 아날로그 제어와 피드백 제어가 가능한 시스템으로 하여 플랜트 제어에 적합하도록 한다.
④ 시스템의 유지와 보수가 용이해야 하며, 프로그램의 수정이 가능해야 한다.

1.3 | 제어시스템의 분류

1.3.1 제어정보 표시형태에 의한 분류

(1) 아날로그 제어계

아날로그 제어계는 연속적인 물리량으로 표시되는 아날로그 신호로 처리되는 시스템이다.

(2) 디지털 제어계

정보의 범위를 여러 단계로 등분하여 각각의 단계에 하나의 값을 부여한 디지털 제어신호에 의하여 제어되는 시스템을 의미한다. 제어정보는 카운터, 레지스터, 메모리 등의 기구를 통해 입력된다.

(3) 2진 제어계

하나의 제어변수에 두 가지의 가능한 값, 즉 On/Off, Yes/No 등과 같은 2진 신호를 이용하여 제어하는 제어시스템을 의미한다. 가장 많이 이용되는 제어시스템이다.

1.3.2 신호처리 방식에 의한 분류

(1) 동기 제어계(synchronous control system)

이 제어시스템은 실제의 시간과 관계된 신호에 의하여 제어가 행해지는 것을 뜻한다.

(2) 비동기 제어계(asynchronous control system)

이 제어시스템은 시간과는 관계없이 입력신호의 변화에 의해서만 제어가 행해지는 제어시스템이다.

(3) 논리 제어계(logic control system)

요구되는 입력조건이 만족되면 그에 상응하는 출력신호가 출력되는 시스템이다. 이러한 논리 제어 시스템은 메모리 기능이 없으며, 이 해결에는 Boolean논리 방정식이 이용된다.

(4) 시퀀스 제어계(sequence system)

제어프로그램에 의해 미리 결정된 순서대로 제어신호가 출력되어 순차적인 제어를 행하는 것을 의미한다.

1) 시간종속 시퀀스 제어계(timed sequence control system)

순차적인 제어가 시간의 변화에 따라서 행해지는 제어시스템이다. 즉 프로그램 벨트나 캠축을 모터로 회전시켜 일정한 시간이 경과되면 다음 작업이 행해지도록 하는 것으로서 전 단계의 작업완료 여부와 다음 단계의 작업과 연관이 없다.

2) 위치종속 시퀀스 제어계(process-dependent sequence control system)

순차적인 작업이 전 단계의 작업완료 여부를 확인하여 수행하는 제어시스템이다. 즉, 전 단계의 작업완료 여부를 리밋 스위치나 센서를 이용하여 확인하고 다음 단계의 작업을 수행하는 것으로 일반적으로 이것을 시퀀스 제어라 한다.

1.3.3 제어과정에 따른 분류

(1) 파일럿 제어(pilot control)

요구되는 입력조건이 만족되면 그에 상응하는 출력신호가 출력되는 시스템으로서 일명 논리 제어라고도 한다. 이것은 메모리 기능이 없고 이의 해결에는 Boolean논리 방정식이 이용된다.

(2) 메모리 제어(memory control)

어떤 입력신호가 입력되어 출력신호를 얻은 후에는 입력신호가 없어져도 그때의 상태를 유지하는 제어방법이다. 즉, 한번 출력된 제어신호가 기억되므로 출력신호를 없애려면 반대의 입력신호가 입력되어야 한다.

(3) 시간에 따른 제어(timing control)

제어가 시간의 변화에 따라서 행해진다. 즉, 프로그램 벨트나 캠축을 모터로 회전시켜 일정한 시간이 경과되면 그에 따른 제어신호가 출력되는 것으로서 전 단계의 작업과 다음 단계의 작업 간에는 아무 연관관계가 없다.

(4) 조합제어(coordinated motion control)

이 제어방법은 목표치가 캠축이나 프로그램 벨트와 프로그래머에 의해 주어지나, 그에 상응하는 출력변수는 제어계의 작동요소에 의해 영향을 받는다. 즉, 제어명령은 시간에 따른 제어(timing control)와 같은 방법으로 주어지나 그 수행은 시퀀스 제어에서와 마찬가지로 감시된다.

(5) 시퀀스 제어(sequence control)

시퀀스 제어 시스템은 순차적인 작업이 전 단계의 작업완료 여부를 확인하여 수행되는 방법이다. 즉, 전 단계의 작업완료를 리밋 스위치나 센서를 이용하여 확인한 후 다음 단계의 작업을 수행하는 것으로서 공장자동화에 가장 많이 이용된다.

1.4 | 제어신호(signal)

신호는 정보를 의미하며, 물리량이나 물리량의 변화와 정보의 전달, 처리, 저장 등에 관련된다. 신호에는 다음과 같은 형식이 있다.

(1) 아날로그 신호(analog signal)

아날로그 신호는 정보를 연속적인 물리량으로 부여하는 것을 말한다. 정보량은 정한 범위

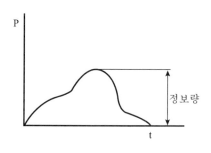

그림 1.3   아날로그 신호

내의 임의의 값을 가질 수 있다.

(2) 불연속 신호(discrete signal)

이 신호는 시간에 따른 교통량의 변화와 같이 정보량을 특정한 값으로 표시하는 것으로
서 각 정보 간에는 아무 연관이 없다.

(3) 디지털 신호(digital signal)

이 신호는 고려 중인 정보의 범위를 여러 단계로 등분하여 각각의 단계에 하나씩 값을
부여하여 정보량을 표시한다.

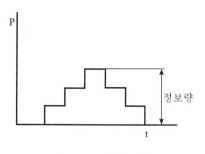

그림 1.4   디지털 신호

(4) 2진 신호(binary signal)

하나의 신호변수에 두 가지의 가능한 값만이 있는 신호이다. 따라서 이 신호는 정보를
두 가지 형태로 표현한다. 즉 On/Off, Yes/No 등과 같이 어떤 물리량의 존재유무에 따라
신호를 결정한다(그림 1.5 참조).

자동제어에서는 아날로그 신호를 주로 사용하지만 일반적인 제어에서는 2진 신호 형태

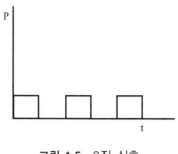

그림 1.5 2진 신호

의 디지털 신호 형태를 많이 사용한다. 이러한 신호는 만들기 쉽고 처리가 간단하므로 정보처리 등에서는 중요하다.

1.5 │ 제어시스템의 구성

제어장치 또는 **제어시스템**은 입력부, 제어부, 출력부의 세 가지로 크게 구분되어 이들의 신호흐름의 형태는 그림 1.6과 같다.

신호가 입력되면 신호처리과정을 거쳐서 제어신호가 출력되어 명령지시가 이루어지는데 이것이 제어시스템에 대한 신호흐름의 기본이다. 하드웨어에서는 각각의 신호흐름을 담당하는 요소들이 있어 구체적인 작동을 하게 된다.

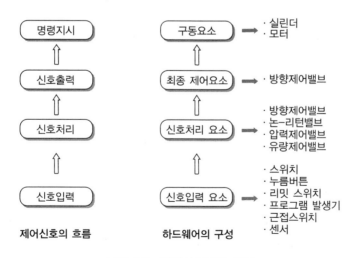

그림 1.6 제어시스템의 구성

🧊 용어설명

- **목표값(desired value)** : 제어시스템에서 제어량이 그 값을 갖도록 외부로부터 주어지는 값이며, 피드백 제어시스템에 속하지 않는다.
- **기준입력 요소(reference input element)** : 목표값에 비례하는 기준입력 신호를 발생시키는 요소로서 설정부라고도 한다.
- **기준입력 신호(reference input signal)** : 제어시스템을 동작시키는 기준으로서 직접 폐루프 시스템에 가해지는 입력신호로 목표값에 대하여 일정한 관계를 갖는다.
- **피드백 신호(feedback signal)** : 제어량의 값을 목표값과 비교하여 동작신호를 얻기 위해 기준입력과 비교되는 신호로서 제어량과 함수관계에 있다.
- **동작신호(actuating signal)** : 기준입력과 피드백 신호와의 편차인 신호로서 제어동작을 일으키는 신호이다.
- **제어요소(control element)** : 동작신호를 조작량으로 변환하는 요소로서 조절부와 조작부로 구성된다.
- **조절부(controlling means)** : 기준입력과 검출부 출력을 합하여 제어시스템이 제어를 하는 데 필요한 신호를 만들어 조작부에 보내주는 부분으로 제어장치의 중심이다.
- **조작부(final control element)** : 조절부로부터 받은 신호를 조작량으로 바꾸어 제어대상에 보내주는 부분이다.
- **조작량(manipulated variable)** : 제어대상에 인가된 양으로 제어량을 변화시키기 위해 제어기에 의해 만들어지는 양이나 상태를 말한다.
- **제어대상(controlled system)** : 제어시스템에서 제어량을 발생시키는 장치로서 제어를 직접 받는 장치이다.
- **외란(disturbance)** : 제어량의 값을 변화시키려는 외부로부터의 바람직하지 않은 입력신호로서 시스템의 출력 값에 나쁜 영향을 미치게 하는 신호이다. 외란이 시스템 내부에서 발생할 때는 내적 외란, 시스템의 외부에서 발생하여 입력으로 작용할 때는 외적 외란이라 한다.
- **제어량(controlled variable)** : 제어대상의 양, 즉 측정되어 제어되는 것을 말하며, 출력량이라고도 한다.
- **검출부(detecting means)** : 제어대상으로부터 제어량을 검출하고 기준입력 신호와 비교시키는 부분이다.
- **피드백 요소(feedback element)** : 제어량에서 피드백을 생성하는 요소이다.

- **제어장치(control device)** : 제어를 하기 위해 제어대상에 부가하는 장치로 기준입력 요소, 제어요소, 피드백 제어요소가 여기에 속한다.
- **시스템(system)** : 서로 작용하여 어떤 목적을 수행하는 부품들의 조합체로서 시스템의 개념은 물리적인 것에 국한되지 않고 추상적이고 동적인 현상에도 사용된다.
- **제어편차(controlled deviatipn)** : 목표값으로부터 제어량을 뺀 값으로서 이 신호가 그대로 동작신호가 되기도 한다.

CHAPTER

2 PLC의 개요

2.1 | PLC의 정의

PLC(Programmable Logic Controller)는, 종래에 사용하던 제어반 내의 릴레이, 타이머, 카운터 등의 기능을 LSI(Large Scale Integrated circuit), 트랜지스터 등의 반도체 소자로 대체시켜, 기본적인 시퀀스 제어기능에 수치연산 기능을 추가하여 프로그램 제어가 가능하도록 한 자율성이 높은 제어장치로서 프로그램의 시작과 끝을 순환(Scan)하면서 로직(Logic)을 수행할 수 있는 제어장치이다.

미국 전기 공업회 규격(National Electrical Manufacturers Association, NEMA)에서는 "디지털 또는 아날로그 입·출력 모듈을 통하여 로직, 시퀀싱, 카운팅, 연산과 같은 특수한 기능을 수행하기 위하여 프로그램이 가능한 메모리를 사용하고 여러 종류의 기계나 프로세서를 제어하는 디지털 동작의 전자장치"로 정의하고 있다.

처음에 개발된 PLC는 단순히 로직 컨트롤러로서 프로그램에 의한 간단한 제어가 가능했지만, 이후 산술연산, 출력장치 제어, 통신기능 같은 고기능이 부가되었으며, 그 후로 PLC는 컴퓨터와의 통신을 이용한 PLC 사용을 위해 통합 소프트웨어의 개발로 사용자들은 보다 쉽게 PLC 프로그래밍을 할 수 있게 되었고, 사용자에게 보다 친숙한 환경을 제공하여 그래픽을 이용한 현장의 모니터링이나, 데이터에 대한 그래픽처리 등 공정에 대한 문제점과 함께 각종 정보에 대한 수집까지도 할 수 있게 되었다.

2.2 | PLC의 기능

PLC는 접점의 AND, OR 연산과 Timer, Counter 연산 등의 기본 연산기능과, 서브루틴, Shift, Master control, 데이터 연산 등의 응용연산 기능을 가지며, 다음과 같이 정리할 수 있다.

- **시퀀스 제어** : On 또는 Off의 정보를 가지는 비트 신호(디지털 신호)를 입력받아 사용자가 작성한 시퀀스 프로그램에 따라 연산을 수행한 후 On 또는 Off의 결과를 비트 신호(디지털 신호)로 출력하는 제어 기능을 갖는다.
- **수치 연산** : 수치 데이터를 이용하여 덧셈, 뺄셈, 곱셈, 나눗셈 등의 연산을 수행하는 제어 기능을 갖는다.
- **아날로그 입력 및 출력** : 아날로그 입력모듈을 이용하여 전압, 전류, 온도 등의 아날로그량을 수치 데이터로 변경하고 아날로그 출력모듈을 이용하여 수치 데이터를 전압 또는 전류로 출력하는 기능을 갖는다.
- **고속 펄스열 입력 계수 기능** : 고속으로 On/Off를 반복하는 펄스열을 입력받아 계수하는 기능이다.
- **위치 제어 기능** : 펄스열을 출력하여 서보/스테핑 모터를 제어함으로써 서보/스테핑 모터에 연결된 기구부의 이동을 제어하는 기능을 갖는다.
- **통신 기능** : 각종 통신모듈을 이용하여 외부장비와 데이터를 교환하는 기능을 갖는다. 즉 PLC링크에 의해 여러 대의 기계를 연동(link)운전시켜 제어할 수 있으며, 또한 서로 다른 PLC를 상위링크하면 분산제어가 가능하다.
- **프로그램의 보존기능** : 메모리 IC(EP−ROM)를 사용하여 프로그램을 간단하게 보존할 수 있고, EEP−ROM이라는 IC메모리를 사용하여 전용장치나 PC에 접속하여 디스크에 프로그램을 보존할 수 있다.
- **시뮬레이션 기능** : PLC장치 없이도 프로그램을 이용하여 시뮬레이션(가상운전)을 할 수 있으며, 디버깅도 가능하다.
- **자기진단 기능** : 프로그램에 의해 제어가 에러 없이 수행하는가를 진단하는 기능이다.

2.3 │ PLC의 분류

(1) 크기에 의한 분류

보통 PLC는 3가지의 크기, 즉 소형(또는 마이크로형), 중형, 대형으로 분류할 수 있다.
소형의 범위는 128개의 입·출력점과 2K word 메모리까지를 말한다. 이들 PLC는 간단한 고수준 기기 제어가 가능하다.

중형 PLC는 2048개의 입·출력점과 32K word 메모리까지를 말한다. 특수 입·출력 모듈은 중형 PLC가 온도, 압력, 유량, 무게, 위치 또는 보통 공정제어의 모든 형태의 아날로그 기능을 수행할 수 있다.

대형 PLC는 16,000개의 입·출력점과 2M word 메모리를 가지며 응용범위가 매우 넓다. 또한 개별 생산공정 또는 공장 전체를 제어할 수 있다.

우리가 PLC의 크기를 선택할 때 PLC시스템이 현재의 조건을 충족시키면서 차후 응용조건도 충족시키는 적절한 사이즈인가를 검토해야 한다.

(2) 형태에 의한 분류

형태에 의한 분류에는 **블록타입**과 **모듈타입**이 있다.

1) 블록타입

블록타입은 비교적 소형의 자동화기기에 사용되는 PLC이다. 블록타입의 PLC는 모든 기능들이 하나의 케이스 안에 설치되어 있다. 즉, 전원장치, CPU, 메모리, 입력 및 출력의 모든 기능이 집적되어 있어 취급이 간단하고 저가이다. 그러나 입·출력 점수가 제한되고 확장 유닛을 장착하여 입·출력 점수를 늘릴 수 있으나 한계가 있다. 또한 PLC 간의 통신과 아날로그 신호의 처리, 위치결정과 같은 고도의 기능을 발휘하기 어려우며, 로직스텝의 양도 제한적이고, 상위 컴퓨터와의 작업정보의 전송이나 작업지시 정보의 교환 등이 제한된다.

2) 모듈타입

모듈타입의 PLC는 그림 2.1에서 보는 바와 같이 베이스유닛에 전원모듈과 CPU모듈을 기본으로 설치하고 자동화 대상의 기능에 따라 여러 종류의 입·출력 장치를 추가하여 사용할 수 있다. 또한 데이터의 고속처리 및 대용량 데이터의 처리가 가능하며 PLC 간의 통신이나 상위 컴퓨터와 고속의 통신이 가능하다.

이와 같은 기능을 이용하여 CNC, ROBOT, 상위 컴퓨터와 연결하여 대단위의 자동화가 가능하며 컴퓨터 통신을 이용하여 수주에서 생산, 판매에 이르는 전 과정을 자동화하는 총합화 생산시스템을 구성할 수 있다. 또한 모든 생산활동이 기계에 의해 움직이는 무인공장의 등장이 가능하다.

모듈은 베이스의 좌측에 설치되는 전원모듈과 그 우측에 설치되는 CPU모듈, 그리고 그 우측의 슬롯에 각각 장착할 수 있는 입력, 출력, 입·출력 혼용 모듈이 있으며, 특수기능 모듈로서 통신, 고속 카운터, PID제어, 아날로그 입력, 아날로그 출력, 위치결정 모듈 등이 있다.

PLC본체에 공급되는 전원전압은 기종에 따라 정해져 있으며, 교류용은 AC110 V, 220 V, 또는 110 V/220 V겸용, 직류용은 DC24 V, 12 V가 주를 이룬다.

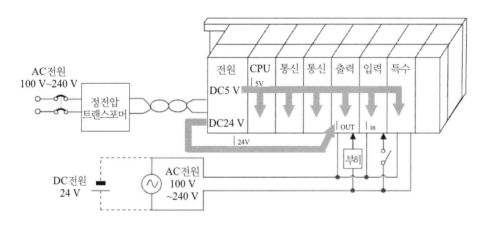

그림 2.1 모듈타입의 PLC구성

2.4 | PLC의 적용분야

기존의 릴레이 제어반과 비교하면 PLC는 하드웨어적이 아닌 소프트웨어적으로 구성하여 제어로직의 변경, 추가 및 확장이 용이하다. 이러한 점에서 일반 컴퓨터(PC)와 유사하지만 그 용도가 달라서, PC는 사무용이나 정보전달에 활용되는 반면에 PLC는 전기전자기기의 제어 목적으로 이용된다.

산업기계설비의 자동화와 고능률화의 요구에 따라 대표적인 자동화기기인 PLC의 적용

범위가 확대되고 있다. 특히 공장 자동화와 **FMS**(Flexible Manufacturing System, 유연생산 시스템)에 따른 소규모의 릴레이 제어반의 범위까지도 다품종 생산을 위한 고기능화, 고속화를 위해 소규모 공작기계로부터 대규모 시스템설비에 이르기까지 널리 활용되고 있다.

각 분야별로 열거하면 다음과 같다.

- 전기, 전자 산업 : 컨베이어 제어, 가공제어, 로 제어, 약품제어, 조립제어.
- 기계 산업 : 산업용 로봇제어, 공작기계 제어, 송·배수펌프 제어.
- 제철, 제강 산업 : 작업장 하역제어, 원료 수송제어, 압연라인 제어.
- 섬유, 화학공업 : 원료 수입 출하제어, 직조 염색라인 제어.
- 자동차 산업 : 전송라인 제어, 자동 조립라인 제어, 도장라인 제어.
- 상하수도 : 정수장 제어, 하수처리 제어, 송·배수펌프 제어.
- 물류 산업 : 자동창고 제어, 하역설비 제어, 반송라인 제어.
- 공해방지 산업 : 쓰레기 소각로 자동제어, 공해 방지기 제어.

2.5 | PLC의 구조

2.5.1 하드웨어 구조

(1) 전체 구성

PLC는 **마이크로프로세서**(Microprocessor, CPU) 및 메모리를 중심으로 구성되어 연산 및 데이터의 저장역할을 하는 **중앙 처리장치**(CPU), 외부기기(입력기기 및 출력기기)와의 신호를 연결시켜 주는 입력부 및 출력부, 각 부에 전원을 공급하는 전원부, PLC 내의 메모리에 프로그램을 기록하는 주변기기로 구성되어 있다. 그림 2.2는 PLC의 전체 구성도이다.

(2) 마이크로프로세서(Microprocessor)

마이크로프로세서는 사용자가 작성한 프로그램을 해독하여 프로그램에서 지정한 메모리에 저장된 데이터를 읽고, 프로그램에서 사용된 명령어의 지시에 따라 데이터를 연산한 후 프로그램에서 지정한 메모리 영역에 그 결과를 저장한다. 마이크로프로세서(CPU)는 매우 빠른 속도로 프로그램을 반복 실행하며, 모든 정보는 2진수로 처리한다.

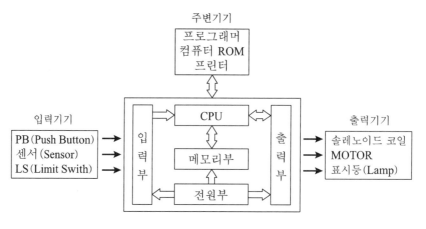

그림 2.2 PLC 전체 구성도

(3) 메모리(Memory)

1) 메모리 소자

PLC에서 사용하는 **메모리 소자**는 RAM(Random Access Memory)과 ROM(Read Only Memory)을 사용하고 있다. RAM은 데이터를 읽고 쓰기 위한 접근속도가 빠른 대신, 전원이 차단되면 저장하고 있는 데이터를 상실하는 특성이 있으며, ROM은 전원이 차단되더라도 저장된 데이터가 유지되는 장점이 있는 반면 접근속도가 느리며, ROM에 데이터를 쓰기 위해서는 별도의 장치가 필요한 단점을 가지고 있다.

근래 PLC는 플래시 ROM을 적용하여 데이터를 쓰기 위한 별도의 장치 없이 데이터를 저장하고, 정전 시 데이터를 보존할 수 있다. 또, RAM의 기본적인 특성은 정전 시 데이터를 상실하지만, 배터리(Battery)를 이용하여 항상 전원을 공급함으로써 PLC의 전원이 차단되었을 때 데이터를 유지하게 할 수 있다.

PLC의 기본적인 운전방법은 RAM을 이용하는 운전으로, 프로그램 및 정전유지 데이터 영역은 배터리에 의해 상시 전원을 공급받는 영역에 저장되고, 정전 시 유지되어야 할 필요성이 없는 데이터는 일반 RAM에 저장하는 방식으로 운전을 한다.

사용자 설정에 따라 프로그램은 ROM 또는 플래시 메모리 영역에 저장되는 경우가 있으며, 이때 PLC는 운전 상태로 진입할 때 ROM 또는 플래시 메모리에 저장된 프로그램을 RAM영역에 복사하여 운전한다. 일반적으로 데이터는 RAM영역에 저장하지만, 사용자 필요에 따라 데이터도 ROM 또는 플래시 메모리에 저장하여 사용할 수 있다.

2) 메모리 내용

PLC의 메모리는 사용자 프로그램 메모리, 데이터 메모리, 시스템 메모리 등의 세 가지가 있다.

사용자 **프로그램 메모리**는 제어하고자 하는 시스템 규격에 따라 사용자가 작성한 프로그램이 저장되는 영역으로서, 제어내용의 프로그램을 변경할 수 있는 RAM이 사용된다.

데이터 메모리는 입·출력 릴레이, 보조 릴레이, 타이머와 카운터의 접점상태 및 설정 값, 현재 값 등의 정보가 저장되는 영역으로서 정보가 수시로 바뀌므로 RAM이 사용된다.

시스템 메모리는 PLC 제작회사에서 작성한 시스템 프로그램이 저장되는 영역이다. 시스템 프로그램은 PLC의 명령어를 실행하는 명령어에 관련된 프로그램과 자기진단 기능과 같이 PLC가 동작할 때 발생하는 오류나 에러 등을 체크하는 프로그램, Program Tool(예 XG5000)과의 통신을 위한 프로그램 등으로 구성되며, PLC 제작회사에서 ROM에 저장한다.

(4) 입력부

PLC는 외부기기를 접속하여 신호교환을 통해 제어를 수행한다. 즉, 입력부는 접속된 외부 기기로부터 입력되는 신호를 CPU의 연산부로 전달해 주는 역할을 하며, 그에 따라 입력, 출력 또는 PLC의 내부 데이터를 프로그램에서 지정한 방법으로 연산하여 출력하게 된다.

PLC의 입력신호의 종류는 스위치, 센서 등으로부터 On/Off 신호를 입력받는 디지털 입력과 온도, 전압, 전류 등의 아날로그 신호를 입력받는 아날로그 입력, 그리고 통신기능을 이용한 입력 등 다양한 종류의 입력신호가 있으며, 여기서는 디지털 입력에 대해서만 설명한다.

PLC의 디지털 입력부(On/Off 신호 입력)는 다음과 같은 조건을 만족해야 한다.

- **외부기기와 전기규격의 일치** : PLC의 내부는 DC5 V를 사용하지만, 외부기기는 주로 DC24 V, AC110 V, AC220 V를 사용하므로 외부기기에서 사용하는 전기규격을 내부 신호로 변경시킬 수 있어야 한다.
- **노이즈 차단** : 접속된 외부기기에서 발생할 수 있는 노이즈를 CPU 쪽에 전달되지 않게 차단함으로써 PLC의 오동작을 방지해야 한다(**포토커플러**(Photocoupler) 사용).
- **입력상태 표시** : 입력신호의 On/Off 상태를 표시하여 동작상태 정보를 사용자에게 제공함으로써 접점의 상태를 감시할 수 있어야 한다(LED 부착).

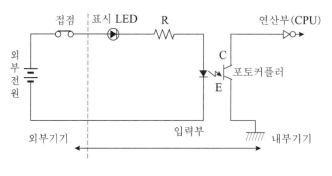

그림 2.3 DC24 V 입력부 회로

　

　• **외부기기 접속의 용이성** : 외부기기와 편리하게 접속이 가능해야 한다.

입력의 종류로는 DC24 V, AC110 V, AC220 V 등이 있으며, 특수 입력모듈로는 아날로 그 입력(A/D)모듈, 고속 카운터(High Speed Counter)모듈 등이 있다.

그림 2.3은 입력부 회로의 예를 나타낸다. 그림에서 LED는 입력(접점)이 들어감을 나타 내며 입력부와 CPU 사이를 포토커플러에 의해 전기적으로 절연시켜 외부의 노이즈를 차 단시키고, 광학적 신호에 의해 전송되고 있다.

On/Off 신호를 취급하는 입력모듈은 DC 입력모듈과 AC 입력모듈이 있다. 접속하는 입 력기기의 출력부가 접점출력인 경우에는 AC 입력모듈이나 DC 입력모듈의 어떤 것을 사 용해도 된다. 그러나 압력기기의 출력부가 트랜지스터 등의 무접점 출력에서는 DC 형식의 입력모듈만 사용할 수 있다.

DC 입력모듈의 형식은 **싱크(Sink) 입력**과 **소스(Source) 입력**의 형식이 있으며 개념도는 각각 그림 2.4에 나타내었다. 싱크 입력은 입력신호가 On일 때 스위치로부터 PLC 입력단 자로 전류가 유입되는 방식이며, 소스 입력은 입력신호가 On될 때 PLC 입력단자로부터 스위치로 전류가 유입되는 방식이다. 그림에서 Z는 입력 임피던스(입력저항)이다.

(5) 출력부

출력부는 내부 연산결과를 외부에 접속된 전자접촉기나 솔레노이드에 전달하여 구동시 키는 부분이다. PLC는 조건 및 데이터를 입력받아 프로그램에서 지정한 방법으로 연산을 수행하여 결과를 만들고, 만들어진 결과를 접속된 부하에 출력함으로써 제어가 이루어진다.

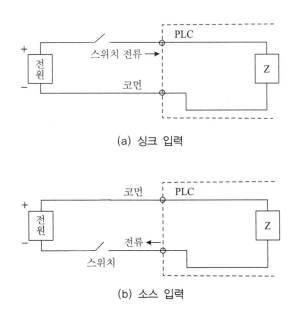

(a) 싱크 입력

(b) 소스 입력

그림 2.4 DC 입력모듈의 입력 형식

PLC가 데이터를 출력하는 방법은 On/Off의 비트신호를 출력하여 부하의 On/Off를 제어하는 디지털 출력, 정해진 범위의 수치 데이터를 전압 또는 전류의 아날로그 신호로 변환하여 출력하는 아날로그 출력, 통신을 이용하여 외부 장비에 데이터를 전달하는 통신 출력 등 다양한 방법으로 연산결과를 출력할 수 있다. 여기서는 디지털 출력에 대해서만 설명한다.

PLC의 디지털 출력부는 다음과 같은 조건을 만족해야 한다.

- **외부기기와 일치된 전기규격** : PLC 내부는 DC5 V를 사용하지만, 외부기기는 주로 DC24 V, AC110 V, AC220 V를 사용함에 따라 내부기기에서 사용하는 전기규격을 외부 신호로 변경시킬 수 있어야 한다.
- **노이즈 차단** : 접속된 외부기기에서 발생할 수 있는 노이즈를 차단함으로써 PLC의 오동작을 방지한다(포토커플러 사용).
- **출력상태 표시** : 출력신호의 On/Off 상태를 표시하여 동작상태 정보를 사용자에게 제공할 수 있어야 한다.
- **외부기기 접속의 용이성** : 외부기기와 편하게 접속이 가능해야 한다.

출력의 종류는 릴레이 출력, 트랜지스터 출력, SSR(Solid State Relay) 출력 등이 있으며,

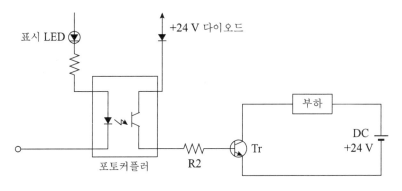

그림 2.5 트랜지스터 출력부 회로

그 밖의 출력모듈로서 아날로그 출력(D/A)모듈, 위치결정 모듈 등이 있다.

트랜지스터 출력부 회로의 예를 그림 2.5에 나타내었다. 그림에서 LED는 출력 데이터가 출력되고 있음을 나타내며, 출력 데이터는 포토커플러에 의해 전기적으로 절연된 외부부하를 구동한다. 따라서 외부 노이즈로부터 보호받을 수 있다.

트랜지스터 출력모듈의 출력형식은 **싱크(Sink) 출력**과 **소스(Source) 출력**의 형식이 있으며, 싱크 출력 형식은 PLC 출력접점이 On될 때 부하에서 PLC의 출력단자로 전류가 유입되는 방식이며, 소스 출력은 PLC 출력접점이 On될 때 PLC의 출력단자로부터 부하쪽으로 전류가 유입되는 방식이다(그림 2.6 참조).

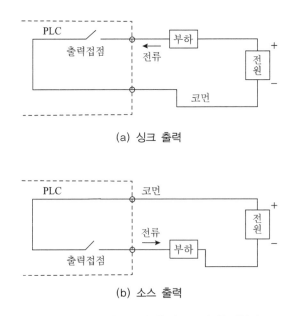

(a) 싱크 출력

(b) 소스 출력

그림 2.6 트랜지스터 출력모듈의 출력형식

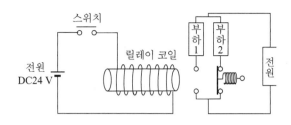

그림 2.7 릴레이 출력부의 회로

그림 2.7은 PLC 릴레이 출력부에 대한 구동 원리도이다.

릴레이는 사용되는 전원이 DC24 V용과 AC110 V 또는 AC220 V용 등으로 구분된다. 그림 2.7에 표시한 릴레이는 DC24 V용 릴레이로서, 스위치를 On시키면 릴레이 코일에 전류가 흐르게 되고 자력이 형성되어 철판을 끌어당기며 따라서 부하2가 B접점으로 평상시에 접점이 닫혀 있다가 코일에 전류가 흐르면 부하1 쪽 접점이 닫히고 부하2 쪽 접점은 열리게 된다.

따라서 코일에 전류가 흐르지 않을 때(스위치가 Off 상태) 부하2 쪽 회로가 동작하고, 스위치가 On되어 코일에 전류가 흐르면 부하1 쪽 회로가 작동한다. 이러한 원리에 의해 DC24 V용 저전압용 전원의 스위치를 이용하여 AC110 V 또는 AC220 V용의 높은 전압의 부하를 On/Off하여 제어가 가능하다.

출력모듈을 출력신호와 개폐소자에 따라 분류하면 표 2.1과 같다.

표 2.1 출력모듈의 종류

출력 사용 전원	개폐소자	
	유접점	무접점(반도체)
직류(DC)	릴레이 출력	트랜지스터 출력
교류(AC)	릴레이 출력	SSR 출력

입·출력부에 접속되는 외부기기의 예를 표 2.2에 나타내었다.

표 2.2 입·출력 기기

I/O	구분	부착장소	외부기기의 명칭
입력부	조작 입력	제어반과 조작반	푸시버튼 스위치 선택 스위치 토글 스위치
	검출 입력 (센서)	기계장치	리밋 스위치 광전 스위치 근접 스위치 레벨 스위치
출력부	표시 경보 출력	제어반과 조작반	파일럿 램프 부저
	구동 출력 (액추에이터)	기계장치	전자 밸브 전자 클러치 전자 브레이크 전자 개폐기

2.5.2 소프트웨어 구조

(1) 개요

소프트웨어란 컴퓨터의 프로그램과 같이 그 내용이나 기능을 용이하게 변경하거나 확장할 수 있도록 프로그램으로 이루어지는 논리적인 언어를 의미한다.

PLC는 입력되는 신호에 따라 사용자가 작성한 프로그램대로 데이터를 처리하는 역할을 해야 하므로 사용자가 프로그램을 작성하기 위한 소프트웨어가 필요하며 어떤 동작을 하도록 만들어졌는가가 중요하다.

종래의 릴레이 제어방식은 제어논리를 변경하려면 릴레이(하드웨어)의 결선을 변경해야 하는 하드와이어드 로직(Hard wired Logic) 방식이다. 그러나 PLC는 프로그램으로 만들어진 소프트웨어에 의해 제어논리가 수행되므로 제어논리의 변경, 확장이 프로그램의 변경, 확장에 의해 이루어지므로 소프트와이어드 로직(Soft wired Logic)이라 한다.

(2) 릴레이 시퀀스와 PLC 프로그램의 차이

릴레이 시퀀스는 릴레이 소자인 코일, 접점 등을 결선하여 시퀀스가 수행되지만, PLC는 실제의 릴레이 소자인 접점이나 코일이 존재하지 않으며, 접점이나 코일의 결선이 소프트웨어로 처리되므로 메모리에 프로그램을 기억시켜 놓고 순차적으로 그 내용에 따라 동작한다. 따라서 PLC제어는 프로그램의 내용에 의해 좌우된다.

(3) PLC Software의 구조

- **파라미터** : PLC의 기본적인 동작 방법을 지정한다.
- **프로그램** : 사용자가 원하는 데이터 처리 방법을 작성하는 것을 프로그램 작성이라 하며, 프로그램의 작성에 필요한 기본적인 요소로서 변수, 명령어, 펑션 및 펑션블록 등이 필요하다. 대부분의 명령어와 펑션 및 펑션블록은 PLC의 메이커에서 제공되며, 변수는 데이터 메모리에 저장한다. 일부 PLC의 경우 메이커에서 제공하는 기본 명령어 또는 펑션을 이용하여 사용자가 명령어를 작성할 수 있게 기능을 제공하는 경우도 있다.
- **모니터링** : PLC는 프로그램 작성 후 장비에 적용할 때 정상적인 동작여부를 확인하기 위해 시운전 과정을 거치는데, 이 때 PLC의 Software에서 제공하는 각종 모니터링(monitoring) 기능을 이용하여 데이터를 확인할 수 있다. PLC Software에서 제공하는 모니터링 기능은 래더 모니터링, 변수 모니터링, 디바이스 모니터링, 시스템 모니터링 등이 있다.

(4) PLC 프로그램의 특징

- **직렬처리** : 사용자가 작성한 프로그램을 마이크로프로세서가 해석하여 데이터를 처리할 때, 프로그램 순서에 따라 메모리에 저장되어 있는 변수의 데이터를 읽어 연산을 하고 그 결과를 변수에 저장한다. 마이크로프로세서가 변수의 데이터를 읽거나 쓸 때 1개의 변수만 접근하기 때문에 PLC 프로그램은 직렬처리가 된다.

이에 반해 종래의 릴레이 시퀀스는 여러 회로가 전기적인 신호에 의해 동시에 동작하는 병렬처리 방식이다. 그 차이를 그림 2.8에 나타내었다.

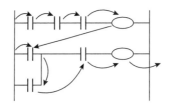 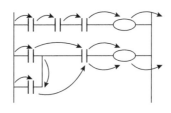

(a) 직렬 처리방식(PLC 시퀀스)　　　(b) 병렬 처리방식(릴레이 시퀀스)

그림 2.8　연산처리 방식

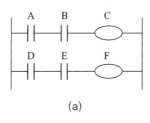 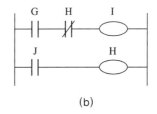

(a)　　　　　　　　　　　　　　(b)

그림 2.9　시퀀스도

또한 그림 2.9(a)의 시퀀스도에서 PLC와 릴레이의 동작상의 차이점은 다음과 같이 설명할 수 있다. 릴레이 시퀀스에서는 전원이 투입되어 접점 A와 B, 그리고 접점 D와 E가 동시에 닫히면 출력 C와 F는 On되며, 어느 한쪽이 빠를수록 먼저 작동한다. 그러나 PLC는 연산순서에 따라 C가 먼저 작동하고 다음에 F가 작동한다.

그림 2.9(b)에서 차이점을 살펴보면, 먼저 릴레이 시퀀스에서는 전원이 투입되면 접점 J가 닫힘과 동시에 H가 작동하여 출력 I는 작동하지 못한다. PLC는 직렬 연산처리되므로 최초의 연산 시 G가 닫히면 I가 작동하고, J가 닫히면 H가 작동한다. H가 On되면 b접점 H에 의해 I는 Off된다.

- **접점 사용의 무제한** : PLC의 접점은 상태정보를 데이터 메모리에 저장해 놓고, 프로그램에서 필요할 때 그 상태를 읽어 프로그램에 반영하게 되므로 프로그램 내에서 동일 접점을 몇 번 사용하든지 그 수에 제한이 없다.
- **흐름의 제한** : PLC에서 프로그램을 해석하는 순서는 좌측에서 우측으로 진행되며, 위에서부터 아래로 진행된다. 그리고 두 개 이상의 라인으로 작성된 프로그램의 상/하 방향으로 프로그램의 흐름은 금지하고 있다.
- **접점과 코일의 위치제한** : PLC 시퀀스에서는 코일 이후의 접점의 배치는 금지되어 있

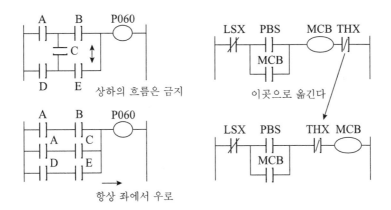

그림 2.10 PLC 시퀀스의 규칙

다. 따라서 출력요소(코일 등)는 오른쪽에 표시해야 한다. 이것은 PLC 프로그램에서 접점은 논리조건을 나타내고, 코일은 논리연산 결과를 나타내기 때문이다. 위에서 언급한 PLC 래더선도의 작성규칙을 그림 2.10에 나타내었다.

2.6 │ PLC의 연산처리

PLC의 기본적인 프로그램 수행방식으로 작성된 프로그램은 처음부터 마지막 스텝까지 반복적으로 연산이 수행되며 이 과정을 프로그램 **스캔**(scan)이라고 한다. 이와 같이 수행되는 일련의 처리를 반복 연산방식이라 하며, 이 과정을 단계별로 구분하면 그림 2.11과 같다.

이러한 동작은 고속으로 반복되며 프로그램을 1회 실행하는 데 걸리는 시간을 **1스캔 타임**(1연산 주기)이라 한다.

(1) 운전 시작

사용자가 PLC를 RUN 모드로 변경시키면 PLC는 운전을 시작한다.

(2) 초기화 처리

PLC가 RUN 모드로 변경될 때 한 번만 실행하며, 다음과 같은 처리를 수행한다.

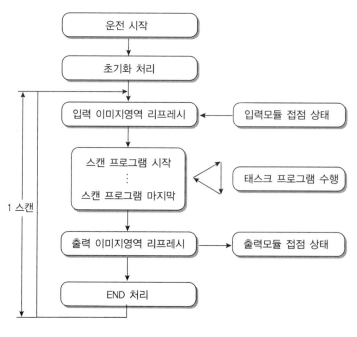

그림 2.11 PLC 연산처리 과정

- **입·출력 모듈 리셋** : 베이스에 설치된 모듈을 리셋하고, 모듈 파라미터에 설정된 운전 방식이 적용된다.
- **데이터 클리어** : 데이터 메모리에 저장되어 있는 데이터를 클리어한다. 이 때, 래치로 설정된 데이터 메모리 영역의 데이터는 클리어하지 않고 유지된다.
- **입·출력 모듈 주소할당 및 종류 등록** : 입·출력 모듈의 데이터 메모리 주소를 할당하고, 모듈의 종류를 등록한다.
- **초기화 태스크(Task) 처리** : 초기화 태스크 프로그램이 등록된 경우 초기화 태스크 프로그램의 연산을 실행한다.

(3) 입력 이미지 리프레시

디지털 입력모듈의 입력상태를 읽어 PLC 데이터 메모리의 입력영역에 저장하고, 이 정보들은 다시 입력 이미지영역으로 복사되어 연산이 수행되는 동안에 입력 데이터로 이용된다. 이와 같이 입력영역의 데이터를 입력 이미지영역으로 복사하는 것을 **입력 리프레시**(Input refresh)라 한다.

입력 리프레시 과정을 거쳐 입력 데이터 메모리영역에 저장된 입력정보는 그 스캔이 완료될 때까지 변경되지 않는다.

(4) 프로그램 연산

사용자가 작성한 프로그램을 해석하여 데이터 메모리에 저장된 데이터를 처리한다.

프로그램은 **스캔(Scan) 프로그램**과 **태스크(Task) 프로그램**으로 나누어지며, 스캔 프로그램은 PLC가 RUN 상태이면 수행하는 프로그램이고, 태스크 프로그램은 PLC가 RUN 상태에서 태스크의 조건으로 지정된 조건이 만족될 때 수행하는 프로그램으로서, 초기화 태스크 프로그램, 내부 디바이스 태스크 프로그램, 정주기 태스크 프로그램이 있다.

초기화 태스크 프로그램은 스캔 프로그램보다 우선하여 동작하며 완료조건은 _INIT _DONE이다. 내부 디바이스 태스크 프로그램은 스캔 프로그램 중의 특정 접점이 특정조건(상승, 하강, 전이, On, Off)을 만족할 경우에 수행되는 프로그램이다. 또한 정주기 태스크 프로그램은 사용자가 입력하는 시간조건의 주기로 1회씩 수행하는 프로그램이다.

스캔 프로그램 연산을 수행하는 도중에 태스크 프로그램의 실행조건이 만족되면 스캔 프로그램의 연산을 멈추고, 태스크 프로그램을 수행한 후 태스크 프로그램으로 전이하기 직전의 연산이 수행되던 스캔 프로그램의 위치로 복귀하여 스캔 프로그램의 연산을 계속한다.

프로그램 연산과정에서 발생하는 출력 데이터는 데이터 메모리의 출력영역에 저장된다.

(5) 출력 이미지 리프레시

스캔 프로그램 및 태스크 프로그램의 연산 도중에 만들어진 결과는 바로 출력으로 내보내지 않고 출력 이미지영역에 저장된다. 이 과정을 **출력 리프레시**(Output refresh)라 한다.

(6) 자기진단

출력 이미지영역에 저장된 결과는 PLC의 CPU가 시스템상에 오류가 있었는지를 검사하고 오류가 없을 때만 출력을 내보낸다. 만일 자기 시스템을 진단하여 시스템상에 오류가 있다면 출력을 내보내지 않고 에러 메시지를 발생시킨다. 이것을 **자기진단**이라 한다.

(7) END 처리

1스캔의 처리를 종료한 후 자기진단 결과 시스템에 오류가 없으면 출력 이미지영역에 저장된 데이터를 출력영역으로 복사하여 실제로 출력을 내보낸다. 이 과정을 **END 처리**라 하며, 이 END 처리가 끝나면 다시 입력 리프레시를 수행함으로써 반복적인 연산을 수행하게 된다.

3 XGI PLC의 하드와이어 시스템

3.1 | XGI PLC의 개요

XGT(Next Generation Technology) PLC시리즈는 LS산전에서 개발한 PLC제품군으로서 Open Network를 기반으로 고속의 처리속도, 외형 크기의 소형화 및 Software를 바탕으로 성능을 향상시킨 차세대 고속 대용량 제어용 PLC이며, XGI(GlOFA가 기본)와 XGK(MASTER -K가 기본)로 나눌 수 있다.

그 중 XGI시리즈는 다양한 적용범위를 위해 중·소규모 제어에 대응할 수 있는 XGI- CPUE에서 고속 대용량 제어가 가능한 XGI-CPUU까지 시스템의 규모와 목적에 맞추어 시스템을 구축할 수 있다.

XGI PLC는 컴팩트한 크기를 가지며, CPU(Central Processing Unit, 중앙연산 처리장치) 의 처리속도가 $0.028\mu s/\text{step}$으로 초고속 연산속도가 가능하다. 또한 아날로그 데이터의 전용 디바이스를 제공하여 프로그램이 단순화되었으며, 시스템에 다양한 기능 및 통신 시스템을 강화하여 네트워크 기능이 향상되었다. 또 XGI PLC는 프로그램 및 온라인 기능이 강화되어 GLOFA 프로그램을 XGI 프로그램으로 자동 변환할 수 있으며 운전 중 프로그램의 수정 및 네트워크 설치와 변경이 가능하다.

3.2 | XGI PLC의 규격

표 3.0은 XGI PLC의 종류와 규격을 나타낸다.

표 3.0 XGI PLC의 규격

항목			XGI-CPUU	XGI-CPUH	XGI-CPUS
MPU			NGP1000		
처리 속도	Bit		0.028 μs/step		
	Move		0.084 μs/step		
	Float Point		$\pm$: 0.392 μs(Real) $\times$: 0.896 μs(Real) $\div$: 0.924 μs(Real)		
I/O 접점	최대 입·출력 점수		6,144점		3,072점
	입·출력 디바이스 점수		131,072(128베이스×16슬롯×64점)[*1]		32,768점(32베이스)[*1]
베이스	베이스 증설		8(1기본+7증설)		4(1기본+3증설)
	슬롯 개수		96(8베이스*12슬롯)		48(4베이스*12슬롯)
프로 그래밍	언어		Ladder(IEC), SFC(IEC), ST(IEC)		
	프로그램 메모리		1MB(128kstep)	512KB(64ksteps)	128KB(16ksteps)
	프로 그램 블록 및 태스크	프로그램 수	256		
		스캔 프로그램	256-Tast(Max 65)		
		초기화 태스크	1		
		정주기 태스크	32		
		내부접점 태스크	32		
데이터 메모리	심볼릭(Symbolic) 영역		512KB(최대 256KB 리테인 설정 가능)		128KB(64KB)
	직접 변수	입력 %I	16KB		4KB
		출력 %Q	16KB		4KB
		내부메모리 %M	256KB(최대 128KB 리테인 설정 가능) %MW0~131,071(word)		64KB(32KB) %MW0~32,767(word)
		파일 레지스터 %R or %W	64KB×2Block %RW0~32,767(Block 0) +%RW0~32,767(Block 1) → %WW0~65,535		64KB×2Block %RW0~32,767 → %WW0~32,767
	타이머		심볼릭 변수 용량 내 무제한(1Timer = 24byte)		
	카운터		심볼릭 변수 용량 내 무제한, 최대 64비트 계수 (1Counter = 40byte)		
	플래시 메모리		64KB × 32블록(2MB), R영역 통해 접근		
플래그 변수	시스템 플래그 %F		4KB		
	PID 플래그 %K		16KB(256 PID Loop)		4KB(64 PID Loop)
	고속링크 플래그 %L		22KB		
	P2P 플래그 %N		42KB		
	특수모듈 플래그 %U		8KB		4KB

항목	XGI-CPUU	XGI-CPUH	XGI-CPUS
운전모드	RUN, STOP, DEBUG		
정전 시 데이터 보존방법	기본 파라미터에서 리테인 영역 설정, %R(%W) 영역, %K 영역		
자가진단 기능	스캔워치톡, 메모리 이상, 입·출력 이상, 배터리 이상, 전원 이상 등		
프로그램 포트	RS-232C(1CH), USB(1CH)		
내장 기능	Modbus 통신(RS-232C, Slave), PID, RTC		

3.2.1 XGI 시리즈의 시스템 구성

XGI PLC의 시스템 구성은 그림 3.1과 같다.

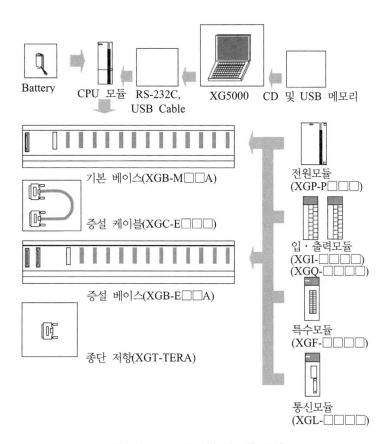

그림 3.1 XGI PLC의 시스템 구성도

---

1) 실제 사용할 수 있는 베이스수는 CPUU와 CPUH는 8, CPUS는 4개이며, 현재 출시되는 베이스에서
   사용할 수 있는 최대 슬롯수는 12개이다. 실제 사용할 수 있는 메모리영역은 Remote I/O 송/수신 데
   이터 저장영역으로 사용한다.

3.2.2 구성 제품

XGI 시리즈의 제품구성은 표 3.1과 같다.

표 3.1 XGI 시리즈의 제품구성

품명	형명	내용	비고
CPU모듈	XGI-CPUU/D	CPU모듈(최대 입·출력 점수: 6,144점, 프로그램 용량: 1MB)	
	XGI-CPUU	CPU모듈(최대 입·출력 점수: 6,144점, 프로그램 용량: 1MB)	
	XGI-CPUH	CPU모듈(최대 입·출력 점수: 6,144점, 프로그램 용량: 512KB)	
	XGI-CPUS	CPU모듈(최대 입·출력 점수: 3,072점, 프로그램 용량: 128KB)	
	XGI-CPUE	CPU모듈(최대 입·출력 점수: 1,536점, 프로그램 용량: 64KB)	
디지털 입력 모듈	XGI-D21A	DC 24 V 입력, 8점(전류 소스/싱크 입력)	
	XGI-D22A	DC 24 V 입력, 16점(전류 소스/싱크 입력)	
	XGI-D24A	DC 24 V 입력, 32점(전류 소스/싱크 입력)	
	XGI-D28A	DC 24 V 입력, 64점(전류 소스/싱크 입력)	
	XGI-D22B	DC 24 V 입력, 16점(전류 소스 입력)	
	XGI-D24B	DC 24 V 입력, 32점(전류 소스 입력)	
	XGI-D28B	DC 24 V 입력, 64점(전류 소스 입력)	
	XGI-A12A	AC 110 V 입력, 16점	
	XGI-A21A	AC 220 V 입력, 8점	
디지털 출력 모듈	XGQ-RY1A	릴레이 출력, 8점(2 A용, 단독 COM.)	
	XGQ-RY2A	릴레이 출력, 16점(2 A용)	
	XGQ-RY2B	릴레이 출력, 16점(2 A용), Varistor 부착	
	XGQ-TR2A	트랜지스터 출력, 16점(0.5 A용, 싱크 출력)	
	XGQ-TR4A	트랜지스터 출력, 32점(0.1 A용, 싱크 출력)	
	XGQ-TR8A	트랜지스터 출력, 64점(0.1 A용, 싱크 출력)	
	XGQ-TR2B	트랜지스터 출력, 16점(0.5 A용, 소스 출력)	
	XGQ-TR4B	트랜지스터 출력, 32점(0.1 A용, 소스 출력)	
	XGQ-TR8B	트랜지스터 출력, 64점(0.1 A용, 소스 출력)	
	XGQ-SS2A	트라이액 출력, 16점(0.6 A용)	
디지털 입·출력 혼합 모듈	XGH-DT4A	DC 24 V 입력, 16점(전류 소스/싱크 입력) 트랜지스터 출력, 16점(0.1 A용, 싱크 출력)	
기본 베이스	XGB-M04A	4모듈 장착용	
	XGB-M06A	6모듈 장착용	
	XGB-M08A	8모듈 장착용	
	XGB-M12A	12모듈 장착용	

품명	형명	내용		비고
증설 베이스	XGB-E04A	4모듈 장착용		
	XGB-E06A	6모듈 장착용		
	XGB-E08A	8모듈 장착용		
	XGB-E12A	12모듈 장착용		
전원모듈	XGP-ACF1	AC100 V~240 V 입력	DC5 V: 3 A, DC24 V: 0.6 A	
	XGP-ACF2	AC100 V~240 V 입력	DC5 V: 6 A	
	XGP-AC23	AC200 V~240 V 입력	DC5 V: 8.5 A	
	XGK-DC42	DC24 V 입력	DC5 V: 6 A	
증설 케이블	XGC-E041	길이: 0.4 m		총 연장 거리는 15 m를 넘지 말 것
	XGC-E061	길이: 0.6 m		
	XGC-E121	길이: 1.2 m		
	XGC-E301	길이: 3.0 m		
	XGC-E501	길이: 5.0 m		
	XGC-E102	길이: 10 m		
	XGC-E152	길이: 15 m		
종단 저항	XGT-TERA	증설 베이스 연결 시 종단 저항 반드시 적용		
방진용 모듈	XGT-DMMA	미사용 슬롯의 방진용 모듈		
배터리	XGT-BAT	XGT용 배터리(DC 3.0 V/1,800 mAh)		

그 외의 특수모듈(아날로그 입력모듈, 아날로그 출력모듈, 고속카운터 모듈, 위치결정 모듈 등)과 통신모듈의 일람은 카탈로그를 참고하기 바란다.

3.2.3 기본 시스템 및 증설 시스템

기본 베이스와 증설 베이스를 케이블로 연결하여 구성되는 기본 시스템의 제원은 표 3.2와 같다.

기본 베이스는 베이스번호가 0이며, 베이스를 증설하는 경우에는 베이스번호가 차례로 1, 2…로 지정된다. 증설되는 베이스는 증설 콘넥터에 증설케이블로 차례로 연결하고 신뢰성을 위하여 최종 **증설 베이스**의 증설 콘넥터에 **종단저항**(XGT-TERA)을 장착해야 한다 (그림 3.2 참조). 기본 베이스만 사용하는 경우에는 종단저항의 장착이 필요 없다.

Ⅲ 3.2 기본 시스템의 제원

구분	XGI-CPUU / CPUH / CPUU / D	XGI-CPUS	XGI-CPUE
최대 증설 단수	7단	3단	1단
최대 입·출력 모듈 장착 수	96모듈	48모듈	24모듈
최대 입·출력 점수	• 16점 모듈 장착시: 1,536점 • 32점 모듈 장착시: 3,072점 • 64점 모듈 장착시: 6,144점	• 16점 모듈 장착시: 768점 • 32점 모듈 장착시: 1,536점 • 64점 모듈 장착시: 3,072점	• 16점 모듈 장착시: 384점 • 32점 모듈 장착시: 768점 • 64점 모듈 장착시: 1,536점
최대 증설 거리	15 m		

- 입·출력 번호는 베이스의 슬롯당 64점 고정으로 할당되어 있다.
- 베이스의 각 슬롯은 모듈의 장착여부 및 종류에 관계없이 64점씩 할당된다.
- 특수모듈의 장착위치 및 사용 개수에는 제한이 없다.
- 특수모듈은 디지털 입·출력 모듈과는 달리 고정된 입·출력 번호가 할당되지 않는다.
- 특수모듈은 전용 펑션블록에 의해 제어되며 자동으로 메모리가 할당된다.
- 12 Slot 베이스의 입·출력 번호의 할당 예는 아래와 같다.

Slot 번호	0	1	2	3	4	5	6	7	8	9	10	11
전원	CPU	입력 16	입력 16	입력 32	입력 64	출력 16	출력 32	출력 32	출력 64	입력 32	출력 16	출력 32	출력 32

%QX0.11.0 ~ 31
%QX0.10.0 ~ 31
%QX0.9.0 ~ 15
%IX0.8.0 ~ 31

베이스 번호 0

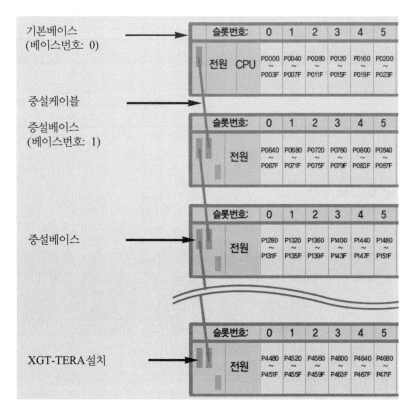

그림 3.2 베이스의 증설과 종단저항의 장착

3.2.4 네트워크 시스템

XGI시리즈에서는 시스템 구성의 용이성을 위하여 다양한 **네트워크 시스템**을 구축하고 있다.

PLC와 상위 시스템 간 또는 PLC 간의 통신을 위하여 이더넷(FEnet, FDEnet) 및 Cnet, 하위 제어 네트워크 시스템으로 전용 이더넷(FDEnet), Profibus—DP, DeviceNet, Rnet 등이 구축되어 있다.

(1) 로컬 네트워크

기본 베이스와 증설 베이스에 제약 없이 최대 24대의 통신모듈을 장착할 수 있으며, 시스템 동작 성능을 위해 통신량이 많은 모듈을 기본 베이스에 설치하는 것이 좋다. 기능별 제약 사항은 표 3.3과 같다.

표 3.3 통신모듈의 장착 수

용도별 구분	최대 장착 개수
최대 고속링크 설정 모듈 수	12개
최대 P2P 서비스 모듈 수	8개
최대 전용 서비스 모듈 수	24개

[주] P2P 서비스 : 1 대 1 통신

(2) 컴퓨터 링크(Cnet I/F)

Cnet I/F 시스템이란 Cnet모듈의 RS-232C, RS-422 (또는 RS-485) 포트를 사용하여 컴퓨터나 각종 외부기기와 CPU모듈 사이의 데이터 교신을 위한 시스템이며, '로컬 네트워크'에서 설명한 대로 Cnet모듈도 기본 베이스와 증설 베이스의 구별 없이 최대 24대 (타 통신모듈과 합)까지 장착이 가능하다.

Cnet에서는 고속링크는 제공하지 않으며, P2P서비스는 최대 8대까지 지원한다.

3.2.5 리모트 I/O시스템

원거리에 설치된 입·출력 모듈의 제어를 위한 네트워크 시스템으로 Smart I/O시리즈가 있으며 네트워크 방식은 Profibus-DP, DeviceNet, Rnet, Cnet 등이 있다.

(1) 네트워크 종류별 I/O시스템 적용

리모트 I/O모듈은 다음과 같이 분류된다.

표 3.4 네트워크의 종류

네트워크 종류(마스터)	Smart I/O	
	블록형	증설형
Profibus-DP	○	○
DeviceNet	○	○
Rnet	○	○
Modbus(Cnet)	○	—
FEnet	—	○
Ethernet/IP	—	○
RAPIEnet	—	—

(2) 블록형 리모트 I/O시스템

Profibus-DP, DeviceNet 및 Rnet 등으로 구성되며 시리즈에 관계없이 블록형 리모트 I/O를 사용할 수 있다. Profibus-DP와 DeviceNet 등은 국제표준에 준거하여 개발되어 자사의 Smart-I/O뿐 아니라 타사의 제품과도 연결이 가능하다.

마스터 모듈은 최대 12대까지 장착이 가능하며 증설 베이스에도 설치가 가능하다.

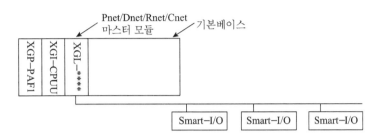

그림 3.3 블록형 리모트 I/O시스템

3.3 │ CPU모듈

3.3.1 CPU모듈의 성능규격

XGI PLC의 **CPU모듈**의 종류별 성능 규격은 다음의 표 3.5와 같다.

표 3.5 XGI PLC의 규격

항목		XGI-CPUE	XGI-CPUS	XGI-CPUH	XGI-CPUU	XGI-CPUU/D	비고
연산방식		반복연산, 정주기 연산, 고정주기 스캔					
입·출력 제어 방식		스캔동기 일괄처리 방식(리프레시 방식), 명령어에 의한 다이렉트 방식					
프로그램 언어		래더 다이어그램(Ladder Diagram) SFC(Sequential Function Chart), ST(Structured Text)					
명령어 수	연산자	18개					
	기본 펑션	136종 + 실수연산 펑션					
	기본 펑션블록	43개					
	전용 펑션블록	특수기능 모듈별 전용 펑션블록, 통신전용 펑션블록(P2P)					
연산처리 속도	기본	$0.084\,\mu s$ / 명령어	$0.028\,\mu s$/ 명령어				

항목		XGI-CPUE	XGI-CPUS	XGI-CPUH	XGI-CPUU	XGI-CPUU/D	비고
(기본명령)	MOVE	0.252 μs / 명령어	0.084 μs / 명령어				
	실수연산	$\pm$: 1.442 μs(S), 2.87 μs(D) $\times$: 1.948 μs(S), 4.186 μs(D) $\div$: 1.442 μs(S), 4.2 μs(D)	$\pm$: 0.392 μs(S), 0.924 μs(D) $\times$: 0.896 μs(S), 2.240 μs(D) $\div$: 0.924 μs(S), 2.254 μs(D)				S : 단장 D : 배장
프로그램 메모리 용량		64KB	128KB	512KB	1MB		
입·출력 점수(설치가능)		1,536점	3,072점	6,144점			
최대 입·출력 메모리 점수		32,768점		131,072점			
데이터 메모리	자동변수영역 (A)	64KB (최대 32KB 리테인 설정가능)	128KB (최대 64KB 리테인 설정가능)	512KB (최대 256KB 리테인 설정가능)			
	입력변수(I)	4KB		16KB			
	출력변수(Q)	4KB		16KB			
	직접 변수 · M	32KB (최대 16KB 리테인 설정가능)	128KB (최대 64KB 리테인 설정가능)	256KB (최대 128KB 리테인 설정가능)			
	직접 변수 · R	32KB×1블록	64KB×1 블록	64KB×2블록	64KB×16 블록		
	직접 변수 · W	32KB	64KB	128KB	1,024 KB		R과 동일영역
	플래그 변수 · F	4KB					시스템 플래그
	플래그 변수 · K	4KB	16KB				PID운전 영역
	플래그 변수 · L	22KB					고속링크 플래그
	플래그 변수 · N	42KB					P2P파라미터설정
	플래그 변수 · U	2KB	4KB	8KB			아날로그데이터 리플레시영역
플래시 영역		1MB, 16블록	2MB, 32블록				R디바이스 이용
타이머		점수제한 없음 시간범위 : 0.001초 ~ 4,294,967,295초(1,193시간)					1점당 자동 변수 영역의 8바이트 점유
카운터		점수제한 없음 계수범위 : 64비트 표현 범위					1점당 자동 변수 영역의 8바이트 점유

항목		XGI-CPUE	XGI-CPUS	XGI-CPUH	XGI-CPUU	XGI-CPUU/D	비고
프로그램 구성	총프로그램 수	256개					
	초기화 태스크	1개					
	정주기 태스크	32개					
	내부 디바이스 태스크	32개					
운전모드		RUN, STOP, DEBUG					
리스타트 모드		콜드, 웜					
자기진단 기능		연산지연감시, 메모리 이상, 입·출력 이상, 배터리 이상, 전원 이상 등					
정전 시 데이터 보존 방법		기본 파라미터에서 리테인 영역 설정					
최대 증설 베이스		1단	3단	7단			총연장 15 m
내부 소비전류		940 mA		960 mA			
중량		0.12 kg					

3.3.2 CPU모듈의 기능

(1) 자기진단 기능

자기진단 기능이란 CPU모듈이 PLC시스템 자체의 이상 유무를 진단하는 기능이다.

1) 스캔 워치독 타이머(Scan Watchdog Timer)

워치독 타이머는 사용자 프로그램의 이상에 의한 연산지연을 검출하기 위하여 사용하는 타이머이다. 워치독 타이머의 검출시간은 XG5000의 기본 파라미터에서 설정한다.

2) I/O모듈 체크기능

기동 시와 운전 중에 I/O모듈의 이상 상태를 체크하는 기능으로 기동 시 파라미터 설정과 다른 모듈이 장착되어 있거나 고장인 경우나 운전 중에 I/O모듈이 착탈 또는 고장이 발생한 경우에 이상상태가 검출되며 CPU모듈 전면의 고장램프(ERR)가 켜지고 CPU는 운전을 정지한다.

3) 배터리 전압 체크 기능

배터리 전압이 메모리 백업 전압 이하로 떨어지면 이를 감지하여 알려주는 기능이다.

4) 고장처리

- 고장 발생 시 PLC시스템은 고장내용을 플래그에 기록하고, 고장모드에 따라 운전을 정지하거나 속행한다.
- PLC 하드웨어의 고장 시에는 CPU모듈, 전원모듈 등 PLC가 정상 운전을 할 수 없는 중대한 고장이 발생한 경우 시스템은 정지상태가 되며, 배터리 이상 등의 경미한 고장 발생 시는 운전을 속행한다.
- 시스템 구성상의 오류 시에는 PLC의 하드웨어 구성과 소프트웨어에서 정의한 구성이 서로 다른 경우에 발생하는 고장으로 시스템은 정지상태가 된다.
- 사용자 프로그램 수행 중 연산 에러 시에는 수치연산 오류의 경우 에러 플래그(_ERR)와 에러 래치 플래그(_LER)가 표시되고 시스템은 운전을 속행한다. 연산 수행 중 연산시간이 연산지연 감시 설정시간을 넘거나 장착된 입·출력 모듈이 정상적으로 제어가 안 될 때는 시스템이 정지상태가 된다.
- 외부기기 고장에 의한 고장 검출 시에는 외부 제어대상 기기의 고장을 PLC의 사용자 프로그램으로 검출하는 것으로, 중대한 고장검출 시 시스템은 정지상태가 되고, 경미한 고장검출 시는 상태만을 표시하고 연산은 속행한다.

(2) 시계 기능

CPU모듈에는 시계 소자(RTC)가 내장되어 있으며, RTC는 전원 Off 또는 순시 정전 시에도 배터리 백업에 의해 시계 동작을 계속한다.

(3) 리모트 기능

CPU모듈은 모듈에 장착된 키 스위치 외에 통신에 의한 운전변경이 가능하다. 리모트로 조작을 하고자 하는 경우에는 CPU모듈의 'REM허용'스위치(4 Pin 딥 스위치의 2번 딥 스위치)를 On 위치로 'RUN/STOP'스위치를 STOP 위치로 설정해 주어야 한다.

리모트 운전의 종류에는 ① CPU모듈에 장착된 USB 또는 RS-232C 포트를 통해 XG5000을 접속하여 운전하는 방법, ② CPU모듈에 XG5000을 접속한 상태에서 PLC의 네트워크에 연결된 타 PLC를 조작하는 방법, ③ 전용 통신을 통하여 HMI(Human-Machine Interface) 소프트웨어 등으로 PLC의 동작 상태를 제어하는 방법이 있다.

(4) 입·출력 강제 On/Off 기능

강제 입·출력 I/O기능은 프로그램 실행결과와는 관계없이 입·출력 영역을 강제로 On/Off할 경우에 사용하는 기능이다.

온라인 모드에서 '**강제 I/O설정**'을 클릭하고, '강제 I/O설정'창(그림 3.4)에서 해당 접점의 플래그, 데이터 체크박스를 선택하는데, '1'값을 설정하기 위해서는 해당비트의 플래그와 데이터를 선택하고 '0'값을 설정하기 위해서는 해당비트의 데이터는 선택을 하지 않고 플래그만 선택한다.

강제입력 또는 강제출력 허용을 선택하면 설정이 적용되어 동작한다.

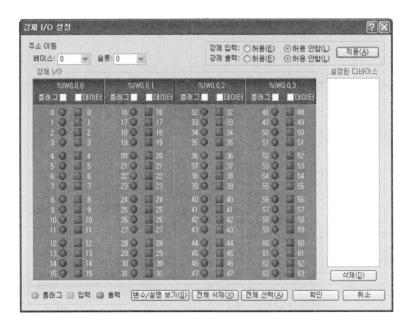

그림 3.4 강제 I/O설정 창

(5) 운전이력 저장 기능

운전이력에는 에러이력(2048개), 모드 변환이력(1024개), 전원 차단이력(1024개) 및 시스템 이력(2048개) 등 4종류의 이력을 저장할 수 있다.

(6) 입·출력 모듈 스킵기능

입·출력 모듈 스킵기능은 운전 중 지정된 모듈을 운전에서 배제하는 기능이다. 지정된 모듈에 대해서는 지정된 순간부터 입·출력 데이터의 갱신 및 고장진단이 중지된다. 고장 부분을 배제하고 임시운전을 하는 경우 등에 사용할 수 있다.

(7) 운전 중 프로그램의 수정

PLC의 운전 중 제어동작을 중지하지 않고 프로그램 및 일부 파라미터의 수정이 가능하다.

3.4 | 전원모듈

(1) 전원모듈의 선정

전원모듈의 선정은 입력전원의 전압과 전원모듈이 시스템에 공급해야 할 전류 즉 전원모 듈과 동일베이스상에 설치되는 디지털 입·출력 모듈, 특수모듈 및 통신모듈 등의 소비전 류의 합계에 의해 정해진다. 전원모듈의 정격 출력용량을 초과하여 사용하면 시스템이 정 상동작하지 않는다. 따라서 시스템 구성 시 각 모듈의 소비전류를 고려하여 전원모듈을 선 정해야 한다.

각 모듈별 소비전류는 다음의 표 3.6과 같다.

표 3.6 각 모듈별 소비전류(DC 5 V)

(단위: mA)

품명	형명	소비전류	품명	형명	소비전류
CPU모듈	XGI-CPUH, U, U/D	960	아날로그 입력 모듈	XGF-AV8A	380
	XGI-CPUE,S	940		XGF-AC8A	380
DC12/24 V 입력모듈	XGI-D21A	20		XGF-AD4S	580
	XGI-D22A	30		XGF-AD8A	380
	XGI-D22B	30		XGF-AD16A	580
	XGI-D24A	50	아날로그 출력 모듈	XGF-DV4A	190(250)
	XGI-D24B	50		XGF-DC4A	190(400)
	XGI-D28A	60		XGF-DV8A	190(250)
	XGI-D28B	60		XGF-DC8A	243(400)
AC110 V 입력모듈	XGI-A12A	30		XGF-DV4S	200(500)
				XGF-DC4S	200(200)

품명	형명	소비전류	품명	형명	소비전류
AC220 V 입력모듈	XGI-A21A	20	고속카운터 모듈	XGF-H02A	270
릴레이 출력모듈	XGQ-RY1A	250		XGF-HD2A	330
	XGQ-RY2A	500	위치결정 모듈	XGF-P03A	400
	XGQ-RY2B	500		XGF-P02A	360
트랜지스터 출력모듈	XGQ-TR2A	70		XGF-P01A	340
	XGQ-TR2B	70		XGF-PD3A	820
	XGQ-TR4A	130		XGF-PD2A	750
	XGQ-TR4B	130		XGF-PD1A	510
	XGQ-TR8A	230	열전대 입력모듈	XGF-TC4S	610
	XGQ-TR8B	230	측온저항체 입력모듈	XGF-RD4A	490
트라이액 출력모듈	XGQ-SS2A	300		XGF-RD4S	490
입·출력 혼합모듈	XGH-DT4A	110	모션제어 모듈	XGF-M16M	640
Cnet I/F 모듈	XGL-C22A	330	FEnet I/F 모듈 (광/전기)	XGL-EFMF	650
	XGL-C42A	300		XGL-EFMT	420
	XGL-CH2A	340	FDEnet I/F 모듈 (Master)	XGL-EDMF	650
Pnet I/F 모듈	XGL-PMEA	560		XGL-EDMT	420
Dnet I/F 모듈	XGL-DMEA	440	RAPIEnet I/F 모듈	XGL-EIMF	670
Rnet I/F 모듈	XGL-RMEA	410		XGL-EIMT	330
온도 컨트롤러 모듈	XGF-TC4UD	770		XGL-EIMH	510
광링 스위치 모듈	XGL-ESHF	1,200	–	–	–

[주] ( ) 표시의 값은 외부 DC24 V에 대한 소비전류 값임

(2) 전원모듈의 규격

XGI PLC의 전원모듈은 교류용과 직류용이 있으며, 다음의 표 3.7과 같다.

표 3.7 전원모듈

항목		XGP-ACF1	XGP-ACF2	XGP-AC23	XGP-DC42
입력	정격입력전압	AC100 V~AC240 V		AC200 V~AC240 V	DC24 V
	입력전압범위	AC85 V~AC264 V		AC170 V~AC264 V	–
	입력주파수	50/60 Hz(47~63 Hz)			–
	돌입전류	20 A_{peak} 이하			80 A_{peak} 이하
	효율	65% 이상			60% 이상
	입력퓨즈	내장(사용자 교체 불가), UL 규격품(Slow Blow Type)			
	허용순시정전	10 ms 이내			

항목		XGP-ACF1	XGP-ACF2	XGP-AC23	XGP-DC42
출력 1	출력전압	DC5 V(±2%)			DC5 V(±2%)
	출력전류	3 A	6 A	8.5 A	6 A
	과전류보호	3.2 A 이상	6.6 A 이상	9 A 이상	6.6 A 이상
	과전압보호	5.5 V~6.5 V			
출력 2	출력전압	DC24 V(±10%)		–	–
	출력전류	0.6 A			
	과전류보호	0.7 A 이상			
	과전압보호	없음			
릴레이 출력부	용도	RUN 접점			
	정격개폐 전압/전류	DC24 V, 0.5 A			
	최소개폐부하	DC5 V, 1 mA			
	응답시간	Off→On / On→Off : 10 ms 이하 / 12 ms 이하			
	수명	기계적 수명: 2,000만 회, 전기적 수명: 정격개폐전압·전류 10만 회 이상			
전압상태표시		출력전압 정상 시 LED On			
사용전선규격		0.75 ~ 2 mm^2			
사용압착단자		RAV1.25－3.5, RAV2－3.5			
중량		0.4 kg		0.6 kg	0.5 kg

예 소비전류/전력 계산 예

종류	형명	장착 대수	전압 계통	
			5 V	24 V
CPU모듈	XGI-CPUU XGI-CPUH	1	0.96 A	–
12 Slot 기본 베이스	XGB-B12M	–	–	–
입력모듈	XGI-D24A	4	0.2 A	–
출력모듈	XGQ-RY2A	4	2.0 A	–
FDEnet모듈	XGL-EDMF	2	1.3 A	–
Profibus-DP	XGL-PMEA	2	1.12 A	–
소비전류	계산		0.96+0.2+2+1.3+1.12	–
	결과		5.58 A	–
소비전력	계산		5.58×5 V	–
	결과		27.9 W	–

5 V의 소비전류 계산 값이 5.58 A가 나왔으므로 XGP－ACF2(5 V : 6 A용) 또는 XGP－

AC23(5 V : 8.5 A용)를 사용하면 되며, XGP−ACF1(5 V : 3 A용)을 사용하면 시스템이 정상 동작하지 않게 된다.

3.5 | 입·출력 모듈

(1) 입력모듈

⊞ 3.8 입력모듈

규격	DC입력							AC입력		
형명	XGI-D21A	XGI-D22A	XGI-D22B	XBI-D24A	XGI-D24B	XGI-D28A	XGI-D28B	XGI-A12A	XGI-A21A	XGI-A21C
입력점수	8점	16점		32점		64점		16점	8점	8점
정격입력전압	DC24 V							AC100~120 V	AC100~240 V	AC100~240 V
정격입력전류	4 mA							8 mA	17 mA	17 mA
On전압/전류	DC19 V이상 / 3 mA이상							AC80 V 이상/5 mA이상	AC80 V 이상/5 mA이상	AC80 V 이상/5 mA이하
Off전압/전류	DC11 V이하 / 1.7 mA이하							AC30 V 이하/1 mA이하	AC30 V 이하/2 mA이하	AC30 V 이상/1 mA이하
응답시간 Off→On	1 ms/3 ms/5 ms/10 ms/20 ms/70 ms/100 ms (I/O 파라미터에서 설정, 초기값 : 3 ms)							15 ms이하		
응답시간 On→Off	1 ms/3 ms/5 ms/10 ms/20 ms/70 ms/100 ms (I/O 파라미터에서 설정, 초기값 : 3 ms)							25 ms이하		
공통(COM)방식	8점/1COM	16점/1COM		32점/1COM				16점/1COM	8점/1COM	1점/1COM
절연방식	포토커플러							포토커플러		
소비전류(mA)	20	30		50		60		30	20	20
중량(kg)	0.1	0.12		0.1		0.15		0.13	0.13	0.13

[주] XGI−xxxA : 소스/싱크타입, XGI−xxxB : 소스타입

(2) 출력모듈

⊞ 3.9 출력모듈

규격	릴레이			트랜지스터							트라이액
형명	XGQ-RY14	XGQ-RY2A	XGQ-RY2B	XGQ-TRIC	XGQ-TR2A	XGQ-TR2B	XGQ-TR4A	XGQ-TR4B	XGQ-TR8A	XGQ-TR8B	XGQ-SS2A

규격	릴레이		트랜지스터				트라이액
출력점수	8점	16점	8점	16점	32점	64점	16점
정격부하전압	DC12/24 V, AC100/220 V		DC12/24 V				AC110/220 V
정격입력전류 1점	2 A		2 A	0.5 A	0.1 A		0.6 A
정격입력전류 공통	5 A		−	4 A	2 A		4 A
응답시간 Off→On	10 ms이하		3 ms이하	1 ms이하			1 ms이하
응답시간 On→Off	12 ms이하		10 ms이하	1 ms이하			0.5Cycle+ 1 ms이하
공통(COM)방식	1점/1COM	16점/1COM	1점/1COM	16점/1COM	32점/1COM		16점/1COM
절연방식	릴레이		포토커플러				포토커플러
소비전류(mA)	260	500	100	70	130	230	300
중량(kg)	0.13	0.17 0.19	0.11	0.11	0.1	0.15	0.2
서지킬러	−	바리스터	제너다이오드				바리스터
외부공급전원	−		−	DC 12/24 V			−

[주] 1. XGQ−RY2A : 서지킬러 미장착, XGQ−RY2B : 서지킬러 내장
     2. XGQ−TRxA : 싱크타입, XGQ−TRxB : 소스타입

3.6 | 그 외 특수모듈

XGT(XGK 및 XGI) CPU에서는 특수모듈의 운전 데이터를 I/O와 함께 상시 리프레시를 수행하며, 아날로그 입력, 아날로그 출력 모듈의 변환 데이터 및 고속카운터, 위치결정 모듈의 지령 등 접점정보가 이 영역에 해당된다.

(1) 아날로그 입력모듈

	내용
XGF−AV8A	전압, 8채널
XGF−AC8A	전류, 8채널
XGF−AD8A	전압/전류, 8채널
XGF−AD16A	전압/전류, 16채널
XGF−AD4S	전압/전류, 4채널, 절연형
XGF−AW4S	2−Wire, 전압/전류, 4채널, 절연형

(2) 아날로그 출력모듈

내용	
XGF-DV4A	전압, 4채널
XGF-DC4A	전류, 4채널
XGF-DV8A	전압, 8채널
XGF-DC8A	전류, 8채널
XGF-DV4S	전압, 4채널, 절연형
XGF-DC4S	전류, 4채널, 절연형

(3) 고속 카운터 모듈

내용	
XGF-HO2A	오픈 컬렉터(전압), 2채널
XGF-HD2A	라인 드라이버, 2채널
XGF-HO8A	다채널 고속카운터, 8채널

(4) 위치결정 모듈

내용	
XGF-PO1A~PO3A	오픈 컬렉터(전압), 1~3축
XGF-PD1A~PD3A	라인 드라이버, 1~3축
XGF-PO1H~PO4H	오픈 컬렉터(전압), 1~4축
XGF-PD1H~PD4H	라인 드라이버, 1~4축

CHAPTER

4 메모리 구성과 변수

4.1 | 메모리

CPU모듈에는 사용자가 사용할 수 있는 두 가지 종류의 **메모리**가 내장되어 있다. 그 중 하나는 사용자가 시스템을 구축하기 위해 작성한 사용자 프로그램을 저장하는 프로그램 메모리이고, 다른 하나는 데이터 메모리로써 운전 중 데이터를 저장하는 디바이스 영역을 제공한다.

4.1.1 프로그램 메모리

프로그램 메모리의 저장 내용 및 크기는 표 4.1과 같다.

표 4.1 프로그램 메모리

항목	용량				
	XGI−CPUU/D	XGI−CPUU	XGI−CPUH	XGI−CPUS	XGI−CPUE
프로그램 메모리 전체 영역	10MB			2MB	2MB
시스템 영역 • 시스템 프로그램 영역	1MB			1MB	512KB

항목	용량				
	XGI−CPUU/D	XGI−CPUU	XGI−CPUH	XGI−CPUS	XGI−CPUE
• 백업 영역					
파라미터 영역 • 기본 파라미터 영역 • I/O 파라미터 영역 • 고속링크 파라미터 영역 • P2P 파라미터 영역 • 인터럽트 설정 정보 영역 • Reserved영역	1MB			512KB	512KB
실행 프로그램 영역 • 스캔 프로그램 영역 • 태스크 프로그램 영역	2MB			256KB	128KB
프로그램 보존 영역 • 스캔 프로그램 백업 영역 • 태스크 프로그램 영역 • 업로드 영역 • 사용자 정의 펑션/펑션블록 영역 • 변수 초기화 정보 영역 • 보존 변수 지정 정보 영역 • Reserved영역	6MB			768KB	384KB

4.1.2 데이터 메모리

데이터 메모리의 저장 내용 및 크기는 표 4.2와 같다.

표 4.2 데이터 메모리

항목		제품				
		XGI −CPUU/D	XGI −CPUU	XGI −CPUH	XGI−CPUS	XGI−CPUE
데이터 메모리 전체 영역		3M byte	2M byte		1M byte	512K byte
시스템 영역: • I/O 정보 테이블 • 강제 입출력 테이블 • Reserved 영역		770K byte			556K byte	238K byte
플래그 영역	시스템 플래그	4K byte				
	아날로그 이미지 플래그	8K byte			4K byte	2K byte
	PID 플래그	16K byte			4K byte	
	고속링크 플래그	22K byte				
	P2P플래그	42K byte				

항목	제품				
	XGI −CPUU/D	XGI −CPUU	XGI −CPUH	XGI−CPUS	XGI−CPUE
입력 이미지 영역(%I)	16K byte			4K byte	
출력 이미지 영역(%Q)	16K byte			4K byte	
R/W 영역(%R/%W)	1024K byte		128K byte	64K byte	32K byte
직접 변수 영역(%M)	256K byte			64K byte	32K byte
심볼릭 변수 영역(최대)	512K byte			128K byte	64K byte
스택 영역	256K byte			64K byte	64K byte

4.1.3 데이터 리테인 영역 설정

운전에 필요한 데이터 또는 운전 중 발생한 데이터를 PLC가 정지 후 재기동하였을 때도 계속 유지시켜서 사용하고자 할 경우에 디폴트(자동)변수 리테인을 사용하며, M영역 디바이스의 일정영역을 파라미터 설정에 의해서 리테인 영역으로 사용할 수 있다.

표 4.3은 리테인 설정 가능 디바이스에 대한 특성표이다.

표 4.3 데이터 리테인 영역

디바이스	리테인 설정	특성
디폴트	○	자동 변수 영역으로 변수 추가 시 리테인 설정 가능
M	○	내부 접점 영역으로 파라미터에서 리테인 설정 가능
K	×	정전 시 접점 상태가 유지되는 접점
F	×	시스템 플래그 영역
U	×	아날로그 데이터 레지스터(리테인 안 됨)
L	×	통신 모듈의 고속링크/P2P 서비스 상태 접점(리테인됨)
N	×	통신 모듈의 P2P 서비스 주소 영역(리테인됨)
R	×	플래시 메모리 전용 영역(리테인됨)

[주] K, L, N, R 디바이스들은 기본적으로 리테인된다.

4.2 │ 변수의 표현

프로그램 안에서 사용하는 데이터는 값을 가지고 있으며, 프로그램이 실행되는 동안에 값이 변하지 않는 상수와 그 값이 변하는 **변수**가 있다.

변수는 PLC의 입력이나 출력, 내부 메모리 등과 같이 변할 수 있는 대상을 가리키며, 변수의 표현에는 다음의 두 가지가 있다.

(1) **직접변수** : PLC의 입·출력 또는 기억장소에 대하여 직접 표현하는 것으로서, 사용자가 이름을 부여하지 않고 메이커에 의해 이미 지정된 메모리 영역의 식별자를 사용한다. 따라서 별도의 변수선언을 할 필요가 없다.

(2) **심볼릭(Symbolic) 변수(Named 변수)** : 사용자가 이름을 부여하고 사용하며, 프로그램 구성요소(프로그램 블록, 펑션, 펑션블록)에서 심볼릭 변수를 사용하기 위해서는 반드시 변수를 선언해야 한다.

4.2.1 직접변수

직접변수는 사용자가 이름과 형 등을 선언하지 않고 메이커에서 정해놓은 메모리 영역의 식별자와 주소를 사용한다.

직접변수에는 입·출력 변수(%I, %Q)와 **내부 메모리 변수**(%M, %R, %W)가 있다. 입·출력 변수와 내부 메모리 변수의 크기는 PLC의 종류에 따라 차이가 있으며, 직접 변수는 변수의 선언을 하지 않고 식별자의 위치를 표현하는 방식이므로 프로그램의 가독성(可讀性)이 떨어지며, 어드레스(주소)가 중복될 우려가 있다.

직접변수는 반드시 퍼센트 문자(%)로 시작하고, 다음에 위치 접두어와 크기 접두어를 붙이며, 마침표로 분리되는 하나 이상의 부호 없는 정수의 순으로 나타낸다.

(1) 입·출력 메모리의 할당

XGI 시리즈 PLC의 입·출력 **메모리의 할당**은 다음의 5가지 인자로 표시한다.

그림 4.1 입·출력 메모리 할당

① 위치 접두어

변수의 종류를 나타내며, 표 4.4와 같이 다섯 종류가 있다.

표 4.4 위치 접두어

번호	접두어	의미
1	I	입력 위치(Input Location)
2	Q	출력 위치(Output Location)
3	M	내부 메모리 중 M영역 위치(Memory Location)
4	R	내부 메모리 중 R영역 위치(Memory Location)
5	W	내부 메모리 중 W영역 위치(Memory Location)

② 크기 접두어

변수가 차지하는 메모리 공간의 크기를 나타내며, 표 4.5와 같이 여섯 종류가 있다.

표 4.5 크기 접두어

번호	접두어	의미
1	X	1비트의 크기
2	None	1비트의 크기
3	B	1바이트(8비트)의 크기
4	W	1워드(16비트)의 크기
5	D	1더블 워드(32비트)의 크기
6	L	1롱 워드(64비트)의 크기

③ 베이스번호

CPU가 장착되어 있는 베이스(기본 베이스)를 0번 베이스라 하며, 증설 시스템을 구성했을 때 기본 베이스에 접속된 순서에 따라 베이스번호가 증가된다. XGI-CPUH는 총 8베이스(기본+증설7)로 베이스번호는 0~7로 설정되며, XGI-CPUS는 총 4베이스(기본+증설3)로 베이스번호는 0~3으로 설정된다. XGI-CPUE는 총 2베이스(기본+증설1)로 베이스번호는 0~1이다.

④ 슬롯번호

슬롯번호는 기본 베이스의 경우, CPU의 우측이 0번이 되며, 우측으로 진행하며 번호가 1씩 증가한다. 증설 베이스의 경우, 전원부 우측이 0번이 되며, 우측으로 진행하며 번호가 1씩 증가한다.

XGI-CPUH 및 XGI-CPUS의 기본 베이스는 총 12슬롯으로 슬롯번호는 0~11로 설정된다.

⑤ 크기 접두어 번호

슬롯에 장착되어 있는 접점들을 0번 비트부터 크기 접두어 단위로 나누었을 때 몇 번째 크기 접두어 단위가 되는지를 나타낸다. 예를 들면 0번 슬롯에 32점 입력모듈이 장착되어 있고, 이것을 바이트 단위로 나누어 사용한다면 처음의 8점(%IX0.0.0~%IX0.0.7)은 %IB0.0.0이 되고, 그 다음 8점(%IX0.0.8~%IX0.0.15)은 %IB0.0.1이 되며, 그 다음 8점(%IX0.0.16~%IX0.0.23)은 %IB0.0.2가 된다. 그리고 마지막 8점(%IX0.0.24~%IX0.0.31)은 %IB0.0.3이 된다.

그리고 1번 슬롯에 32점 출력모듈이 장착되어 있고, 이것을 워드단위로 나누어 사용한다면 처음 16점(%QX0.1.0~%QX0.1.15)은 %QW0.1.0이 되며, 그 다음 16점(%QX0.1.16~%QX0.1.31)은 %QW0.1.1이 된다.

접두어는 소문자가 올 수 없으며, 크기 접두어를 붙이지 않으면 그 변수는 1비트로 처리된다.

크기 접두어의 배열에 의한 메모리 어드레스를 그림 4.2에 나타내었다.

(2) 내부 메모리의 할당

내부 메모리의 할당은 위에서 설명한 입·출력 메모리의 할당과 기본적인 방법은 동일하나 베이스번호와 슬롯번호를 지정하지 않는다.

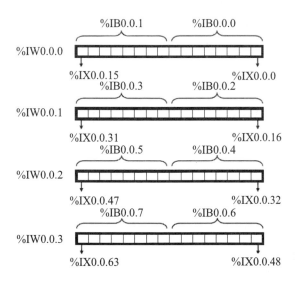

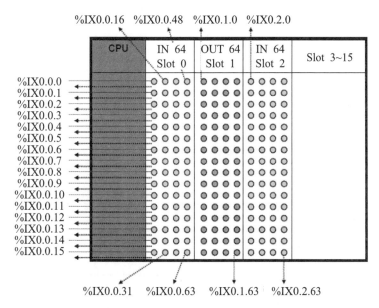

그림 4.2 크기 접두어의 배열

내부 메모리를 표현하는 다음의 두 가지 방법이 있다.

1) 크기 접두어 단위의 표현

$$\underset{①}{\%} \ \underset{②}{M} \ \underset{②}{X} \ \underset{③}{N_1} \quad \text{(N}_1\text{은 숫자)}$$

①번 항목 %M은 내부 메모리를 나타내는 위치 접두어이다.

②번 항목은 크기 접두어로서 입·출력 메모리와 동일하다.

③번 항목은 비트번호를 나타낸다.

예로서, %MX0은 0의 위치에 있는 비트단위의 접점번호이며, 베이스번호 및 슬롯번호는 없다.

2) 크기 접두어를 이용한 비트 표현

$$\underset{①}{\%} \; \underset{②}{M} \; \underset{③}{B} \; \underset{}{N_1} \; . \; \underset{④}{N_2} \quad (N_1, N_2는 \; 숫자)$$

①번 항목 %M은 내부 메모리를 나타내는 위치 접두어이다.

②번 항목은 크기 접두어로서 X를 제외한 B, W, D, L을 사용할 수 있다.

③번 항목은 크기 접두어 번호를 나타낸다.

④번 항목은 비트 번호이다.

예를 들어 %MW100.3이라고 하면 100워드의 3번 비트를 의미한다. 역시 베이스번호 및 슬롯번호는 없다.

그림 4.3은 크기 접두어의 비트 표현을 그림으로 나타내었다.

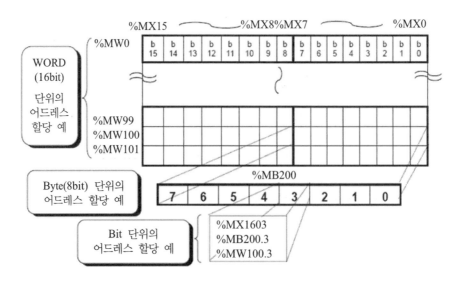

그림 4.3 내부 메모리 크기 접두어의 표현

4.2.2 심볼릭(네임드) 변수(Symbolic or Named variable)

프로그램 구성요소(즉 프로그램, 펑션, 펑션블록)는 그 구성요소에서 사용할 변수를 선언할 수 있는 선언부분을 가지고 있으며, 프로그램 구성요소에서 심볼릭 변수를 사용하기 위해서는 사용자가 변수 이름과 데이터 타입 등을 선언하고 사용한다.

심볼릭 변수(네임드 변수)의 이름은 일반적으로 글자 수의 제한이 없으며 한글, 영문, 숫자 및 밑줄문자(_)를 조합하여 사용할 수 있다. 또한 영문자의 경우, 대·소문자 모두 입력이 가능하며 동일한 문자면 모두 같은 변수로 인식한다. 그러나 변수이름에 빈칸을 포함해서는 안 된다.

심볼릭 변수의 변수선언 절차는 다음과 같다.

데이터 타입(Type) 지정 → 변수 속성의 설정 → 메모리 할당

(1) 심볼릭 변수의 데이터 타입

데이터 타입은 수치(ANY_NUM)와 비트 상태(ANY_BIT)로 구분할 수 있다.

수치의 대표적인 경우는 정수(INT, Integer)이며, 셀 수 있고 산술 연산을 할 수 있다. 정수의 예는 카운터의 현재 값, A/D(아날로그 입력) 변환 값 등이 있다.

비트 상태는 BOOL(Boolean, 1비트), BYTE(8개의 비트 열), WOTD(16개의 비트 열) 등이 있는데, 비트 열의 On/Off 상태를 나타내며 논리 연산을 할 수 있다. 또 비트 상태는 산술연산이 불가능하지만 형(Type) 변환 펑션을 사용하여 수치로 변환하면 산술 연산이 가능하다. 비트 상태의 예로서, 입력 스위치의 On/Off 상태, 출력 램프의 소등/점등 상태 등이 있다. BCD는 10진수를 4비트의 2진 코드로 나타낸 것이므로 비트 열(ANY_BIT)에 해당된다.

그림 4.4는 **네임드 변수**의 데이터 타입을 나타내며, 그 크기 및 범위는 표 4.6에 표시하였다.

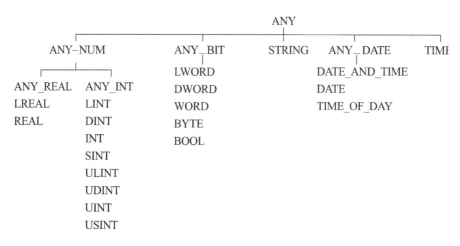

그림 4.4 네임드 변수의 데이터 타입

표 4.6 기본 데이터 타입

구분	예약어	데이터형	크기 (비트)	범위
수치 (ANY_NUM)	SINT	Short Integer	8	$-128 \sim 127$
	INT	Integer	16	$-32768 \sim 32767$
	DINT	Double Integer	32	$-2147483648 \sim 2147483647$
	LINT	Long Integer	64	$-2^{63} \sim 2^{63}-1$
	USINT	Unsigned Short Integer	8	$0 \sim 255$
	UINT	Unsigned Integer	16	$0 \sim 65535$
	UDINT	Unsigned Double Integer	32	$0 \sim 4294967295$
	ULINT	Unsigned Long Integer	64	$0 \sim 2^{64}-1$
	REAL	Real Numbers	32	$-3.402823466e+038 \sim$ $1.175494351e-038$ or 0 or $1.175494351e-038 \sim$ $3.402823466e+038$
	LREAL	Long Reals	64	$-1.7976931348623157e+308 \sim$ $-2.2250738585072014e-308$ or 0 or $2.2250738585072014e \sim 308 \sim$ $1.7976931348623157e+308$
시간	TIME	Duration	32	T#0S $\sim$ T#49D17H2M47S295MS
날짜	DATE	Date	16	D#1984$-$01$-$01$\sim$D#2163$-$6$-$6
	TIME_OF_ DAY	Time Of Day	32	TOD#00 : 00 : 00$\sim$TOD#23 : 59 : 59.999
	DATE_AND _TIME	Date And Time Of Day	64	DT#1984$-$01$-$01$-$00 : 00 : 00$\sim$ DT#2163$-$12$-$31$-$23 : 59 : 59.999
문자열	STRING	Character String	30*8	—

구분	예약어	데이터형	크기 (비트)	범위
비트 상태 (ANY_BIT)	BOOL	Boolean	1	0, 1
	BYTE	Bit String Of Length 8	8	16#0~16#FF
	WORD	Bit String Of Length 16	16	16#0~16#FFFF
	DWORD	Bit String Of Length 32	32	16#0~16#FFFFFFFF
	LWORD	Bit String Of Length 64	64	16#0~16#FFFFFFFFFFFFFFFF

데이터 타입별 구조는 그림 4.5에 나타내었다.

1) # Bit String

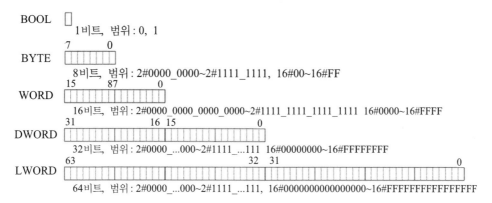

2) # Unsigned Integer

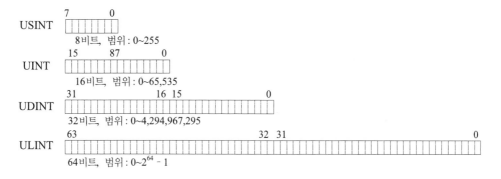

3) # Integer(음수는 2' Complement 표현)

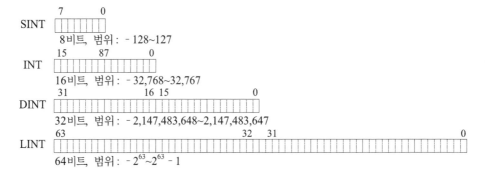

SINT
8비트, 범위 : - 128~127

INT
16비트, 범위 : - 32,768~32,767

DINT
32비트, 범위 : - 2,147,483,648~2,147,483,647

LINT
64비트, 범위 : $-2^{63}~2^{63}-1$

4) # Real(IEEE Standard 754 – 1984 기준)

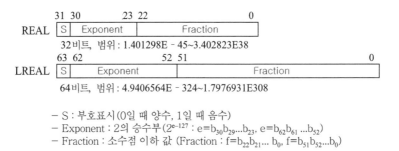

REAL
32비트, 범위 : 1.401298E - 45~3.402823E38

LREAL
64비트, 범위 : 4.9406564E - 324~1.7976931E308

- S : 부호표시(0일 때 양수, 1일 때 음수)
- Exponent : 2의 승수부(2^{e-127} : $e=b_{30}b_{29}...b_{23}$, $e=b_{62}b_{61}...b_{52}$)
- Fraction : 소수점 이하 값 (Fraction : $f=b_{22}b_{21}... b_0$, $f=b_{51}b_{52}...b_0$)

5) #BCD

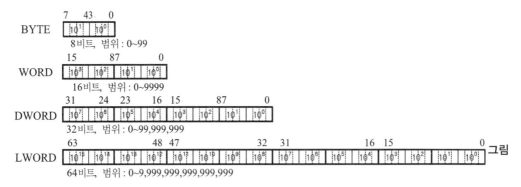

BYTE
8비트, 범위 : 0~99

WORD
16비트, 범위 : 0~9999

DWORD
32비트, 범위 : 0~99,999,999

LWORD
64비트, 범위 : 0~9,999,999,999,999,999

4.5 데이터 타입별 구조

(2) 변수 속성의 설정

변수의 용도에 따라 다음의 표 4.7과 같이 종류(속성)을 설정한다.

표 4.7 네임드 변수의 속성

변수 종류	내용
VAR	읽고 쓸 수 있는 일반적인 변수
VAR_RETAIN	정전유지 변수
VAR_CONSTANT	항상 고정된 값을 가지고 있는 읽기만 할 수 있는 변수(상수)
VAR_EXTERNAL	VAR_GLOBAL로 선언된 변수를 사용하기 위한 선언

[주] 정전유지 설정은 XG5000 변수 편집 창에 있는 "리테인 설정"을 체크한다.

(3) 네임드 변수의 메모리 할당

네임드 변수의 메모리 할당에는 자동할당과 사용자 정의가 있다.

자동할당은 컴파일러가 내부 메모리 영역에 변수의 위치를 자동으로 지정한다. 예로서, "밸브"란 변수를 자동 메모리 할당으로 지정할 경우에 변수의 내부 위치는 프로그램이 작성된 후 컴파일(Compile)과정에서 정해지게 된다. 선언된 변수는 외부의 입·출력과 관계없이 내부 연산 도중에 신호의 중계, 신호상태(내부 정보)의 일시 저장, 타이머나 카운터의 접점이름(펑션블록의 인스턴스) 지정 등에 사용된다. 자동할당 지정은 XG5000의 변수 편집창에서 메모리 할당란을 블랭크로 하면 된다.

사용자 정의는 사용자가 직접변수(%I, %Q 및 %M, %R)를 사용하여 강제로 위치를 지정한다. 선언된 변수는 입·출력용(%I, %Q) 변수와 내부 메모리 영역(%M)에 사용한다. 사용자 메모리 할당 지정은 XG5000의 변수 편집 창에서 메모리 할당란에 입·출력 주소를 직접 입력한다.

4.2.3 어레이(Array) 변수

어레이(배열, Array) 변수는 동일한 데이터 타입(WORD, INT, BOOL 등)으로 된 데이터가 순서대로 나열된 것을 말한다. 이 배열을 사용하면 서로 연관된 많은 정보를 편리하게 저장할 수 있다.

변수를 어레이 변수로 설정하게 되면 데이터가 저장될 메모리 공간에 연속적으로 할당되어 데이터를 처리하는 데 있어서 엑세스 시간(데이터를 읽거나 쓰는 데 걸리는 시간)을 줄일 수 있으므로 고속제어를 할 수 있다.

어레이 변수의 데이터를 처리할 때는 어레이 변수이름으로 사용하여 여러 개의 데이터를 동시에 처리할 수 있으며, 경우에 따라서는 원소번호를 지정함으로써 각각의 원소를 처리할 수 있다.

예로서 현재시각을 표시할 때 어레이 변수이름을 "_RTC_TIME"으로 하고, 원소개수를 8개로 지정한 경우에 표 4.8과 같이 _RTC_TIME[0], _RTC_TIME[1] …과 같이 원소번호가 주어지고, [ ]의 숫자는 어드레스 변수의 할당 어드레스로서 정수 또는 INT형 변수로 지정할 수 있다.

표 4.8 어레이 변수의 예

NO	변수	타입	설명문
1	_RTC_TIME[0]	BYTE	현재시각 [년도]
2	_RTC_TIME[1]	BYTE	현재시각 [월]
3	_RTC_TIME[2]	BYTE	현재시각 [일]
4	_RTC_TIME[3]	BYTE	현재시각 [시]
5	_RTC_TIME[4]	BYTE	현재시각 [분]
6	_RTC_TIME[5]	BYTE	현재시각 [초]
7	_RTC_TIME[6]	BYTE	현재시각 [요일]
8	_RTC_TIME[7]	BYTE	현재시각 [년대]

표 4.9에는 네임드 변수의 선언 예를 나타내었다.

표 4.9 변수선언의 예

변수 이름	변수형	데이터 타입	초기값	메모리 할당
I_VAL	VAR	INT	1234	자동
BIPOLAR	VAR_RETAIN	REAL	–	자동
LIMIT_SW	VAR	BOOL	–	%1X1.0.2
GLO_SW	VAR_EXTERNAL	DWORD	–	자동
READ_BUF	VAR	ARRAY OF INT[10]	–	자동

4.2.4 예약변수

예약변수는 시스템에서 미리 선언한 변수들로서 플래그로 사용된다. 사용자가 이 변수명으로 변수선언을 할 수 없다. 이 예약변수를 사용할 때는 변수선언을 하지 않고 사용한다. 이것은 '부록 3'을 참고하기 바란다.

▷ 참고 규정

1) 자동배치 변수는 그 실제위치가 고정되어 있지 않다. 예를 들어 VAL1이란 변수를 BOOL 데이터 타입으로 선언하였다면 그 변수가 내부 데이터 영역의 어느 위치에 있는지 고정되어 있지 않고, 그 위치는 프로그램을 모두 작성한 후 컴파일러와 링커에 의해 정해진다. 만약 프로그램을 수정한 후에 다시 컴파일 하였다면 그 위치가 변할 수 있다. 자동배치 변수의 장점은 사용자가 내부 변수로 사용하는 것들의 위치에 신경을 쓰지 않아도 된다는 것이다.

그러나 직접변수는 변수의 위치가 정해지기 때문에 %I와 %Q를 제외하고는 될 수 있으면 사용하지 않는 것이 좋다. 직접변수는 자동배치 변수가 아니므로 사용자가 잘못 사용할 경우, 중복될 수 있다.

2) **초기값(Initial Value) 지정** : 변수의 초기값을 지정할 수 있으며, 지정하지 않으면 다음의 초기값으로 지정된다(표 4.10).

田 4.10 변수의 초기값

데이터 타입	초기값
SINT, INT, DINT, LINT.	0
USINT, UINT, UDINT, ULINT	0
BOOL, BYTE, WORD, DWORD, LWORD	0
REAL, LREAL	0.0
TIME	T#0s
DATE	D#1984−01−01
TIME_OF_DAY	TOD#00 : 00 : 00
DATE_AND_TIME	DT#1984−01−01−00 : 00 : 00
STRING	'' (empty string)

3) VAR_EXTERNAL의 선언 시에는 초기값을 줄 수 없다. 또 변수선언 시 %I와 %Q로 강제 할당한 변수에는 초기값을 줄 수 없다.

4) PLC의 전원이 끊긴 후에도 데이터의 값을 유지할 필요가 있는 변수는 정전유지 (Retention)의 기능이 제공되는 VAR_RETAIN을 써서 선언할 수 있으며 다음의 규칙에 따른다.

　① 정전유지 변수는 시스템의 웜 리스타트 시 그 값이 유지된다.
　② 시스템의 콜드 리스타트 시에는 사용자가 정의한 초기값이나 기본 초기값으로 초기화된다.
　③ VAR_RETAIN으로 선언되지 않은 변수는 콜드 리스타트나 웜 리스타트 어느 경우에도 사용자가 정의한 초기값이나 기본 초기값으로 초기화된다.

5) 변수선언 시 %I와 %Q로 강제 할당한 변수는 변수종류를 VAR_RETAIN, VAR_CONSTANT로 선언할 수 없다.

6) 변수는 기본 데이터 타입을 인자로 갖는 어레이로 선언하여 사용할 수 있다. 어레이 변수로 선언할 때에는 인자로 사용할 데이터의 타입과 어레이의 크기를 설정하여야 한다. 단, 기본 데이터 타입 중에 STRING 데이터 타입은 인자로 설정할 수 없다.

7) 변수선언의 유효영역(Scope), 즉 변수를 사용할 수 있는 영역은 그 변수가 선언된 프로그램 구성요소에 한한다. 따라서 다른 프로그램의 구성요소에서 선언된 변수는 사용할 수 없다. 글로벌 변수로 선언된 변수는 이와 달리 모든 곳에서 VAR_EXTERNAL 선언에 의해 변수 접근이 가능하다.

CHAPTER

5 XGI PLC의 소프트와이어 시스템

5.1 | 소프트와이어 시스템의 구성

소프트웨어 측면에서 PLC시스템 전체를 하나의 프로젝트로 정의하여 PLC응용 프로그램을 작성하고, 프로젝트 내에는 PLC시스템에 필요한 것들을 정의해야 한다. 그 정의해야 할 **소프트와이어 시스템**의 내용들은 그림 5.1과 같이 계층적으로 표시할 수 있다.

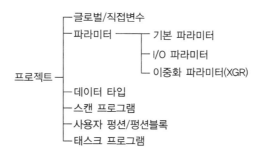

그림 5.1 PLC소프트웨어의 계층적 표현

5.1.1 프로젝트(Project)

XGI/XGR/XEC PLC의 프로그램을 작성하기 위해서는 우선 **프로젝트**를 구성하여야 한다. 하나의 프로젝트를 구성한다는 것은 하나의 PLC시스템에 필요한 모든 구성요소를 작성한다는 의미로서, 가장 기본적인 스캔(Scan) 프로그램(일반적인 PLC 프로그램)뿐만 아니라 기본 파라미터(Parameter), I/O(Input/Output) 파라미터 등을 작성하는 것이다.

5.1.2 글로벌/직접 변수

글로벌 변수 설정부분, 직접변수 설명문, 플래그 부분의 탭으로 보여주며 사용자가 필요한 정보를 작성 또는 사용하는 부분이다.

5.1.3 파라미터(Parameter)

파라미터 부분은 PLC시스템의 기동 시 필요한 여러 가지 정보를 작성하는 부분이다.

(1) 기본 파라미터

기본 파라미터 정보 중 기본 운전, 시간, 출력제어 설정을 위한 부분과 PLC전원이 꺼져도 데이터를 보존하는 영역설정 부분, PLC에 에러가 발생했을 때 동작방법의 설정을 위한 부분 그리고 MODBUS 정보설정 부분으로 구성되어 있다.

(2) I/O 파라미터

PLC 슬롯에 사용할 I/O종류를 설정하고, 해당 슬롯별로 파라미터를 설정한다.

5.1.4 데이터 타입

데이터는 그 데이터의 고유성질을 나타내는 데이터 타입을 가지고 있으며, 예를 들어 ANY_NUM으로 나타내면 LREAL, REAL, LINT, DINT, INT, SINT, ULINT, UDINT, UINT, USINT를 모두 포함한다. 자세한 사항은 4.2.2절의 항목을 참고하기 바란다.

5.1.5 스캔 프로그램(Scan Program)

입력모듈에서 입력 데이터를 읽은 후 프로그램을 처음부터 끝까지 한번 수행하고, 그 수행 결과를 출력모듈에 쓰는 일련의 동작을 반복하여 수행하는 응용 프로그램이다.

5.1.6 사용자 펑션(function)/펑션블록(function block)

(1) 펑션

펑션은 내부에 상태를 보관하는 데이터를 갖지 않으며, 입력이 일정하면 출력 값도 일정해야만 펑션이 된다. 4칙연산, 비교연산 등과 같이 연산결과를 명령어 내부에 기억하지 않고 입력에 대한 연산결과를 즉시 출력하는 연산단위이다.

(2) 펑션블록

펑션블록은 내부에 데이터를 가질 수 있으며, 사용하기 전에 변수를 선언하는 것처럼 임시명(instance)을 선언하여야 한다. 인스턴스라는 것은 펑션블록에서 사용하는 변수들의 집합이다. 즉, 펑션블록은 내부에서 사용하는 변수뿐 아니라 출력 값도 펑션블록 자체에서 보관한다. 따라서 인스턴스가 보관된 데이터 메모리를 기억하고 있다. 프로그램도 펑션블록의 일종이라고 볼 수 있으며, 프로그램 역시 인스턴스를 선언하여야 한다.

예로서, 타이머, 카운터 등과 같이 명령어 내부에 연산결과를 기억하여 여러 스캔에 걸쳐 기억된 연산결과를 이용하는 연산단위이다.

5.1.7 태스크 프로그램

태스크 프로그램은 스캔 프로그램처럼 매 스캔 반복처리를 하지 않고, 실행조건이 발생할 때만 실행을 한다. 실행해야 할 태스크가 여러 개 대기하고 있는 경우는 우선순위가 높은 태스크 프로그램부터 처리하며, 우선순위가 동일한 태스크가 대기 중일 때는 발생한 순서대로 처리한다.

태스크 종류는 초기화 태스크, 정주기 태스크와 내부 접점 태스크가 있다.

5.2 | 소프트와이어 시스템 구성요소의 표현

5.2.1 식별자(identifier)

식별자는 변수의 이름으로 사용될 수 있으며, 빈칸이 포함되지 않아야 한다. 일반 변수 또는 인스턴스명의 경우에는 한글, 영문, 한자 모두 제한하지 않는다. 영문자의 경우에는 대문자와 소문자의 구별 없이 모두 대문자로 인식한다.

사용 예로서 IW320, QX50, LIM_SW_2, AB_CD, _MAIN, _12V7 등과 같이 사용할 수 있다.

5.2.2 데이터의 표현

XGI PLC에서 데이터로 사용하는 것은 숫자(Numeric Literals)와 문자열(Character String), 시간문자(Time Literals) 등이다. 그 사용 예를 표 5.1에 나타내었다.

표 5.1 데이터의 표현 예

종류	사용 예
정수	−12, 0, 123_456, +986
실수	−12.0, 0.0, 0.456, 3.14159_26
승수부를 갖는 실수	−1.3E−12, 1.0E+6, 1.234E6
2진수	2#1111_1111, 2#11100000
8진수	8#377(십진수 255), 8#340(십진수 224)
16진수	16#FF(십진수 255), 16#E0(십진수 224)
BOOL데이터	0, 1, TRUE, FALSE
문자열(Character String)	'welcome to LSIS' 'MOTOR RUNNING'
시간(Duration)	T#10MS
	T#10S
	T#10M
	T#10H
	T#10D
	T#1D2H34M56S789MS
Date(RTC)	D#2008−01−23
Time of Date(RTC)	TOD#15 : 36 : 55.120
Date & Time(RTC)	DT#2008−01−23−15 : 36 : 55.120

(1) 숫자(Numeric Literals)

1) 숫자에는 정수(Integer Literals)와 실수(Real Literals)가 있다.

2) 연속되지 않은 밑줄 글자(_)가 숫자 사이에 올 수 있으며 그 의미는 무시된다.

3) 십진수는 일반적인 십진 표현법을 따르고 소수점이 있으면 실수로 구별된다.

4) 승수(Exponent) 표현 시 +, − 부호가 올 수 있으며, 승수부를 구분하는 문자 'E'는 대·소문자를 구분하지 않는다.

5) 승수부가 있는 실수의 사용 시 다음은 가능치 않다.

   예 12E−5(×) 12.0E−5(○)

6) 정수에는 십진수 이외에 2, 8, 16 진수가 올 수 있으며, 숫자의 앞부분에 진수 #을 사용하여 구분하며, 아무것도 붙이지 않으면 십진수로 간주한다.

7) 16진수 표현 시 0~9, A~F를 쓰며 소문자 a~f도 쓸 수 있다.

8) 16진수 표현 시에는 부호(+, −)가 올 수 없다.

9) BOOL 데이터(Boolean Data)는 정수 0과 1로도 표현할 수 있다.

(2) 문자열(Character String)

1) 작은 따옴표('')로 둘러싸인 모든 문자가 문자열에 해당된다.

2) 그 길이는 문자열 상수일 때에는 31자 이내이며, 초기화에 사용할 때 역시 31자로 제한한다.

   예 'CONVEYER'

(3) 시간문자(Time Literals)

시간문자는 제어사건(Control Event)의 경과시간(Elapsed Time)을 재거나 조절하기 위한 경과시간(Duration) 데이터와, 제어사건의 시작점과 끝점의 시각을 표시하기 위한 날짜와 시각(Time Of Day And Date) 데이터로 구분된다.

1) 경과시간(Duration)

경과시간 데이터는 예약어 'T#' 또는 't#'으로 시작한다.

• 일(d), 시(h), 분(m), 초(s), ms의 순으로 써야 하고 어느 단위에서 시작되어도 상관없

으며, 최소 단위인 ms까지 꼭 쓰지 않아도 되나 중간 단위를 생략할 수는 없다.

- 밑줄 글자(_)는 사용하지 않는다.
- 최대 단위에서의 오버플로(Overflow)는 허용되며, 최소 단위에서의 소수점 이하 표현도 ms 이외에는 가능하다. 단 최대는 T#49d17h2m47s295ms를 초과할 수 없다(즉 ms 단위로 32비트).
- 소수점 이하 자릿수의 제한은 현재 초(s)단위에서의 세 자리까지이다.
- ms 단위에서는 소수점이 올 수 없다.
- 단위를 나타내는 문자로는 대·소문자 어느 경우나 모두 가능하다.

2) 날짜와 시각(Time of Day and Date)

날짜와 시각의 표현 방법에는 날짜, 시각, 날짜와 시각의 세 가지가 있으며 다음과 같다.

- 날짜의 시작점은 1984년 1월 1일을 기점으로 한다.
- 날짜와 시각의 표현에는 엄격한 자릿수의 제한이 있으며, 초를 나타낼 경우 초(s)단위는 소수점 이하 세 자리까지 가능하다(1 ms 단위).

5.2.3 프로그램의 종류

프로그램의 종류는 사용자 펑션, 사용자 펑션블록, 프로그램이 있으며, 프로그램에서 자기 자신의 프로그램을 호출할 수는 없다(재귀 호출 금지).

(1) 사용자 펑션

사용자 펑션은 내부에 상태를 보관하는 데이터를 갖지 않으며, 즉 입력이 일정하면 출력값도 일정해야만 사용자 펑션이 된다. 사용자 펑션의 내부 변수는 초기값을 가질 수 없으며, 또한 변수를 VAR_EXTERNAL로 선언하여 사용할 수 없다.

사용자 펑션 안에서는 직접변수들을 사용할 수 없고, 프로그램 구성요소에서 호출하여 사용한다.

사용자 펑션은 그 사용자 펑션이름과 출력 데이터 타입 변수이름이 같다. 이 변수는 하나의 사용자 펑션을 만들 때 자동적으로 생성되며 사용자 펑션에서 결과값을 이 변수에 넣어서 출력시킨다.

(2) 사용자 펑션블록

사용자 펑션블록은 출력이 여러 개가 될 수 있으며, 내부에 데이터를 가질 수 있다. 사용자 펑션블록은 사용하기 전에 변수를 선언하는 것처럼 인스턴스를 선언하여야 한다. 인스턴스라는 것은 사용자 펑션블록에서 사용하는 변수들의 집합이며, 내부에서 사용하는 변수뿐 아니라 출력 값도 자체에서 보관하여야 하므로 데이터 메모리를 가지고 있어야 하는데 바로 그것이 인스턴스이다.

사용자 펑션블록 안에서는 직접변수를 사용할 수 있다. 또한 글로벌 변수로 선언되고 사용자 정의(AT)로 강제 배치된 직접변수는 VAR_EXTERNAL로 선언하여 사용할 수 있다.

사용자 펑션블록 안에서는 프로그램을 호출할 수 없다.

(3) 프로그램

프로그램은 사용자 펑션블록과 같이 인스턴스를 선언하여 사용하며, 직접변수를 사용할 수 있다. 프로그램에는 사용자 펑션 및 사용자 펑션블록을 호출할 수 있다.

CHAPTER

6

프로그램의 구성과 운전방식

6.1 | 프로그램의 구성

프로그램은 특정한 제어를 실행하는 데 필요한 모든 기능요소로 구성되며 CPU모듈의 내장 RAM 또는 플래시 메모리에 프로그램이 저장된다.

이러한 기능요소는 일반적으로 다음과 같이 분류한다.

표 6.1 프로그램의 구성

기능 요소	연산 처리 내용
스캔 프로그램	1스캔마다 일정하게 반복되는 신호를 처리한다.
정주기 인터럽트 프로그램	다음과 같이 시간 조건 처리가 요구되는 경우에 설정된 시간간격에 따라 프로그램을 수행한다. · 1스캔 평균처리시간보다 빠른 처리가 필요한 경우 · 1스캔 평균처리시간보다 긴 시간 간격이 필요한 경우 · 지정된 시간간격으로 처리해야 하는 경우
내부 디바이스 프로그램	특정접점이 특정조건을 만족하는 경우에 수행한다.
서브루틴 프로그램	어느 조건이 만족할 경우만 수행한다(CALL명령의 입력조건이 On인 경우).

6.2 | 프로그램 수행방식

6.2.1 반복연산 방식(Scan)

PLC의 기본적인 프로그램 수행방식으로서 프로그램은 처음부터 마지막 스텝까지 반복적으로 연산이 수행되며 이 과정을 프로그램 스캔이라고 한다. 이와 같이 수행되는 일련의 처리를 반복연산 방식이라 한다.

이 과정을 단계별로 구분하면 그림 6.1과 같다.

6.2.2 인터럽트 연산방식(정주기, 내부 디바이스 기동)

PLC 프로그램의 실행 중에 긴급하게 우선적으로 처리해야 할 상황이 발생한 경우에 수행 중인 프로그램 연산을 일시 중단하고 즉시 인터럽트 프로그램에 해당하는 연산을 처리하는 방식이다. 이러한 긴급 상황을 CPU모듈에 알려주는 신호를 인터럽트 신호라 하며, 정해진 시간마다 기동하는 정주기 연산방식과, 내부의 지정된 디바이스의 상태 변화에 따라서 기동하는 내부 디바이스 기동 프로그램이 있다.

6.2.3 고정주기 스캔(Constant Scan)

스캔 프로그램을 정해진 시간마다 수행하는 연산방식으로서, 스캔 프로그램을 모두 수행한 후 잠시 대기하였다가 지정된 시간이 되면 프로그램 스캔을 재개한다. 정주기 프로그램과의 차이는 입·출력의 갱신과 동기를 맞추어 수행하는 것이다.

고정주기 운전의 스캔타임은 대기시간을 뺀 순수 프로그램 처리시간을 표시하며, 스캔타임이 설정된 '고정주기'보다 큰 경우는 '_CONSTANT_ER' 플래그가 'On' 된다.

6.3 | 운전모드

CPU모듈의 동작 상태에는 RUN모드, STOP모드, DEBUG모드 등 세 종류가 있으며, 각동작 모드 시 연산처리에 대해 설명한다.

6.3.1 RUN 모드

프로그램 연산을 정상적으로 수행하는 모드이다.

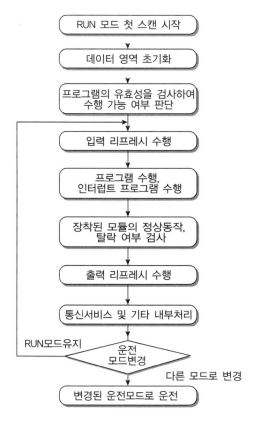

그림 6.1 프로그램의 RUN 모드

(1) 모드변경 시 처리

시작 시에 데이터 영역의 초기화가 수행되며, 프로그램의 유효성을 검사하여 수행 가능 여부를 판단한다.

(2) 연산처리 내용

입·출력 리프레시와 프로그램의 연산을 수행한다.

1) 인터럽트 프로그램의 기동조건을 감지하여 인터럽트 프로그램을 수행한다.
2) 장착된 모듈의 정상동작, 탈락여부를 검사한다.

3) 통신 서비스 및 기타 내부처리를 한다.

6.3.2 STOP 모드

프로그램 연산을 하지 않고 정지 상태인 모드이며, 리모트 STOP모드에서만 XG5000을
통한 프로그램의 전송이 가능하다.

(1) 모드변경 시 처리

출력 이미지 영역을 소거하고 출력 리프레시를 수행한다. 따라서 모든 출력 데이터는
Off 상태로 변경된다.

(2) 연산처리 내용

1) 입·출력 리프레시를 수행한다.
2) 장착된 모듈의 정상동작, 탈락여부를 검사한다.
3) 통신 서비스 및 기타 내부처리를 한다.

6.3.3 DEBUG 모드

프로그램의 오류를 찾거나, 연산과정을 추적하기 위한 모드로 이 모드로의 전환은
STOP모드에서만 가능하다. 프로그램의 수행상태와 각 데이터의 내용을 확인해 보며 프로
그램을 검증할 수 있는 모드이다.

(1) 모드변경 시 처리

1) 모드변경 초기에 데이터 영역을 초기화한다.
2) 출력 이미지 영역을 클리어하고, 입력 리프레시를 수행한다.

(2) 연산처리 내용

1) 입·출력 리프레시를 수행한다.
2) 설정상태에 따른 디버그 운전을 한다.

3) 프로그램의 마지막까지 디버그 운전을 한 후, 출력 리프레시를 수행한다.

4) 장착된 모듈의 정상동작, 탈락여부를 검사한다.

5) 통신 등 기타 서비스를 수행한다.

(3) 디버그 운전조건

디버그 운전조건은 아래 4가지(표 6.2 참조)가 있고 브레이크 포인터에 도달한 경우 다른 종류의 브레이크 포인터의 설정이 가능하다.

표 6.2 디버그 운전조건

운전조건	동작설명
한 연산 단위씩 실행 (스텝 오버)	운전지령을 하면 하나의 연산단위를 실행 후 정지한다.
브레이크 포인트(Break Point)지정에 따라 실행	프로그램에 브레이크 포인트를 지정하면 지정한 포인트에서 정지한다.
접점의 상태에 따라 실행	감시하고자 하는 접점 영역과 정지하고자 하는 상태 지정(Read, Write, Value)을 하면 설정한 접점에서 지정한 동작이 발생할 때 정지한다.
스캔 횟수의 지정에 따라 실행	운전할 스캔 횟수를 지정하면 지정한 스캔 수만큼 운전하고 정지한다.

(4) 디버그 운전 조작방법

1) XG5000에서 디버그 운전조건을 설정한 후 운전을 실행한다.

2) 인터럽트 프로그램은 각 인터럽트 단위로 운전여부(Enable/Disable)를 설정할 수 있다.

6.3.4 운전모드의 변경

(1) 운전모드의 변경방법

운전모드의 변경에는 다음과 같은 방법이 있다.

1) CPU모듈의 모드 키에 의한 모드변경

2) 프로그래밍 툴(XG5000)을 CPU의 통신포트에 접속하여 변경

3) CPU의 통신포트에 접속된 XG5000으로 네트워크에 연결된 다른 CPU모듈의 운전모

드 변경

4) 네트워크에 연결된 XG5000, HMI, 컴퓨터 링크 모듈 등을 이용하여 운전모드 변경

5) 프로그램 수행 중 'STOP' 명령에 의한 변경

(2) 운전모드 설정방법의 종류

운전모드의 설정방법은 다음과 같다.

⊞ 6.3 운전모드의 설정방법

운전모드 스위치	리모트 허용 스위치	XG5000 지령	운전 모드
RUN	×	×	Run
STOP	On	RUN	리모트 Run
		STOP	리모트 Stop
		Debug	Debug Run
	Off	모드 변경 수행	이전 운전 모드
RUN → STOP	×	−	Stop

1) 리모트 모드 변환은 '리모트 허용 : On', '모드 스위치 : Stop'인 상태에서 가능하다.

2) 리모트 'RUN' 상태에서 스위치에 의해 'STOP'으로 변경하고자 할 경우는 스위치를
(STOP) → RUN → STOP으로 조작한다.

6.3.5 리스타트 모드에 따른 데이터의 초기화

(1) 리스타트 모드의 종류

리스타트 모드는 전원을 재투입하거나 또는 모드전환에 의해서 RUN모드로 운전을 시작
할 때 변수 및 시스템을 어떻게 초기화한 후 RUN모드 운전을 할 것인가를 설정하는 것으
로 콜드, 웜의 2종류가 있으며 각 리스타트 모드의 수행조건은 다음과 같다.

1) 콜드 리스타트(Cold Restart)

① 파라미터의 리스타트 모드를 **콜드 리스타트**로 설정하는 경우에 수행된다.

② 초기값이 설정된 변수를 제외한 모든 데이터를 '0'으로 소거하고 수행한다.

③ 파라미터를 웜 리스타트 모드로 설정해도 수행할 프로그램이 변경된 후 최초 수행 시는 콜드 리스타트 모드로 수행된다.

④ 운전 중 수동 리셋스위치를 누르면(온라인 리셋명령과 동일) 파라미터에 설정된 리스타트 모드에 관계없이 콜드 리스타트 모드로 수행된다.

2) 웜 리스타트(Warm Restart)

① 파라미터의 리스타트 모드를 **웜 리스타트**로 설정하는 경우에 수행된다.

② 이전 값 유지를 설정한 데이터는 이전 값을 그대로 유지하고 초기값만 설정된 데이터는 초기값으로 설정하며, 그 외의 데이터는 '0'으로 소거한다.

③ 파라미터를 웜 리스타트 모드로 설정해도, 데이터 내용이 비정상일 경우(데이터의 정전 유지가 되지 못함)에는 콜드 리스타트 모드로 수행된다.

(2) 리스타트 모드에 의한 초기화

리스타트 모드와 관련된 변수에는 디폴트, 초기화 및 리테인 변수 등 세 종류가 있으며 리스타트 모드 수행 시 각 변수에 대한 초기화 방법은 다음과 같다.

표 6.4 리스타트 모드에 의한 각 변수의 초기화

변수지정 　　　　모드	콜드(COLD)	웜(WARM)
디폴트	'0'으로 초기화	'0'으로 초기화
리테인	'0'으로 초기화	이전값 유지
초기화	사용자 지정값으로 초기화	사용자 지정값으로 초기화
리테인 & 초기화	사용자 지정값으로 초기화	이전값 유지

(3) 데이터 리테인 영역의 동작

리테인 데이터를 지우는 방법은 아래와 같다.

- CPU모듈의 D.CLR스위치 조작
- CPU모듈의 Reset스위치 조작(3초 이상 : Overall Reset)
- XG5000으로 Reset 조작(Overall Reset)

- XG5000으로 STOP모드에서 메모리 지우기 수행
- 프로그램으로 쓰기(초기화 프로그램 추천)
- XG5000 모니터 모드에서 '0' FILL 등 쓰기

RUN모드에서는 D.CLR 클리어가 동작을 하지 않으므로 STOP모드로 전환 후 조작을 하여야 한다. 또한 D.CLR 스위치로 클리어 시 디폴트 영역도 초기화됨에 주의해야 한다.

D.CLR를 순시 조작 시는 리테인 영역만 지워지며, D.CLR를 3초간 유지시키면 6개의 LED 전체가 깜박이며 이때 스위치가 복귀하면 R영역 데이터까지 지워진다.

PLC의 동작에 따른 리테인 영역 데이터의 유지 또는 리셋(클리어) 동작은 아래 표를 참조하기 바란다.

표 6.5 리테인 영역의 데이터 유지 및 리셋

구분	Retain	M영역 Retain	R영역
Reset	이전값 유지	이전값 유지	이전값 유지
Overall Reset	'0'으로 초기화	'0'으로 초기화	이전값 유지
D.CLR	'0'으로 초기화	'0'으로 초기화	이전값 유지
D.CLR(3초)	'0'으로 초기화	'0'으로 초기화	'0'으로 초기화
STOP → RUN	이전값 유지	이전값 유지	이전값 유지

(4) 데이터 초기화

메모리 지우기의 상태가 되면 모든 디바이스의 메모리는 '0'으로 지워지게 된다. 시스템에 따라서 초기에 데이터 값을 주어야 하는 경우가 있는데 이때에는 초기화 태스크를 이용한다.

CHAPTER

7 프로그램 편집 TOOL : XG5000

7.1 | XG5000의 특징

XG5000은 XGT(XGI, XGK, XGR) PLC시리즈에 대해서 프로그램을 작성하고 디버깅하는 소프트웨어 툴이다. XG5000은 다음과 같은 특징과 장점을 가지고 있다.

(1) 멀티 PLC, 멀티 프로그램

한 프로젝트에 여러 개의 PLC를 포함시켜서 서로 연동되는 PLC시스템을 동시에 편집, 모니터, 관리할 수 있다. 또한 프로그램을 스캔 프로그램, 다양한 태스크 프로그램으로 나누어 작성할 수 있다.

(2) 다양한 드래그 & 드롭

프로젝트, 변수/설명, LD 편집, 변수 모니터 등 대부분의 편집기에서 드래그 & 드롭 기능을 적용하여 편집을 쉽고 편리하게 할 수 있다.

(3) 사용자 단축키 설정

디폴트로 제공되는 단축키 변경이 가능하며 사용자 본인에게 익숙한 단축키를 추가할 수 있다.

(4) 다양한 메시지 창

프로그램 편집과 검사 등을 쉽게 하기 위하여 다양한 메시지 창을 제공한다.

(5) 편리한 변수/설명 편집

① 엑셀을 이용하여 편집 가능하다.
② 변수 위주 보기, 디바이스 위주 보기, 플래그 보기 등 다양한 형식으로 편집이 가능하다.
③ 드래그 & 드롭을 이용하여 다른 변수/설명 창에서 쉽게 복사할 수 있다.

(6) 편리한 프로그램 편집

① 제한 없는 Undo/Redo 기능을 제공한다.
② 셀 단위 블록 편집이 가능하다.
③ 렁 단위로 실행을 금지할 수 있다.
④ 북 마크 기능을 이용하여 특정 위치에 쉽게 찾아갈 수 있다.
⑤ LD 편집을 할 때 선택된 디바이스에 대해서 메모리 참조를 볼 수 있다.

(7) 다양한 모니터 기능

변수 모니터, 디바이스 모니터, 시스템 모니터, 트렌드 모니터, 특수모듈 모니터 등 다양한 모니터 기능을 제공한다.

(8) 런 중 수정 기능

PLC 운전모드 런 상태에서 PLC의 프로그램을 변경할 수 있다.

(9) 모듈 교환 마법사

런 중에 PLC를 정지시키지 않고 안전하고 쉽게 모듈을 교환할 수 있다.

7.2 | XG5000의 기본 사용방법

7.2.1 XG5000의 화면구성

XG5000의 화면은 아래 그림 7.1과 같이 구성되어 있다.

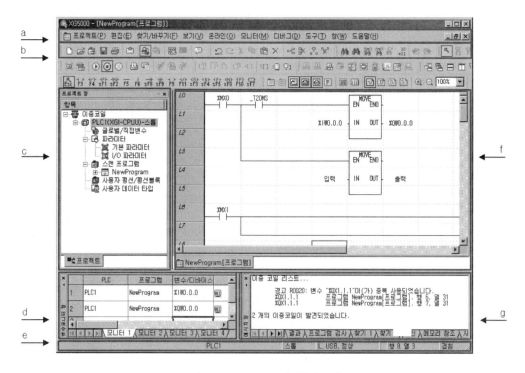

그림 7.1 XG5000의 화면구성도

a. 메뉴 : 프로그램을 위한 기본 메뉴

b. 도구모음 : 메뉴를 간편하게 실행할 수 있다.

c. 프로젝트 창 : 현재 열려 있는 프로젝트의 구성 요소를 나타낸다.

d. 변수 모니터 창 : 변수를 등록하여 모니터할 수 있다.

e. 상태 바 : XG5000의 상태, 접속된 PLC 정보 등을 나타낸다.

f. 편집 창 : 프로그램을 설계 또는 편집할 수 있다.

g. 메시지 창 : XG5000 사용 중에 발생하는 각종 메시지가 나타난다.

(1) 메뉴구성

메뉴를 선택하면 명령어들이 나타나고, 원하는 명령을 마우스 또는 키로 선택하면 명령을 실행할 수 있다. 단축키(Ctrl+X, Ctrl+C 등)가 있는 메뉴인 경우에는 단축키를 눌러서 직접 명령을 선택할 수 있다(그림 7.2 참조).

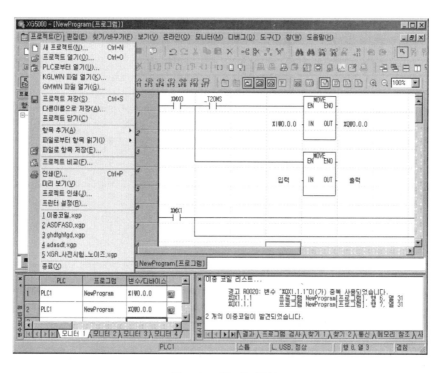

그림 7.2 메뉴의 구성

(2) 도구모음

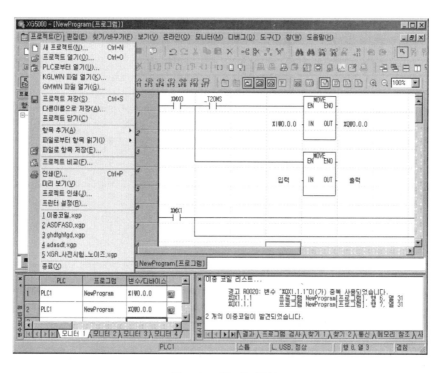

그림 7.3 도구모음의 아이콘

1) 새 도구모음 만들기

자주 사용하는 도구들을 모아서 도구모음을 새로 만들 수 있다.

메뉴 [도구]-[사용자 정의]를 선택하여 새 도구 버튼을 누른 후, 새 도구모음 대화상자에서 도구의 이름을 입력하면 도구가 없는 도구모음이 생성된다(그림 7.4a 참조).

도구모음의 목록에서 각 도구모음 이름 앞의 체크 박스를 체크함으로서 도구모음을 보이거나 사라지도록 설정할 수 있다. 새 도구버튼을 눌러 도구모음을 새로 만들 수 있으며, 리셋 버튼을 누르면 도구모음이 초기화된다.

그림 7.4a   도구모음의 대화상자

2) 도구모음 채우기

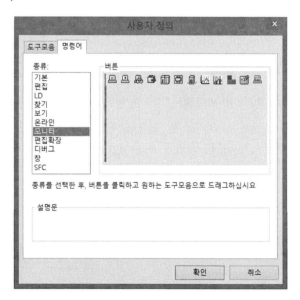

그림 7.4b   도구모음의 아이콘

그림 7.4b와 같이 사용자 정의 대화상자에서 명령어 탭을 선택하고, 도구모음을 생성한 후 버튼박스에 생성된 도구 아이콘 중에서 원하는 도구를 드래그하여 XG5000화면의 도구 모음 위에서 마우스 버튼을 놓으면 도구가 추가된다.

(3) 상태 표시줄

그림 7.5   상태 표시줄

a. 명령 설명 : 선택된 메뉴나 명령
b. PLC 이름 : 선택된 PLC 이름을 표시하며, 하나의 프로젝트에 여러 PLC가 있을 경우 온라인 관련 명령은 여기에 표시되는 PLC로 적용된다.
c. PLC 모드 표시 : PLC의 모드를 나타내며, 하나의 프로젝트에 여러 PLC가 있는 경우 선택된 PLC의 모드가 표시된다.
d. 경고 표시 : PLC의 이상상태(에러)를 표시한다.
e. 커서위치 표시 : 프로그램을 편집할 때 커서의 위치
f. 모드 표시 : 삽입모드 또는 겹침모드를 표시한다.

(4) 보기 창의 위치 및 크기 변환

보기 메뉴에서 볼 수 있는 창(프로젝트 창, 변수 모니터창, 메시지 창 등)은 모두 도킹 가능한 창으로 이루어져 있으며, 마우스를 이용해 창의 위치와 크기를 조절할 수 있다.

원하는 창 위에서 마우스 오른쪽 버튼을 클릭하여 메뉴 [떠 있는 윈도우]를 선택할 수 있다.

원하는 윈도우 창 위에서 마우스의 오른쪽 버튼을 눌러 메뉴 [숨기기]를 선택하면 창을 숨겨 놓을 수도 있다.

7.2.2 XG5000의 옵션(Option)

프로젝트 관련 사항을 설정하기 위하여 메뉴 [도구]−[옵션]을 선택하면 그림 7.6의 옵

션 대화상자가 나타난다.

(1) XG5000 옵션

- 옵션 대화상자에서 XG5000을 선택하면 새 프로젝트 생성 시 기본 폴더를 지정할 수 있으며, 폴더를 검색할 수 있다.
- 메뉴 [프로젝트]-[최근 프로젝트] 목록에 표시될 최근에 열었던 프로젝트 목록의 개수를 설정할 수 있고, 백업 파일 개수를 설정할 수 있다.

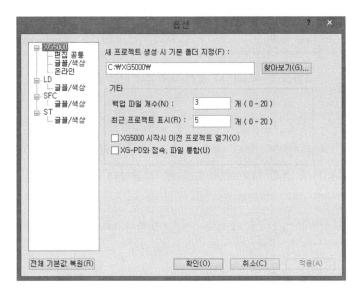

그림 7.6 XG5000 옵션 대화상자

(2) XG5000 편집 공통 옵션

그림 7.6에서 XG5000[편집 공통]을 선택하면 그림 7.7이 나타나며, 다음의 옵션을 선택할 수 있다.

- '편집 시 메모리 참조' 항은 LD 편집 중에 선택된 디바이스에 대해서 메모리 참조 내용을 자동으로 보여준다. 이 옵션이 선택되지 않았을 때는 메뉴 [보기]-[메모리 참조]를 선택하여 메모리 사용결과를 확인할 수 있다.
- '편집 시 이중코일 체크기능'은 편집 중에 이중코일을 검사하여 이중코일 창에서 결과를 확인할 수 있다.

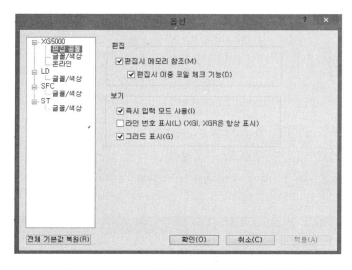

그림 7.7 XG5000 옵션 대화상자(편집 공통 옵션)

- '즉시 입력모드 사용'시는 임의의 접점을 입력했을 때 사용자가 디바이스를 바로 입력할 수 있도록 디바이스 입력 창을 띄운다. '즉시 입력모드 사용'이 선택되지 않은 경우에는 사용자가 접점에 커서를 옮긴 후 더블클릭 또는 Enter를 입력하여 편집할 수 있다.
- '라인번호 표시' 및 '그리드 표시'는 편집 창에서 라인번호 및 그리드를 표시한다.

(3) XG5000 글꼴/색상 옵션

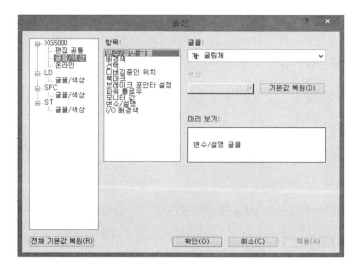

그림 7.8 XG5000 옵션 대화상자(글꼴/색상 옵션)

그림 7.6에서 XG5000[글꼴/색상]을 선택하면 그림 7.8이 나타나며, 다음의 옵션을 선택할 수 있다.

- 항목이 변수/설명 글꼴일 경우 글꼴이 활성화되므로 변수/설명의 글꼴을 지정하고, 항목이 변수/설명 글꼴이 아닐 경우 색상이 활성화되어 버튼을 선택해서 색상을 지정한다.
- 기본 값 복원을 선택하면 선택된 항목에 대한 글꼴 혹은 색상의 기본 값을 복원한다.
- 미리보기에는 선택된 항목의 현재 설정 값이 표시된다.

(4) XG5000 온라인 옵션

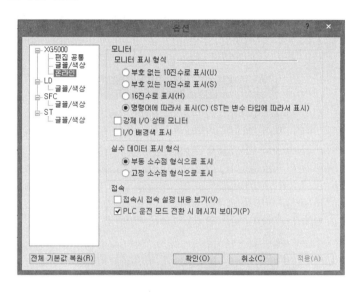

그림 7.9 XG5000 옵션 대화상자(온라인 옵션)

그림 7.6에서 XG5000[온라인]을 선택하면 그림 7.9가 나타나며, 다음의 옵션을 선택할 수 있다.

- 모니터 표시형식에는 데이터 값의 모니터 표시형식을 설정하며, 예로서 '16진수로 표시'를 선택하면, 모니터 시 변수의 값이 16진수로 표현된다.
- 실수 데이터 표시형식의 선택에서는 실수형 데이터 타입(단정도 실수, 배정도 실수)에 대한 모니터 데이터 표시형식을 지정한다. 부동 소수점 표시형식은 'e+00'형식으로, 고정 소수점 표시형식은 '0.0000' 형식으로 표시된다.

- '접속 시 접속 설정내용 보기'를 선택한 경우, 접속 시마다 다음의 대화상자가 표시된다.

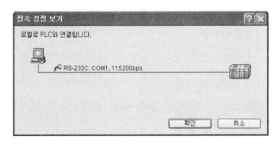

- 'PLC 운전모드 전환 시 메시지 보이기'를 선택하면 PLC의 운전모드를 전환할 때, 전환 메시지를 자동으로 보이도록 선택한다. 스톱모드에서 런 모드로 전환할 때 다음과 같은 메시지가 나타난다.

- 반대로 런 모드에서 스톱모드로 전환할 때는 다음과 같은 메시지가 나타난다.

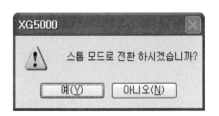

(5) LD 옵션

그림 7.6에서 LD를 선택하면 그림 7.10이 나타나며, LD편집기의 텍스트 표시 및 컬럼 너비를 변경할 수 있다.

- **상위 텍스트 표시 및 하위 텍스트 표시** : LD 다이어그램 위 또는 밑에 오는 텍스트를 표시할 때 텍스트의 높이를 텍스트 글자 수만큼 가변적으로 표시할 것인지 설정한

높이만큼 고정적으로 표시할 것인지를 선택한다.

- **LD 보기** : LD 다이어그램의 컬럼 너비를 지정한다.

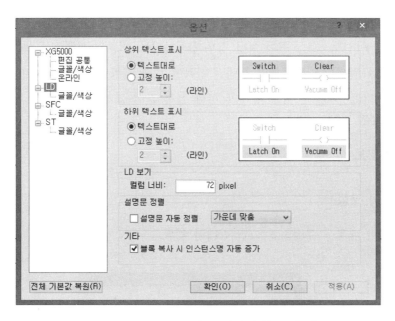

그림 7.10 XG5000 옵션 대화상자(LD 옵션)

(6) LD 글꼴/색상 옵션

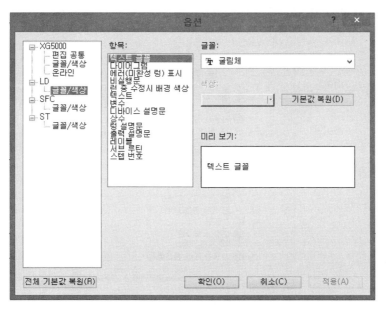

그림 7.11 XG5000 옵션 대화상자(LD 글꼴/색상 옵션)

그림 7.6에서 LD [글꼴/색상]을 선택하면 그림 7.11이 나타나며, 래더 다이어그램에서의 글꼴 혹은 색상을 설정할 항목을 선택한다.

- **글꼴** : 항목이 텍스트 글꼴일 경우 활성화되며, 변수/설명의 글꼴을 지정한다.
- **색상** : 항목이 텍스트 글꼴이 아닐 경우 활성화되며, 버튼을 선택해서 색상을 지정한다.
- 기본 값 복원버튼을 선택하면 선택된 항목에 대한 글꼴 혹은 색상의 기본 값을 복원하며, 미리보기에는 선택된 항목의 현재 설정 값이 표시된다.

7.2.3 프로젝트

(1) 프로젝트의 구성

프로젝트 창의 내용을 구성하면 그림 7.12와 같다.

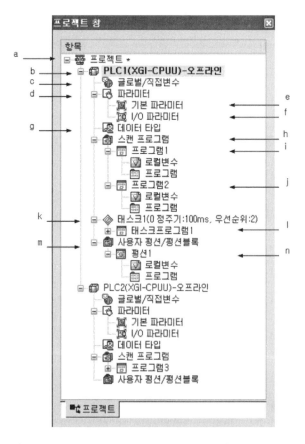

그림 7.12 프로젝트 창의 내용

a. 프로젝트 : 시스템 전체를 정의하며, 하나의 프로젝트에 여러 개의 관련된 PLC를 포함시킬 수 있다.

b. PLC : CPU모듈 하나에 해당되는 시스템을 나타낸다.

c. 글로벌/직접변수 : 글로벌 변수 선언과 직접변수 설명문을 편집하고 볼 수 있다.

d. 파라미터 : PLC시스템의 동작 및 구성에 대한 내용을 정의한다.

e. 기본 파라미터 : 기본적인 동작에 대하여 정의한다.

f. I/O 파라미터 : 입·출력 모듈 구성에 대하여 정의한다.

g. 데이터 타입 : 구조체(Structure) 타입을 정의한다.

h. 스캔 프로그램 : 항시 실행되는 프로그램을 하위 항목(프로그램1, 프로그램2)에 정의한다.

i. 프로그램1 : 사용자가 정의한 항시 실행되는 프로그램

j. 프로그램2 : 사용자가 정의한 항시 실행되는 프로그램

k. 태스크1 : 사용자가 정의한 정주기 태스크

l. 태스크 프로그램1 : 태스크1 조건에 따라 실행되는 프로그램

m. 사용자 펑션/펑션블록 : 하위 항목에 사용자가 펑션/펑션블록을 작성한다.

n. 펑션1 : 사용자가 작성한 펑션

[주] 하나의 프로젝트에 여러 개의 PLC가 포함될 수 있다. 이처럼, 한 프로젝트에 여러 PLC를 사용할 경우 관리가 용이하고, 하나의 XG5000을 실행한 후 여러 PLC에 동시 접속하여 모니터링할 수도 있다.

(2) 프로젝트 파일관리

1) 새 프로젝트 만들기

메뉴 [프로젝트]-[새 프로젝트]를 선택한다. 그러면 새 프로젝트 창(그림 7.13)이 나타난다.

원하는 프로젝트 이름을 입력하면 그 프로젝트 파일의 확장자는 "xgwx"이 되며, 사용자가 입력한 프로젝트 이름으로 폴더가 만들어지고 그 폴더에 프로젝트 파일이 생성된다.

찾아보기에서 기존 폴더를 보고 그 프로젝트 파일의 위치를 지정해 준다.

PLC의 종류는 XGK 형식 또는 XGB 형식 또는 XGI(IEC 프로그래밍)형식에서 선택한다. 일단 선택하고 나면 XGK, XGB와 XGI 두 형식은 서로 호환되지 않는다. 다음에 CPU의 종류를 선택하고, 프로젝트에 디폴트로 포함되는 프로그램의 이름을 입력한다. 그리고 사용할 프로그램의 언어를 선택한 후 프로젝트 설명문을 입력한다.

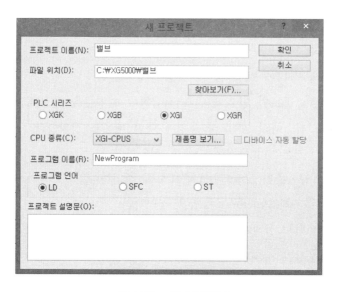

그림 7.13 새 프로젝트

2) 프로젝트 열기

메뉴 [프로젝트]-[프로젝트 열기]를 선택한다(그림 7.14). 원하는 프로젝트 파일을 선택하여 열기 버튼을 누른다.

그림 7.14 프로그램 열기

3) PLC로부터 열기

PLC에 저장된 내용을 읽어와 프로젝트를 새로 만들어 준다.

메뉴 [프로젝트]-[PLC로부터 열기]를 선택하면 그림 7.15의 대화상자가 나타나며, 접속할 대상을 선택하면 새로운 프로젝트가 생성된다. PLC로부터 읽은 프로젝트는 메뉴 [프로젝트]-[프로젝트 저장]을 선택해야 PC에 저장된다.

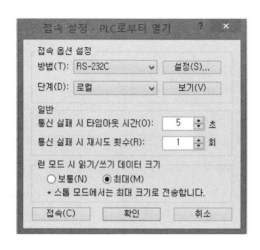

그림 7.15 PLC로부터 열기

4) 프로젝트 저장

메뉴 [프로젝트]-[프로젝트 저장]을 선택한다. 프로젝트가 편집되어 저장할 필요가 있을 경우에는 아래와 같이 프로젝트 창의 프로젝트 이름 옆에 "*" 표시가 나타난다.

5) 다른 이름으로 저장

메뉴 [프로젝트]-[다른 이름으로 저장]을 선택하면 다음 그림 7.16과 같이 대화상자가 나타나며, 프로젝트 이름을 입력하고 파일위치를 지정한다.

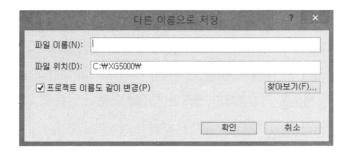

그림 7.16 다른 이름으로 저장

(3) GMWIN 파일 불러 오기

1) GMWIN 파일 열기

XG5000에서는 GMWIN 프로젝트 파일을 읽어 XG5000 프로젝트로 변환시킬 수 있다. 변환되는 내용은 프로그램(LD), 직접변수 설명문, 글로벌 변수이며, GMWIN 프로젝트 파일에서 변경에 제외되는 내용은 기본 파라미터, I/O 파라미터, 고속 링크, IL, SFC프로그램이다.

💎 순서

① 메뉴 [프로젝트]-[GMWIN 파일 열기]를 선택한다.
② 파일 열기 창이 나타나면 GMWIN 프로젝트가 있는 폴더로 이동하여 파일을 선택한다.

③ 열기 버튼을 누르면 새 프로젝트 대화 상자가 나온다.

그림 7.17 GMWIN 파일을 XG5000 파일로 변환

④ 프로젝트 이름, PLC 종류 등을 입력하고 확인 버튼을 누르면 GMWIN 파일을 변환
  하여 XG5000 프로젝트를 생성한다(그림 7.17).

2) GMWIN 프로젝트 변환 규칙

• 접점(류), 코일(류), 가로선, 세로선 항목은 GMWIN에서와 동일하게 변환되어 표시된다.
• 레이블, 점프 등 기본항목 이외의 기능은 확장펑션으로 변경되며, 변경되는 확장펑션
  은 그림 7.17a와 같다.
• 펑션/펑션블록의 경우 GMWIN의 표준 펑션/펑션블록 및 APP 라이브러리에 대해서
  만 변환되며, 해당 라이브러리에 포함되지 않는 펑션/펑션블록을 사용한 프로그램은
  정상적으로 변환되지 않는다.

(4) 프로젝트의 PLC, 태스크, 프로그램 항목 추가

프로젝트에 PLC, 태스크, 프로그램을 추가로 삽입할 수 있다.

1) PLC 추가

프로젝트 창에서 프로젝트 항목을 선택하고, 마우스 우측버튼을 눌러 나타나는 팝업메

항목	변경 항목	GMWIN	XG5000
RET	RET	〈RETURN〉	———————————(RET)—
JMP	JMP	C_LBL ⟹⟩	——〈 JMP C_LBL 〉—
SCAL	CALL	S_LBL 〈SCAL〉	——〈 CALL S_LBL 〉—
레이블	레이블	C_LBL	레이블 C_LBL:
서브루틴 레이블	SBRT	S_LBL	——〈 SBRT S_LBL 〉—
주 프로그램의 끝	END	{ END }	———————————(END)—
INIT_DONE 출력	INIT_DONE	_INIT_DON E ⟨ ⟩	————————〔INIT_DONE〕—

그림 7.17a GMWIN⟹XG5000 시 변경항목

뉴로부터 [항목 추가]−[PLC]를 선택한 후 나타나는 PLC 창에서 PLC 이름, PLC 종류, PLC 설명문을 입력하고 확인을 누른다.

2) 태스크 추가

프로젝트 창에서 PLC 항목을 선택하고, 마우스 우측버튼을 눌러 나타나는 팝업메뉴로부터 [항목 추가]−[태스크]를 선택한 후 나타나는 태스크 창에서 태스크 이름, 우선순위, 태스크 번호, 수행조건 등을 입력하고 확인을 누른다.

3) 프로그램 추가

프로젝트 창에서 추가될 프로그램의 위치를 선택하고, 마우스 우측버튼을 눌러 나타나는 팝업메뉴로부터 [항목 추가]−[프로그램]을 선택한 후 나타나는 프로그램 창에서 프로그램 이름, 언어, 프로그램 설명문을 입력하고 확인을 누른다.

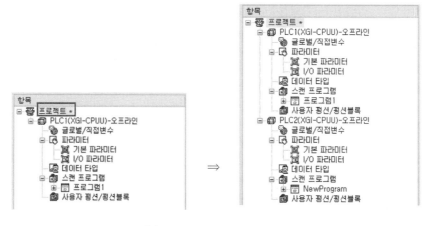

(a) PLC추가

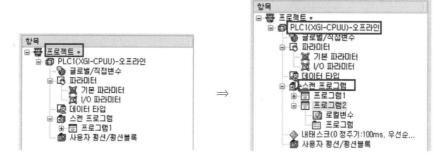

(b) 태스크 및 프로그램 추가

그림 7.18 추가항목의 확인

7.2.4 변수/설명

사용자들은 프로그램에 따라 변수를 사용하게 되는데, 일반적으로 **글로벌 변수**는 모든 프로그램에서 사용 가능한 변수이며, 글로벌 변수를 로컬변수에서 사용하려면 EXTERNAL 로 선언하고 사용하여야 한다.

로컬변수는 해당 프로그램에서만 사용이 가능한 변수로서, 프로그램에서 직접변수를 사용할 수 있다. 또한 해당 직접변수에 설명문을 입력할 수 있다.

(1) 글로벌/직접변수

'글로벌/직접변수'는 글로벌 변수, 직접변수 설명문, 플래그로 구성되어 있다.

글로벌 변수는 프로그램에서 사용될 변수를 선언하거나, 선언된 변수목록 전체를 변수

위주로 보여주고, 직접변수 설명문은 프로그램에서 사용될 직접변수 설명문을 선언하거나, 설명문을 보여준다.

플래그는 선언해서 제공해주는 플래그 목록을 보여주며, 플래그 종류는 시스템 플래그, 고속 링크 플래그, P2P플래그, PID플래그로 분류할 수 있다.

1) 글로벌 변수

변수를 선언하고 프로젝트 창의 "글로벌/직접변수"를 클릭하면 선언된 **글로벌 변수** 목록 전체를 그림 7.19와 같이 보여준다.

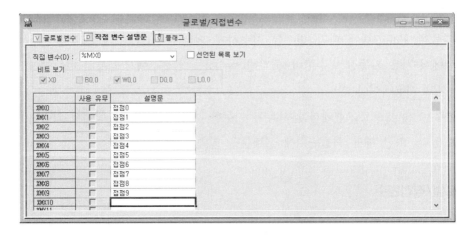

	변수 종류	변수	타입	메모리 할당	초기값	리테인	사용 유무	EIP	설명문
1	VAR_GLOBAL	P0	BOOL	%MX0		☐	☐	☐	A접점
2	VAR_GLOBAL	P1	BOOL	%MX1		☐	☐	☐	A접점
3	VAR_GLOBAL	P2	BOOL	%MX2		☐	☐	☐	A접점
4	VAR_GLOBAL	P3	BOOL	%MX3		☐	☐	☐	A접점
5	VAR_GLOBAL	P4	BOOL	%MX4		☐	☐	☐	A접점
6	VAR_GLOBAL_CONSTANT	P5	BOOL	%MX5	0	☐	☐	☐	B접점
7	VAR_GLOBAL_CONSTANT	P6	BOOL	%MX6	0	☐	☐	☐	B접점
8	VAR_GLOBAL_CONSTANT	P7	BOOL	%MX7	0	☐	☐	☐	B접점
9	VAR_GLOBAL_CONSTANT	P8	BOOL	%MX8	0	☐	☐	☐	B접점
10	VAR_GLOBAL_CONSTANT	P9	BOOL	%MX9	0	☐	☐	☐	B접점
11						☐	☐	☐	

그림 7.19 글로벌 변수

2) 직접변수 설명문

직접변수를 입력하거나 입력된 직접변수로부터 선언된 설명문을 보여준다(그림 7.20).

그림 7.20 직접변수 설명문

비트보기는 '선언된 목록보기'가 체크되면 활성화된다. 비트보기에서 체크버튼은 한 개 이상 선택되어야 한다(그림 7.21 참조).

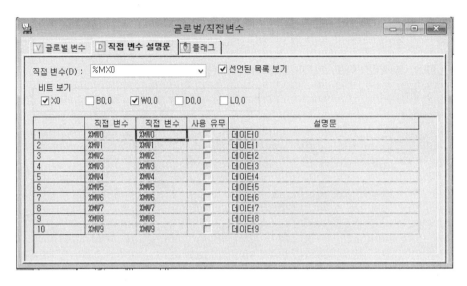

그림 7.21   직접변수 설명문(선언된 목록보기)

3) 플래그

* **플래그 종류 : 플래그** 종류(시스템, 고속 링크, P2P, PID) 중 하나를 선택한다(그림 7.22).

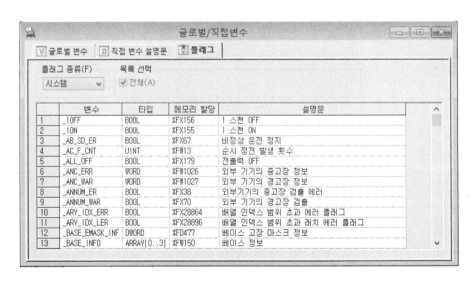

그림 7.22   플래그

(2) 로컬변수

로컬변수는 프로그램에서 사용될 변수를 선언하거나, 선언된 변수목록 전체를 변수 위주로 보여준다(그림 7.23). 프로젝트 창의 프로그램 아래에 있는 로컬변수를 클릭하여 디스플레이시킬 수 있다. 글로벌 변수에서 선언된 변수를 사용할 경우는 VAR_ EXTERNAL, VAR_EXTERNAL_CONSTANT로 선언하여야 한다.

변수를 선언하고 선언된 로컬변수 목록 전체를 보여준다.

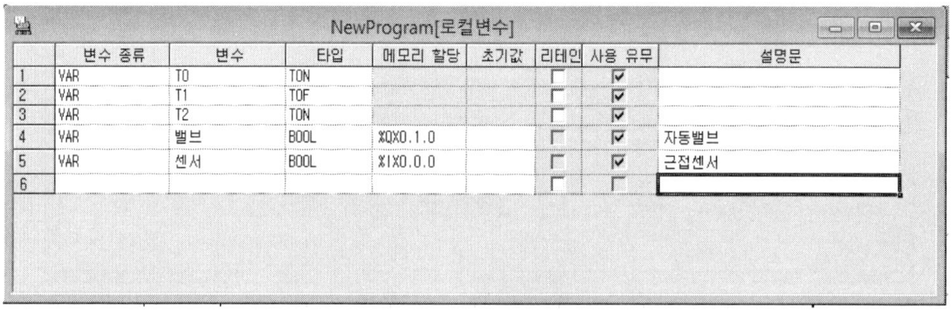

그림 7.23 로컬변수

7.2.5 LD편집

LD 프로그램은 릴레이 논리 다이어그램에서 사용되는 코일이나 접점 등의 그래픽 기호를 통하여 PLC 프로그램을 표현한다.

(1) 제한사항

LD 프로그램 편집 시 다음과 같은 기능 제한이 있다(표 7.1).

표 7.1 LD편집의 제한사항

항목	내용	제한사항
최대 접점 개수	한 라인에 입력할 수 있는 최대 접점의 개수	31개
최대 라인 수	편집 가능한 최대 라인의 수	65,535라인
최대 복사 라인 수	한 번에 복사할 수 있는 최대 라인 수	300라인
최대 붙여넣기 라인 수	한 번에 붙여 넣을 수 있는 최대 라인 수	300라인

(2) 프로그램 편집

1) 편집도구

LD 편집요소(표 7.2(a) 및 표 7.2(b))의 입력은 LD 도구모음에서 입력할 요소를 선택한 후 지정한 위치에서 마우스를 클릭하거나 단축키를 눌러 시작한다.

표 7.2(a) 편집도구 요소

표 7.2(b) 편집도구와 단축키

기호	단축키	설명
⬉ Esc	Esc	선택 모드로 변경
┤├ F3	F3	평상시 열린 접점
┤/├ F4	F4	평상시 닫힌 접점
┤P├ sF1	Shift + F1	양 변환 검출 접점
┤N├ sF2	Shift + F2	음 변환 검출 접점
── F5	F5	가로선
│ F6	F6	세로선
→ sF8	Shift + F8	연결선
※ sF9	Shift + F9	반전 입력
( ) F9	F9	코일
(/) F11	F11	역 코일
(S) sF3	Shift + F3	셋(Set, Latch) 코일
(R) sF4	Shift + F4	리셋(Reset, Unlatch) 코일
(P) sF5	Shift + F5	양 변환 검출 코일
(N) sF6	Shift + F6	음 변환 검출 코일
{F} F10	F10	펑션/펑션블록
⬡ sF7	Shift + F7	확장 펑션
┘ ┘ c3	Ctrl + 3	평상시 열린 OR 접점

기호	단축키	설명
4/ᖰ c4	Ctrl + 4	평상시 닫힌 OR 접점
4Pᖰ c5	Ctrl + 5	양 변환 검출 OR 접점
4Nᖰ c6	Ctrl + 6	음 변환 검출 OR 접점

2) 접점 입력

접점(평상시 열린 접점, 평상시 닫힌 접점, 양 변환 검출 접점, 음 변환 검출 접점)을 입력한다. 입력방법은 다음과 같다.

① 접점을 입력하고자 하는 위치로 커서를 이동시킨다.

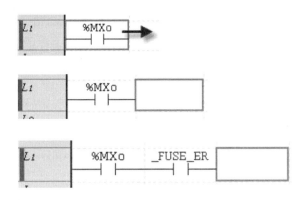

② 도구모음에서 입력할 접점의 종류를 선택하고 편집영역을 클릭하거나 또는 입력하고 자 하는 접점의 단축키를 누른다.
③ 변수입력 대화 상자에서 디바이스 명을 입력한 후 확인을 누른다.
　　메뉴 [도구]-[옵션]에서 "즉시 입력모드 사용"에 체크된 경우는 접점을 입력한 후 변수선택 창이 나타나므로 변수명과 변수종류, 타입, 메모리 할당을 기록할 수 있지 만 "즉시 입력모드 사용"에 체크되지 않은 경우는 입력한 접점을 두 번 클릭해야 변 수선택 창이 나타난다.

3) 변수/디바이스 입력

선택된 영역 또는 커서 위치에 변수를 입력한다.
접점 등을 클릭한 채로 입력하고자 하는 위치에 커서를 이동 시킨 후 클릭하면 "변수선택"창이 그림 7.24와 같이 나타난다. 입력방법은 다음과 같다.

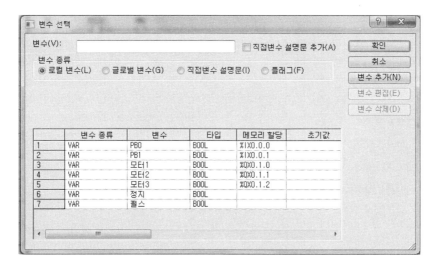

그림 7.24   변수선택 창

① 변수 : 상수, 직접변수 또는 선언된 변수 명을 입력할 수 있다. 이때 "로컬변수"에 체
   크된 경우는 그 목록이 나타난다.
② "변수추가" 버튼을 누르면 그림 7.25와 같은 "변수추가" 창이 나타나므로 필요한 변
   수를 추가할 수 있다.

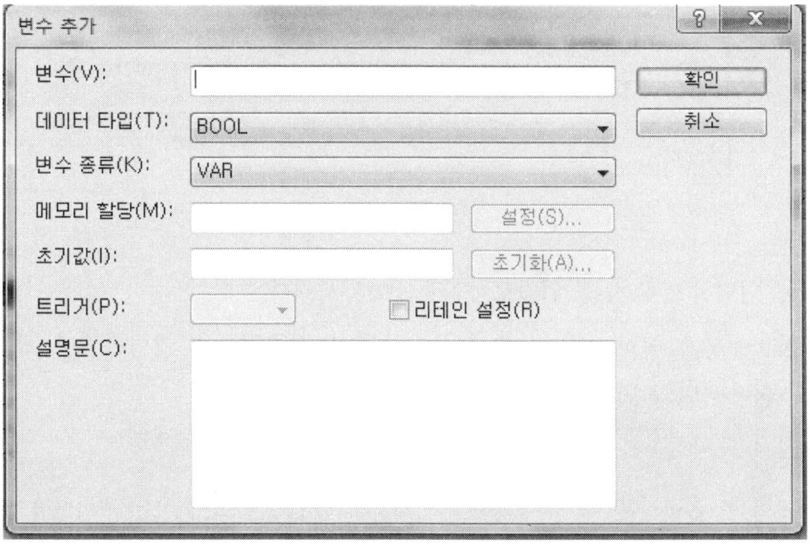

그림 7.25   변수추가 창

③ 변수편집 및 변수삭제가 필요한 경우는 각각 그 버튼을 눌러 "변수편집" 창에서 편집하거나 변수목록에서 변수를 삭제할 수 있다.

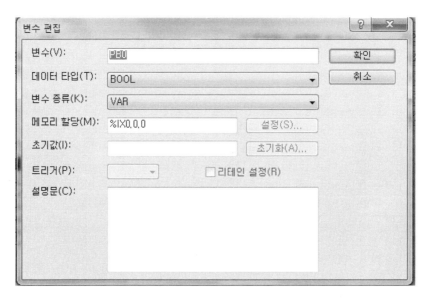

그림 7.26 변수편집 창

4) 코일 입력

코일(코일, 역 코일, 양 변환 검출코일, 음 변환 검출코일)을 입력한다. 입력방법은 다음과 같다.

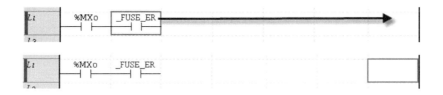

① 코일을 입력하고자 하는 위치로 커서를 이동시킨다.
② 도구모음에서 입력할 코일의 종류를 선택하고 편집영역을 클릭하거나, 또는 입력하고자 하는 코일의 단축키를 누른다.
③ 변수선택 대화상자에서 변수 명을 입력한 후 확인을 누른다.

[주] 코일 및 출력 관련 응용 명령어를 입력하면 왼쪽 요소와의 연결을 위하여 가로선이 자동 입력된다.

5) 펑션/펑션블록의 입력

연산을 위한 펑션(블록)을 입력한다. 입력방법은 다음과 같다.

① 펑션(블록)을 입력하고자 하는 위치로 커서를 이동시킨다.

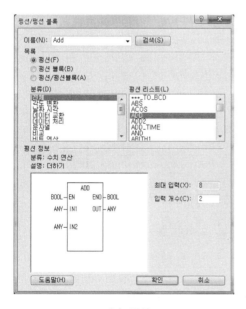

② 도구 모음에서 펑션(블록)을 선택하고 편집영역을 클릭하거나 또는 펑션(블록) 입력
단축키(F10)를 누른다.

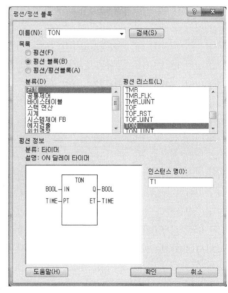

(a) 펑션   (b) 펑션블록

그림 7.27 펑션/펑션블록 창

③ 사용할 펑션(블록)의 이름을 입력하고 입력한 이름의 펑션(펑션)블록을 검색한다(그

림 7.27).

④ 펑션의 경우 입력 파라미터에 관한 사항을 설정할 수 있으며, 펑션블록의 경우 인스턴스 명을 부여한다.

⑤ 입력한 내용을 적용하고 확인을 누른 후 대화 상자를 닫는다.

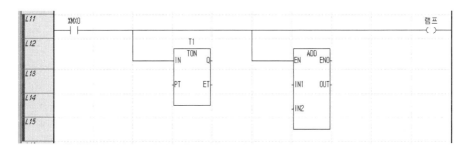

그림 7.28 펑션, 펑션블록의 입력

6) 설명문 및 레이블 입력

렁 및 출력 설명문을 입력할 때, 렁의 시작 위치에 표시되는 설명문을 [**렁 설명문**], 출력요소에 대한 설명문을 [**출력 설명문**]이라고 하며, 렁의 행번호 위치에 표시한 설명문을 **레이블**이라 한다.

그림 7.29 렁 설명문, 출력 설명문의 위치

렁 설명문 또는 출력 설명문을 입력하고자 하는 위치로 커서를 이동시키고, 메뉴 [편집]－[설명문/레이블 입력]을 선택한다.

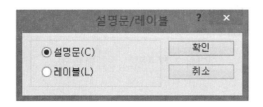

그림 7.30 설명문/레이블

그림 7.30에서 설명문을 선택하면 "렁 설명문", 레이블을 선택하면 "레이블 리스트"의
대화상자가 나타나며, 각각 내용을 입력한다.

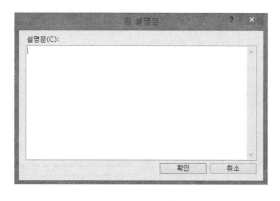

그림 7.31 렁 설명문

그림 7.32 레이블 리스트

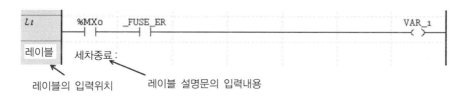

그림 7.33 레이블의 예

7) 셀 삽입 및 셀 삭제

셀을 삽입 또는 삭제하고자 하는 위치로 커서를 이동시켜 메뉴 [편집]−[셀 삽입] 또는
[편집]−[셀 삭제]를 선택하면 셀을 삽입 또는 삭제할 수 있다.

8) 라인 삽입 및 라인 삭제

라인을 삽입하고자 하는 위치로 커서를 이동시켜 메뉴 [편집]−[라인 삽입] 또는 [편집]
−[라인 삭제]를 선택하면 새로운 라인을 삽입 또는 라인을 삭제할 수 있다.

9) 복사/잘라내기/붙여넣기

선택된 영역의 데이터를 복사하거나, 잘라내어 지정한 위치로 복사할 수 있다. 복사와
다르게 잘라내기는 현재 선택된 영역의 데이터가 삭제된다.

(3) 프로그램 보기

1) 디바이스 보기

접점, 코일 및 펑션(블록)에 사용된 변수 또는 디바이스에 대하여 디바이스 이름으로만 표시한다. 만일, 디바이스가 없는 경우에는 변수 명으로 표시한다.

	변수 종류	변수	타입	메모리 할당	초기값	리테인	사용 유무	설명문
1	VAR	T0	TON			☐	☑	
2	VAR	T1	TOF			☐	☑	
3	VAR	T2	TON			☐	☑	
4	VAR	밸브	BOOL	%QX0.1.0		☐	☑	수도 밸브
5	VAR	센서	BOOL	%IX0.0.0		☐	☑	근접 센서
6						☐	☐	

그림 7.34 로컬변수 목록

메뉴 [보기]-[디바이스 보기] 항목을 선택한다.

그림 7.35 디바이스 보기

2) 변수 보기

접점, 코일 및 펑션(블록)에 사용된 변수 또는 디바이스에 대하여 변수 명으로 표시한다. 만일, 디바이스에 변수가 선언되어 있지 않은 경우는 디바이스 명으로 표시된다.

메뉴 [보기]-[변수 보기] 항목을 선택한다.

그림 7.36 변수 보기

3) 디바이스/변수 보기

접점, 코일 및 펑션(블록)에 사용된 변수 또는 디바이스에 대하여 디바이스/변수 명으로 표시한다. 만일, 변수에 디바이스가 없는 경우에는 변수 명으로 표시된다.

메뉴 [보기]-[디바이스/변수 보기] 항목을 선택한다.

그림 7.37 디바이스/변수 보기

4) 디바이스/설명문 보기

접점, 코일 및 펑션(블록)에 사용된 변수 또는 디바이스에 대하여 디바이스/설명문으로 표시한다. 만일, 변수에 디바이스가 없는 경우에는 변수 명으로 표시된다.

메뉴 [보기]-[디바이스/설명문 보기] 항목을 선택한다.

그림 7.38 디바이스/설명문 보기

5) 변수/설명문 보기

접점, 코일 및 펑션(블록)에 사용된 변수 또는 디바이스에 대하여 변수/설명문으로 표시한다. 만일, 디바이스에 변수가 없는 경우에는 디바이스 명으로 표시된다.

메뉴 [보기]-[변수/설명문 보기] 항목을 선택한다.

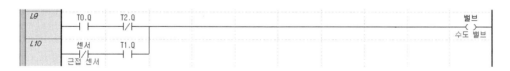

그림 7.39 변수/설명문 보기

(4) 메모리 참조

프로그램에서 사용한 모든 디바이스 및 변수의 사용 내역을 표시한다. 접점(평상시 열린 접점, 평상시 닫힌 접점, 양 변환 검출 접점, 음 변환 검출 접점), 코일(코일, 역 코일, 양 변환 검출 코일, 음변환 검출 코일) 및 펑션(블록)의 입·출력 파라미터, 확장 펑션의 오퍼랜드에 사용된 변수 및 디바이스가 포함된다.

1) 모든 디바이스 보기

현재 PLC에서 사용 중인 모든 디바이스를 표시한다.

메뉴 [보기]-[메모리 참조]를 선택하면 메시지 창에서 [메모리 참조]를 클릭할 때 모든 디바이스가 표시된다(그림 7.40).

디바이스명	변수	PLC	프로그램	위치	설명문	정보
	T0	NewPLC	NewProgram[...	행 1, 열 6		TON
	T0.Q	NewPLC	NewProgram[...	행 6, 열 0		-||-
	T0.Q	NewPLC	NewProgram[...	행 9, 열 0		-||-
	T1	NewPLC	NewProgram[...	행 3, 열 2		TOF
	T1.Q	NewPLC	NewProgram[...	행 10, 열 1		-||-
	T2	NewPLC	NewProgram[...	행 6, 열 1		TON
	T2.Q	NewPLC	NewProgram[...	행 9, 열 1		-|/|-
%IX0.0.0	센서	NewPLC	NewProgram[...	행 1, 열 0	근접 센서	-||-
%IX0.0.0	센서	NewPLC	NewProgram[...	행 10, 열 0	근접 센서	-|/|-
%MX0		NewPLC	NewProgram[...	행 11, 열 0		-||-
%MX5		NewPLC	NewProgram[...	행 11, 열 31		-( )-
%QX0.1.0	밸브	NewPLC	NewProgram[...	행 9, 열 31	수도 밸브	-( )-

◀◀ ◀ ▶ ▶▶ \ 결과 \ 프로그램 검사 \ 찾기 1 \ 찾기 2 \ 통신 \ 메모리 참조 \ 사용된 디바이스 \ 이중 코일 /

그림 7.40 모든 디바이스

2) 사용된 디바이스

프로그램(LD, SFC)에서 사용된 디바이스와 사용된 개수를 보여주는 기능이다. 각 디바이스 영역별로 지정한 타입에 맞게 사용된 디바이스의 개수를 입력, 출력으로 구분해서 보여준다.

메뉴 [보기]-[사용된 디바이스]를 선택하면 "영역선택"의 창이 뜨고 영역선택을 하면 사용된 그 디바이스가 [메시지 창]에 표시된다.

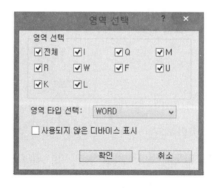

그림 7.41 영역선택 창

그림 7.42 사용된 디바이스 내역

7.3 | 파라미터

7.3.1 기본 파라미터

PLC 동작에 관계되는 **기본 파라미터**를 설정한다.

프로젝트 트리 [파라미터]-[기본 파라미터]를 두 번 누르면 그림 7.43과 같이 "기본 파라미터 설정"의 대화상자가 나타난다.

(1) 기본 동작 설정

[기본 파라미터] 정보 중 기본 운전, 시간, 리스타트 방법, 출력제어 설정을 위한 내용이다.

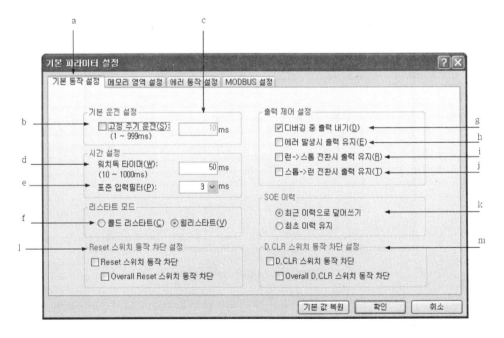

그림 7.43 기본 파라미터

b. **고정주기 운전** : PLC 프로그램을 고정된 주기에 따라 동작을 시킬 것인지(동작 시간을 사용자가 ms단위로 입력), 스캔타임에 의해 동작시킬 것인지를 결정한다.

d. **워치독 타이머** : 프로그램 오류에 의해 PLC가 멈추는 현상을 제거하기 위한 스캔 워치독 타이머의 시간 값을 설정하고, 표준 입력 값을 설정한다.

f. **리스타트 모드** : 리스타트 모드(콜드/웜 리스타트 중 하나)를 선택한다(6.3.5절 참조).

l. **Reset 스위치 동작차단 설정** : CPU모듈의 RST(Reset) 스위치의 동작을 차단할 것인지 결정한다. Overall Reset 동작차단을 설정할 경우 Overall Reset 동작만 차단된다.

m. **D.CLR(Data Clear) 스위치 동작차단 설정** : CPU모듈의 D.CLR 스위치의 동작을 차단할 것인지 결정한다. Overall D.CLR 동작차단을 설정할 경우 Overall D.CLR 동작만 차단된다.

(2) 메모리 영역 설정

PLC 전원 투입 시 데이터를 보존할 **M영역**(리테인 영역)을 설정하고자 하는 경우, 데이터 보존영역의 크기를 설정하며, 디바이스 WORD단위로 M영역 크기 안에서 설정할 수 있다. M영역으로 설정된 크기는 전체 M영역 크기의 반[65,536]을 넘을 수 없다.

그림 7.44 메모리 영역 설정

(3) 에러 동작 설정

[기본 파라미터] 정보 중 PLC에 에러가 발생되었을 때 동작방법 설정을 위한 탭이다.

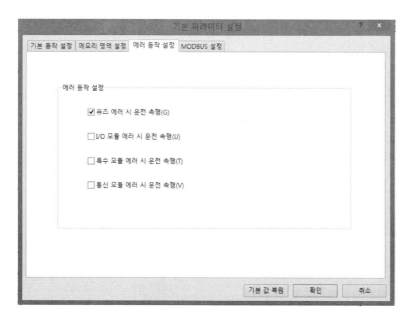

그림 7.45 에러 동작 설정

각 옵션을 선택하면 PLC동작 중 해당 에러가 발생하였을 때에도 PLC가 계속 동작한다.

(4) MODBUS 설정

[기본 파라미터] 정보 중 MODBUS 기본정보 설정을 위한 탭이다.

- **국번** : MODBUS 통신에 사용될 국번을 설정하며, 0~63 범위에서 선택한다.
- **데이터 비트** : 수신되는 각 문자에 사용할 데이터 비트 수를 변경한다. 사용자와 통신
  하고 있는 PLC에 설정된 값과 동일하게 설정해야 하며, 대부분의 문자는 7개나 8개
  의 데이터 비트로 전송된다.
- **스톱 비트** : 각 문자가 전송되는 시간(시간이 비트 수로 측정되는 경우)을 변경한다.
- **통신속도** : 이 포트를 통해 전송할 데이터의 최고속도를 bps(비트/초)로 설정하며, 이
  것은 일반적으로 통신하고 있는 컴퓨터나 장치가 지원하는 최고속도로 설정된다.
- **패리티 비트** : 패리티 비트를 설정한다.
- **전송모드** : 전송모드를 설정하며, ASCII 통신과 RTU 통신을 지원한다.

그림 7.46 MODBUS 설정

7.3.2 I/O 파라미터

PLC의 슬롯에 사용할 I/O 종류를 설정하고, 해당 슬롯 별로 파라미터를 설정한다.
프로젝트 트리 [파라미터]-[I/O 파라미터]를 선택하면 그림 7.47과 같이 **I/O 파라미터**
설정 창이 나타난다.

그림 7.47 I/O 파라미터 설정 1

(1) 베이스 모듈 정보 설정

장치 리스트로부터 설정할 베이스 모듈을 선택한 후 마우스 오른쪽 버튼을 눌러 [베이스 설정]을 선택하거나 또는 아래쪽의 베이스 설정 버튼을 클릭하면 베이스 모듈 설정 창이 나타나며 최대 슬롯의 개수를 입력한다.

(2) 슬롯별 모듈 정보 설정

슬롯별 모듈 종류 및 모듈별 상세정보를 설정할 수 있다.

슬롯정보에서 모듈을 설정할 슬롯을 선택하고, 모듈 열의 화살표를 클릭하면, 모듈 선택 상자가 표시되며(그림 7.48 참조), 해당모듈을 클릭한다.

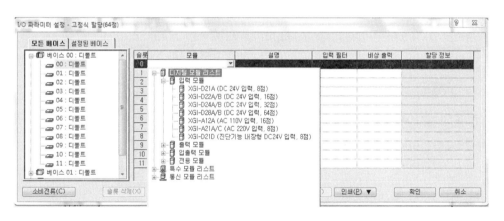

그림 7.48 I/O 파라미터 설정 2

설명 열을 선택하고 오른쪽 마우스 버튼을 눌러 [편집] 항목을 선택하여, 해당 슬롯에 대한 설명문을 입력할 수 있다(그림 7.49 참조).

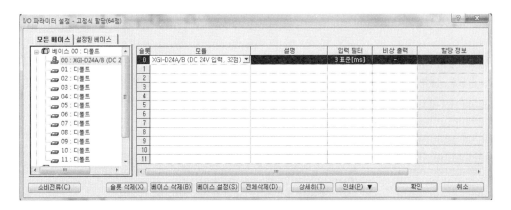

그림 7.49 I/O 파라미터 설정 3

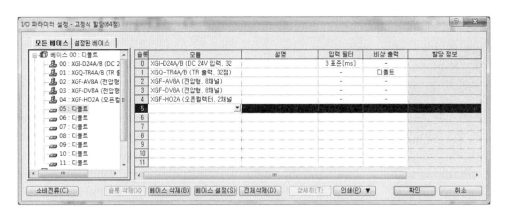

그림 7.50 I/O 파라미터 설정 4

그림 7.50에서 베이스 0의 0번 슬롯에는 입력모듈, 1번 슬롯에는 출력모듈, 2번 슬롯에는 아날로그 입력모듈, 3번 슬롯에는 아날로그 출력모듈, 4번 슬롯에는 고속 카운터 모듈을 설정한 상태를 보여준다.

또한 위 그림에서 아래쪽 버튼의 기능은 다음과 같다.

- 슬롯 삭제 : 현재 선택된 슬롯의 모든 정보를 삭제한다.
- 베이스 삭제 : 현재 선택된 베이스의 모든 정보를 삭제한다.
- 베이스 설정 : 현재 선택된 베이스의 슬롯 수를 설정한다.
- 전체삭제 : 모든 베이스의 정보를 삭제한다.
- 상세히 : 모듈별 상세 정보를 표시한다.

7.3.3 온라인

PLC와 연결되었을 때만 가능한 기능을 설명한다.

(1) 접속옵션

1) 로컬접속 설정

로컬접속 설정은 RS-232C 또는 USB 연결이 가능하다.

메뉴 [온라인]-[접속설정]을 선택하면 그림 7.51과 같이 접속설정 창이 나타나며 다음의 사항들을 설정할 수 있다.

- **접속방법** : PLC와 연결 시 통신 미디어를 설정하며, RS-232C, USB, Ethernet, Modem 등으로 설정을 할 수 있다.
- **접속단계** : PLC와의 연결 구조를 설정하며, 로컬, 리모트 1단, 리모트 2단 연결 설정을 할 수 있다.

그림 7.51 접속설정

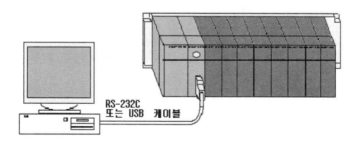

그림 7.52 PC와 PLC의 로컬 접속

① 로컬 RS-232C 연결

접속방법을 RS-232C로 선택하는 경우(그림 7.52), 설정버튼을 눌러 통신속도 및 통신 COM포트를 설정한다(그림 7.53).

그림 7.53 로컬 RS-232C 접속설정

② 로컬 USB 연결

접속방법을 USB로 설정한다. USB로 PLC를 연결하기 위해서는 USB 장치 드라이버가 설치되어 있어야 하며, XG5000 설치 시 USB 드라이버는 자동 설치된다(그림 7.54).

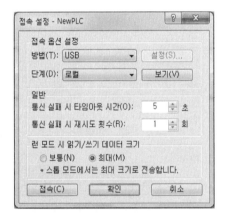

그림 7.54 로컬 USB 접속설정

2) 리모트 1단 접속 설정

① Ethernet 연결 설정

접속방법을 Ethernet으로 설정하는 경우, 설정버튼을 눌러 Ethernet IP를 설정한다.
Ethernet 연결을 위해서는 PC에 Ethernet 연결이 되어 있어야 하며, IP 설정은 Ethernet 통신모듈의 IP이다(그림 7.55).

그림 7.55 Ethernet 접속

② 모뎀 연결

접속방법을 모뎀으로 설정하는 경우, 설정버튼을 눌러 모뎀 상세 설정을 한다(그림 7.56).

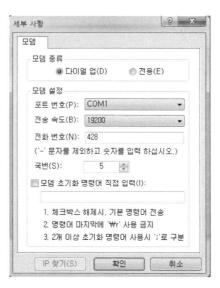

그림 7.56 모뎀 접속

(2) 접속/접속끊기

메뉴 [온라인]-[접속]을 선택하면 "접속 중" 대화 상자가 나온다.
PLC와의 연결이 성공하면 온라인 메뉴 및 온라인 상태가 표시된다.

그림 7.57 접속 중

(3) 쓰기

사용자 프로그램 및 각 파라미터, 설명문 등을 PLC로 전송하는 것을 **쓰기**라 한다.
메뉴 [온라인]-[접속]을 선택하여 PLC와 온라인으로 연결한 후 메뉴 [온라인]-[쓰기]를 선택한다. 그 후 PLC로 전송할 데이터(파라미터, 프로그램 등)를 선택한 후 확인을 누르면 선택된 데이터를 PLC로 전송하게 된다(그림 7.58 참조).

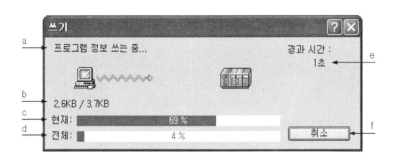

그림 7.58 쓰기 중

(4) 읽기

PLC 내에 저장되어 있는 프로그램 및 각 파라미터, 설명문 등을 PLC로부터 업로드하여 현재 프로젝트에 적용할 때 **읽기**라 하며, 메뉴 [온라인]-[접속]을 선택하여 PLC와 연결하고 메뉴 [온라인]-[읽기]를 선택한다.

그 후 PLC로부터 업로드할 항목을 설정한 후 확인 버튼을 누르면 PLC로부터 업로드하게 되며 업로드된 항목들은 현재 프로젝트에 적용된다.

(5) 모드전환

메뉴 [온라인]－[모드전환]에서 PLC의 운전모드를 런, 스톱, 디버그 모드로 전환할 수 있다.

(6) PLC 정보

1) CPU 정보

PLC CPU의 자세한 정보를 확인할 수 있다.

메뉴 [온라인]－[접속]을 선택하여 PLC와 연결한 후 메뉴 [온라인]-[진단]-[plc정보]를 선택하고 CPU 탭을 선택한다. 그림 7.59와 같이 CPU의 정보가 나타난다.

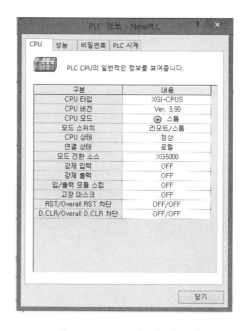

그림 7.59 PLC의 정보(CPU)

2) CPU 성능

PLC의 스캔타임 및 메모리 사용 사항을 확인할 수 있다.

메뉴 [온라인]－[접속]을 선택하여 PLC와 연결한 후 메뉴 [온라인]-[진단]-[plc정보]를 선택하고 성능 탭을 선택하면 그림 7.60과 같이 CPU의 성능을 확인할 수 있다.

그림 7.60 PLC의 정보(CPU 성능)

(7) 강제 I/O설정

PLC에서 I/O 리프레시 영역의 강제 입·출력을 설정할 수 있으며, 메뉴 [온라인]−[강제 I/O설정]을 선택하면 그림 7.61과 같이 "강제 I/O설정" 창이 나타난다.

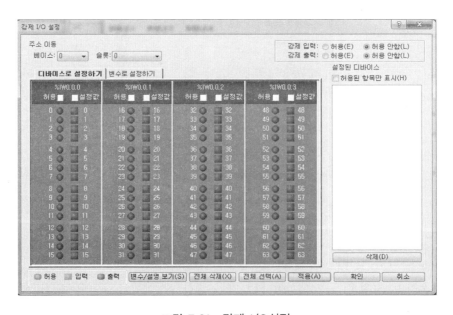

그림 7.61 강제 I/O설정

- 주소 이동에서 해당 베이스, 해당 슬롯을 선택하여 해당 주소로 이동한다.
- 강제입력 및 강제출력 허용여부를 선택한다. 강제입력이나 강제출력이 허용상태인 경우에만 비트별 강제 입력 값 또는 강제 출력 값이 적용된다.
- 강제 I/O를 수행할 비트별 허용 플래그 및 데이터를 설정한다.

1) 강제 I/O설정

[순서] (예 : 베이스 0, 슬롯 0의 4번째 비트 강제 출력 1, 8번째 비트 강제 출력 0)

① 베이스 0, 슬롯 0을 선택한다(그림 7.62 참조).

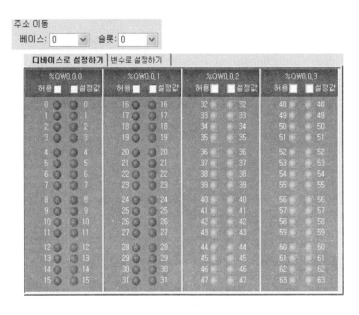

그림 7.62

② 비트 3의 허용 플래그와 설정 값을 선택한다. 설정된 디바이스에는 %QW0.0.0이 등록된다(그림 7.63).

③ 비트 7의 허용 플래그를 선택한다. 비트 7의 강제 출력 값은 0이므로 설정 값은 선택하지 않는다. %QW0.0.0는 이미 설정된 디바이스에 등록되어 있으므로, 다시 추가되지는 않는다(그림 7.64).

④ 강제 값을 적용하기 위하여 강제출력 허용 플래그를 선택하고 적용 버튼을 누른다.

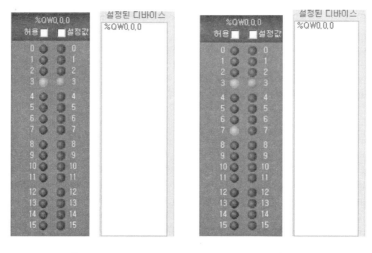

| 그림 7.63 | 그림 7.64 |

| 강제 입력: | ○ 허용(E) | ⊙ 허용 안함(L) | 적용(A) |
| 강제 출력: | ⊙ 허용(E) | ○ 허용 안함(L) | |

2) 강제 I/O 해제

[순서] (예 : 베이스 0, 슬롯 0의 4번째, 8번째 비트의 강제 값 해제)

① %QW0.0.0으로 이동한다. 영역의 이동은 버튼을 이용하거나 직접 입력한다.

② 강제 출력 값을 해제하기 위하여 비트 3, 7의 허용 플래그의 선택을 해제한다. 그리고 적용 버튼을 누른다.

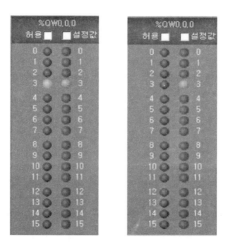

그림 7.65

(8) 런 중 수정

PLC 운전 모드 런 상태에서 PLC의 프로그램을 변경할 수 있다(그림 7.66~그림 7.68 참조).

1) 런 중 수정 순서

① 프로젝트 열기

- 메뉴 [프로젝트]-[프로젝트 열기]를 선택하고, 런 중 수정하기 위한 PLC 프로젝트를 연다.

② 접속

- 메뉴 [온라인]-[접속]을 선택하여 PLC와 연결한다.

③ 모니터 시작

- 메뉴 [모니터]-[모니터 시작]을 선택하고, 모니터를 하면서 런 중 수정이 가능하며, 런 중 수정 중에도 모니터 시작 또는 모니터 끝이 가능하다.

④ 런 중 수정 시작

- 메뉴 [온라인]-[런 중 수정 시작]을 선택하고, 프로그램 창이 활성화된 후 런 중 수정이 가능하다. 런 중 수정 모드에서 프로그램 또는 변수가 편집되면, 해당 창은 런 중 수정 모드로 전환한다. 런 중 수정 시작 시 프로그램의 배경 색상은 옵션에서 변경할 수 있다.

⑤ 편집

- 런 중 수정 편집은 오프라인에서의 편집과 동일하다.
- LD의 경우 편집된 렁 표시('*')가 추가된다.

⑥ 런 중 수정 쓰기

- 메뉴 [온라인]-[런 중 수정 쓰기]를 선택한다.
- 해당 프로그램만 PLC로 전송한다.
- LD의 경우 편집된 렁의 표시('*')가 사라진다.

⑦ 런 중 수정 종료

- 메뉴 [온라인]-[런 중 수정 종료]를 선택한다.

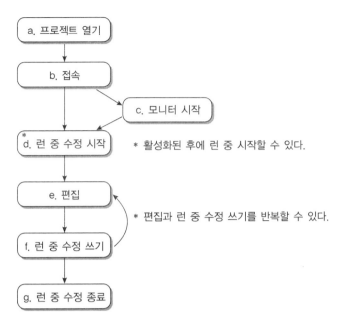

그림 7.66 런 중 수정 순서

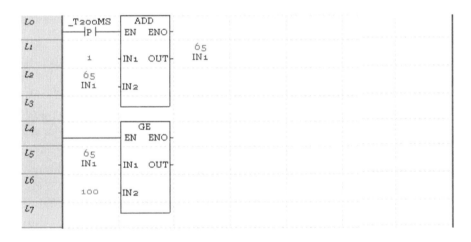

그림 7.67 프로그램

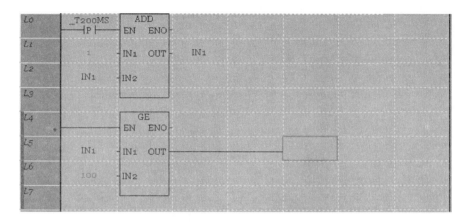

그림 7.68 런 중 수정모드 화면

8 모니터

8.1 | 모니터 공통

XG5000의 **모니터** 기능 중 공통적인 기능(모니터 시작/끝, 현재 값 변경, 모니터 일시정지, 모니터 다시 시작, 모니터 일시정지 설정)을 설명한다.

8.1.1 모니터 시작/끝

[모니터 시작]

① 메뉴 [온라인]-[접속] 항목을 선택하여 PLC와 온라인으로 연결한다.
② 메뉴 [모니터]-[모니터 시작/끝]을 선택하여 모니터를 시작한다.
③ LD 또는 IL 프로그램이 활성화되어 있으면 모니터 모드로 변경된다.

[모니터 끝]

메뉴 [모니터]-[모니터 시작/끝] 항목을 선택하여 모니터를 정지한다.

8.1.2 현재 값 변경

온라인의 접속상태에서 모니터 중에 선택된 디바이스의 현재 값 또는 강제 I/O설정을
변경할 수 있다.

① 프로그램 또는 변수 모니터 창에서 디바이스나 변수를 선택한다.

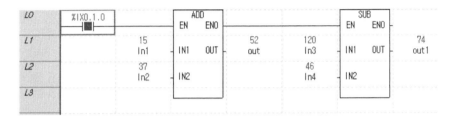

그림 8.1 프로그램의 예

② 메뉴 [모니터]-[현재 값 변경] 항목을 선택한다.
③ "현재 값 변경" 창(그림 8.2)에서 현재 값을 입력 후 확인을 누르면 현재 값이 변경
  된다.

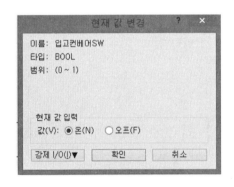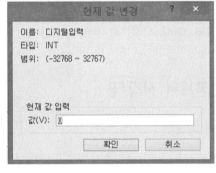

(a) 변수가 BOOL인 경우   (b) 변수가 수치입력인 경우

그림 8.2 현재 값 변경 창

그림 8.2에서 변수타입에 따라 현재 값의 입력 가능범위가 주어진다.

④ 온/오프 : 타입이 BOOL인 경우 변수의 On/Off를 설정한다.
  강제 I/O : 변수가 "I/Q"영역이고 BOOL 타입인 경우 강제 I/O설정을 할 수 있다.
⑤ 값 : 타입이 BOOL이 아닌 경우, 변수의 설정 값을 입력한다.

8.2 | LD 프로그램 모니터

XG5000이 모니터 상태에서 LD 다이어그램에 작성된 접점(평상시 열린접점, 평상시 닫힌접점, 양 변환 검출접점, 음 변환 검출접점), 코일(코일, 역 코일, 셋 코일, 리셋 코일, 양 변환 검출코일, 음 변환 검출코일) 및 펑션(블록)의 입·출력 파라미터 등의 현재 값을 표시한다.

(1) 모니터 시작 순서는 다음과 같다.

    ① 메뉴 [모니터]-[모니터 시작/끝] 항목을 선택한다.

    ② LD 프로그램이 모니터 모드로 변경된다.

    ③ 현재 값 변경 : 메뉴 [모니터]-[현재 값 변경] 항목을 선택한다.

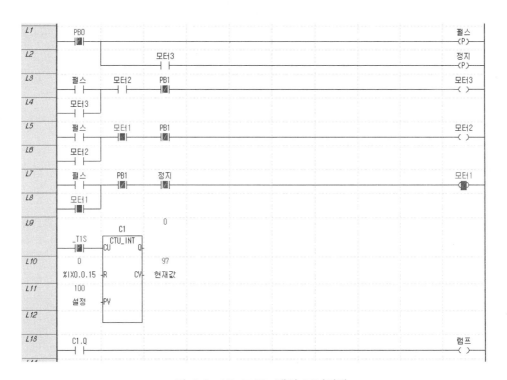

그림 8.3 LD 프로그램의 모니터링

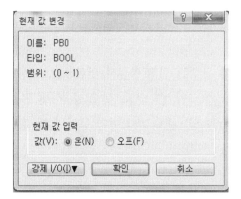
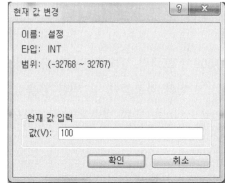

(a) PB0의 현재 값 변경   (b) "설정" 값 입력

그림 8.4   LD 프로그램의 현재 값 변경

(2) 접점의 On, Off 시 모니터 표시는 그림 8.5와 같이 표시된다.

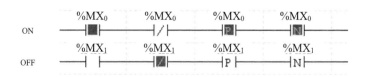

그림 8.5   접점의 모니터 표시

- **평상시 열린 접점** : 해당 접점의 값이 On상태인 경우 디바이스(혹은 변수)의 값은 붉은색으로 표시되며, 접점 안에 파워 플로우가 파란색으로 표시된다.
- **평상시 닫힌 접점** : 해당 접점의 값이 On상태인 경우 디바이스의 값은 붉은색으로 표시되며, 점점 안에 파워 플로우는 표시되지 않는다.
- **양 변환 검출접점** : 평상시 열린 접점과 동일하게 표시된다.
- **음 변환 검출접점** : 평상시 열린 접점과 동일하게 표시된다.

(3) 코일의 On, Off 시 모니터 표시는 그림 8.6과 같이 표시된다.

| $\%MX_1$ | $\%MX_1$ | $\%MX_1$ | $\%MX_1$ | $\%MX_1$ | $\%MX_1$ |

OFF   —( )— —(◪)— —(S)— —(◨)— —(P)— —(N)—

ON   —(◼)— —(/)— —(◧)— —(R)— —(◩)— —(◼)—

그림 8.6   코일의 모니터 표시

- **코일** : 해당 코일의 값이 On상태인 경우 디바이스(혹은 변수)의 값은 붉은색으로 표시되며, 코일 안의 파워 플로우는 파란색으로 표시된다.
- **역 코일** : 해당 코일의 값이 On상태인 경우 디바이스(혹은 변수)의 값은 붉은색으로 표시되며, 코일 안의 파워 플로우는 표시되지 않는다.
- **셋 코일** : 코일과 동일하게 표시된다.
- **리셋 코일** : 역 코일과 동일하게 표시된다.
- **양 변환 검출코일** : 코일과 동일하게 표시된다.
- **음 변환 검출코일** : 코일과 동일하게 표시된다.

8.3 │ 변수 모니터

변수 모니터 창에 특정 변수 또는 디바이스를 등록하여 모니터할 수 있다.

(1) 변수 모니터 창

	PLC	프로그램	변수/디바이스	값		타입	디바이스/변수	설명문
7	NewPLC	NewProgram	reset	10	Off	BOOL	%IX0.0.8	
8	NewPLC	NewProgram	디지털입력	HEX	16#1249	WORD	%IW0.1.0	최초 재고 수 입력
9	NewPLC	NewProgram	시스템정지	10	Off	BOOL	%IX0.0.15	
10	NewPLC	NewProgram	입고센서	10	On	BOOL	%IX0.0.1	
11	NewPLC	NewProgram	입고컨베어	10	On	BOOL	%QX0.2.0	

그림 8.7 변수 모니터 창

① 값의 항목은 모니터 시 해당 디바이스의 값을 표시한다. 모니터 현재 값 변경을 통해 값을 변경할 수 있다.
② 타입 : 변수의 타입을 표시한다.
③ 디바이스/변수 : 메모리 할당이 되어 있으면 할당된 주소나 변수 이름을 보여준다.

(2) 변수 모니터에 등록방법

1) 로컬변수에서 등록

[순서]

① 변수 모니터 창에서 마우스 오른쪽 버튼을 눌러 [변수목록에서 등록] 메뉴를 선택한다.

② 프로젝트 내에 포함된 PLC가 두 개 이상이거나 한 PLC에 프로그램이 두 개 이상일 경우 [선택] 대화상자가 나오면 등록할 PLC와 프로그램을 선택한다.

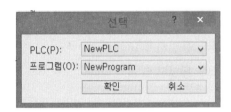

③ [변수 선택] 대화상자가 나오고 변수 선택(그림 8.8 참조)을 하면 변수가 변수 모니터 창에 등록된다(그림 8.9 참조).

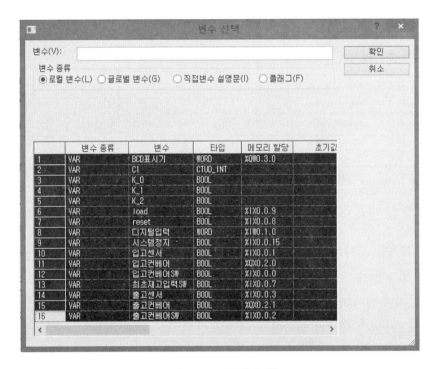

그림 8.8 로컬변수 창

	PLC	프로그램	변수/디바이스	값	타입	디바이스/변수	설명문
3	NewPLC	NewProgram	K_0	10	BOOL		
4	NewPLC	NewProgram	K_1	10	BOOL		
5	NewPLC	NewProgram	K_2	10	BOOL		
6	NewPLC	NewProgram	load	10	BOOL	%IX0.0.9	
7	NewPLC	NewProgram	reset	10	BOOL	%IX0.0.8	
8	NewPLC	NewProgram	디지털입력	HEX	WORD	%IW0.1.0	최초 재고 수 입력
9	NewPLC	NewProgram	시스템정지	10	BOOL	%IX0.0.15	
10	NewPLC	NewProgram	입고센서	10	BOOL	%IX0.0.1	
11	NewPLC	NewProgram	입고컨베어	10	BOOL	%QX0.2.0	
12	NewPLC	NewProgram	입고컨베어SW	10	BOOL	%IX0.0.0	

그림 8.9 변수 모니터 창의 변수 모니터링

그림 8.8에서 글로벌 변수, 직접변수 설명문, 플래그를 선택하면 변수 모니터 창에 그
변수목록이 각각 나타난다(각각 그림 8.10, 그림 8.11, 그림 8.12 참조).

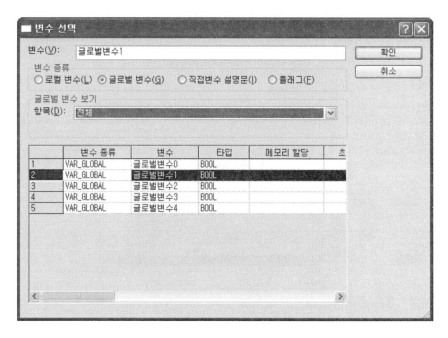

그림 8.10 글로벌 변수 목록

그림 8.11 직접변수 설명문 목록

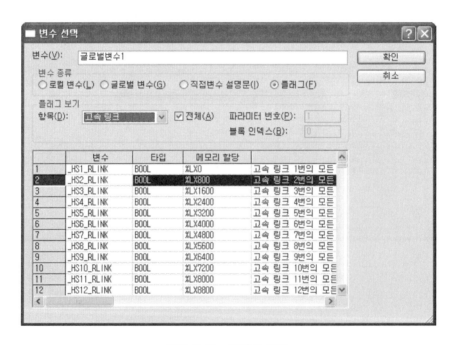

그림 8.12 플래그 목록

8.4 │ 시스템 모니터

시스템 모니터는 PLC의 슬롯 정보, I/O 할당 정보를 표시한다. 모듈상태 및 데이터 값을 표시한다.

8.4.1 기본 사용법

시스템 모니터를 실행시키는 방법은 2가지가 있다.

① XG5000 메뉴 [모니터]-[시스템 모니터]를 선택한다.
② 시작 메뉴 [프로그램]-[XG5000]-[시스템 모니터]를 선택한다.

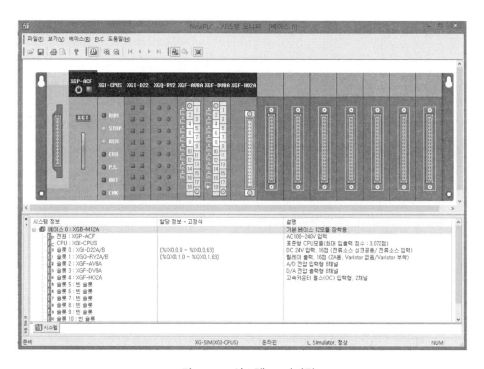

그림 8.13 시스템 모니터링

모듈 정보 창은 PLC에 설치된 슬롯 정보를 표시한다. PLC에 있는 모듈 정보를 읽어 와서 모듈 정보 창(시스템 모니터의 하부영역)의 데이터 표시 화면에 표시한다.

베이스 보기는 모듈 정보 창의 항목들을 선택한다(예 : 베이스 0, 베이스 1, …).

8.4.2 접속/접속 해제

시스템 모니터는 XG5000에서 호출하여 생성할 수도 있고, 단독으로도 실행이 가능하다. 따라서 PLC와 접속 옵션을 가지고 접속 및 접속해제를 할 수 있다. PLC와 접속을 하면 PLC에서 베이스 정보를 읽어와 모듈 정보 창에 표시한다.

8.4.3 시스템 동기화

PLC에 설정된 베이스 정보, I/O 할당방식 및 슬롯 정보를 읽어 와서 화면에 표시한다. 모니터 시, 현재 값 변경을 하기 위해 I/O 스킵 정보, I/O 강제 입·출력 정보를 읽어온다.

시스템 동기화 방법은 PLC와의 접속 상태를 확인하고, 메뉴[모니터]-[시스템모니터]선택 후 [plc]-[시스템 동기화]를 선택한다. 또는 메뉴 [온라인]-[진단 I]-[I/O정보] 클릭 후 I/O동기화 버튼을 클릭한다.

8.4.4 현재 값 변경

현재 값 변경을 수행하기 위해서는 PLC와 접속된 상태이며, 모니터 모드여야 한다.

마우스로 접점을 클릭하면, 선택된 접점의 데이터 값이 On/Off로 변경된다(그림 8.14).

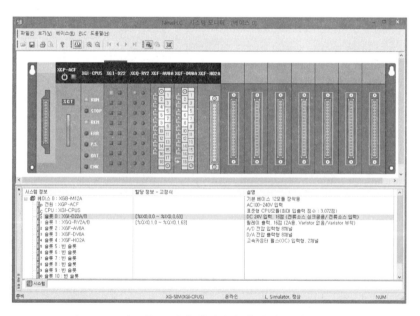

그림 8.14 시스템 모니터링(입력과 출력의 모니터링 상태)

8.4.5 전원모듈, CPU모듈, 특수모듈 정보

PLC와 접속 상태에서 전원모듈 또는 CPU모듈이나 특수모듈을 선택하고 메뉴 [PLC]-[모듈 정보]를 선택한다. 마우스 오른쪽 버튼 메뉴에서 원하는 모듈 정보(예 : CPU모듈 정보)를 선택하면 정보가 디스플레이된다.

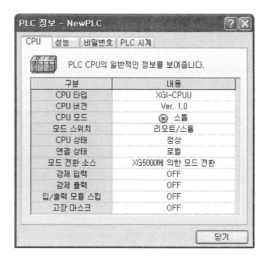

그림 8.15   CPU모듈 정보

8.5 | 디바이스 모니터

디바이스 모니터는 PLC의 모든 디바이스 영역의 데이터를 모니터링할 수 있다.

PLC의 특정 디바이스에 데이터 값을 쓰거나 읽어올 수 있으며, 데이터 값을 화면에 표시하거나 입력할 때, 비트 형태 및 표시방법에 따라 다양하게 나타낼 수 있다.

8.5.1 기본 사용법

[순서]

디바이스 모니터를 실행시키는 방법은 2가지가 있다.

① XG5000 메뉴에서 [모니터]-[디바이스 모니터]를 선택한다.
② 시작 메뉴 [프로그램]-[XG5000]-[디바이스 모니터]를 선택한다.

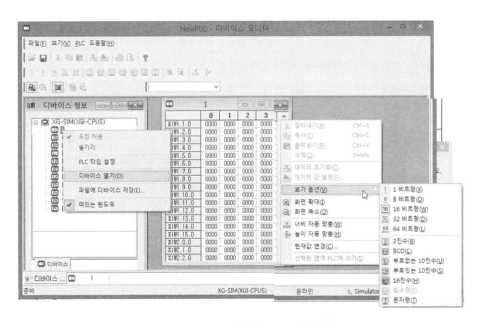

그림 8.16 디바이스 모니터

8.5.2 디바이스의 열기와 데이터 표시방법

- 디바이스 열기를 수행하는 방법은 그림 8.16의 디바이스 모니터 창에서 디바이스 아이콘을 더블클릭하거나(예 : I, Q, M, R, W) 또는 마우스 오른쪽 버튼 메뉴에서 [디바이스 열기]를 선택하면 해당 디바이스가 우측에 나타날 때 거기서 마우스 우측버튼을 클릭하여 보기옵션을 누르면 데이터 크기 및 데이터 표시형식을 선택할 수 있다.

- 데이터를 화면에 표시하는 방법으로는 표 8.1에 표시하듯이 크게 2가지로 구분할 수 있다. 즉, 데이터 크기에 따라 표시하는 방법과 데이터의 표시형식에 따라 표시하는 방법이다.

표 8.1 데이터 표시방법

표시 설정	설명
데이터 크기	1비트형, 8비트형, 16비트형, 32비트형, 64비트형
표시형식	2진수, BCD, 부호 없는 10진수, 부호 있는 10진수, 16진수, 실수형, 문자형

디바이스의 데이터 표시형식에 따라 그림 8.17~8.24와 같다.

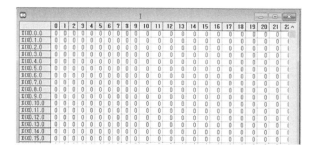

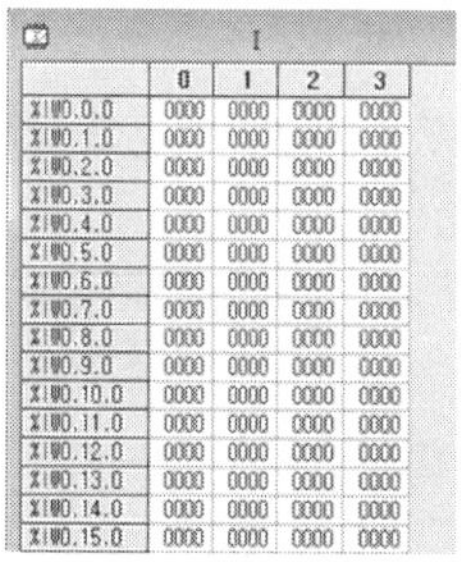

그림 8.17　1비트형　　　　　　　　그림 8.18　16비트형

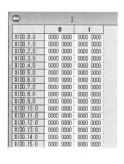

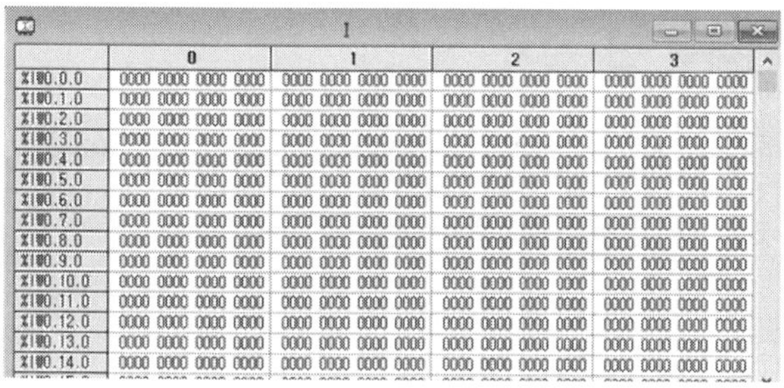

그림 8.19　32비트형　　　　　　　그림 8.20　2진수형(1과 0으로 표시)

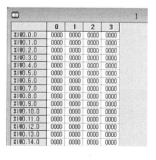

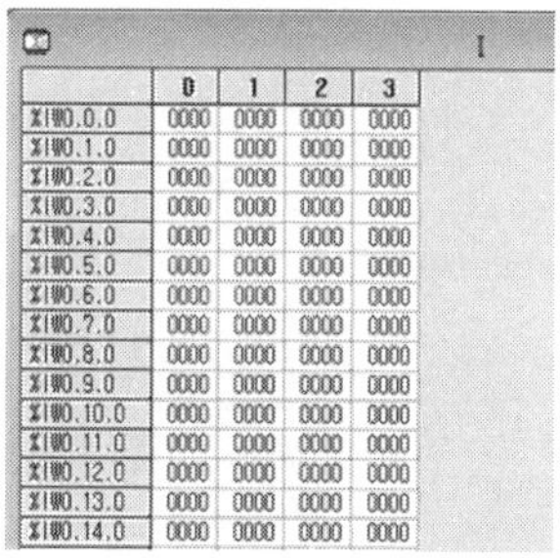

그림 8.21　BCD　　　　　　　그림 8.22　16진수형

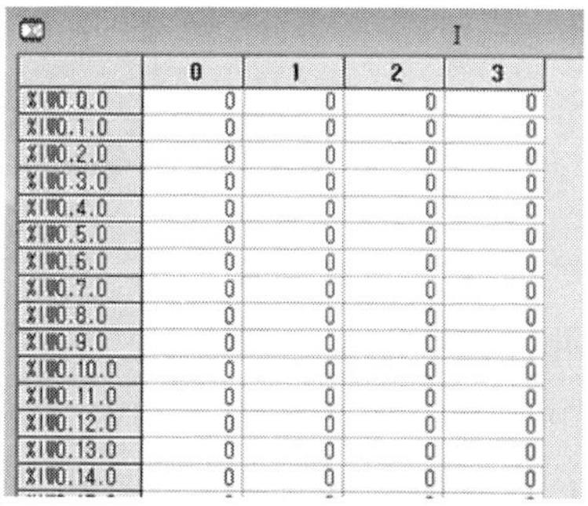

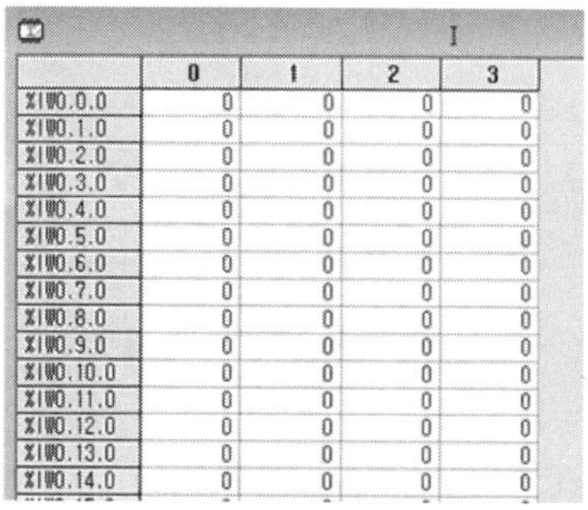

그림 8.23　부호 없는 10진수형　　　　　그림 8.24　부호 있는 10진수형

2진수, BCD, 부호없(있)는 10진수의 사용 예로서 2진수는 1과 0으로, BCD는 0~9로, 10진수도 0~9로 다음과 같이 표시된다.

16진수	1234
2진수	0001 0010 0011 0100
BCD	1234
부호없(있)는 10진수	4660

8.5.3 데이터 값 설정

디바이스의 데이터 값을 표시방법 및 비트 수에 따라 설정할 수 있으며, 또한 데이터 값의 설정영역도 선택할 수 있다.

[순서]

1. 메뉴 [편집]-[데이터 값 설정]을 선택한다.

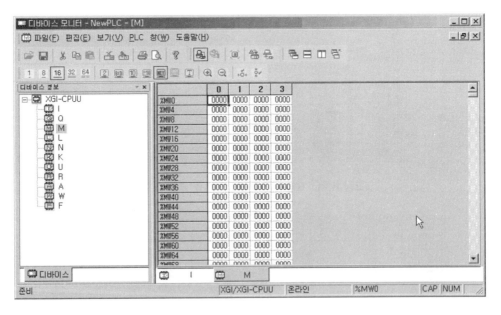

그림 8.25 디바이스 모니터

2. 데이터 값 설정 창에서 데이터 값, 비트 수, 표시방법, 영역설정을 하면(그림 8.26 참조) 그림 8.27과 같이 디바이스 모니터에 데이터 값이 표시된다.

그림 8.26 데이터 값 설정

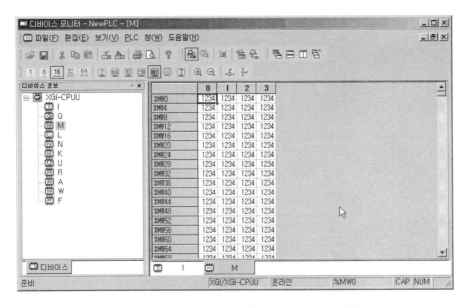

그림 8.27 디바이스 모니터(데이터 값 표시 화면)

8.5.4 현재 값 변경

모니터 모드인 경우에 셀의 데이터 값을 변경할 수 있다.

[순서]

① PLC와 접속한 상태이고, 모니터 모드여야 한다.

② 메뉴 [PLC]-[**현재 값 변경**]을 선택한다.

③ 현재 값 변경 대화상자를 호출하여 변경할 값을 입력한다(그림 8.28).

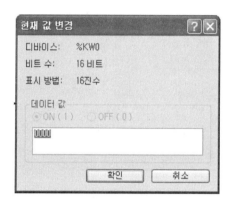

그림 8.28 현재 값 변경

9 XG-SIM(시뮬레이션)

9.1 | 시작하기

9.1.1 XG-SIM 특징

XG-SIM은 XGT PLC 시리즈를 위한 윈도우 환경의 가상 PLC로서, XG-SIM을 이용하면 PLC 없이도 작성한 프로그램을 실행할 수 있으며, 입력조건 설정 및 모듈 시뮬레이션 기능을 이용하여 PLC 프로그램을 디버깅할 수 있다.

XG-SIM은 다음과 같은 기능을 갖는다.

(1) 프로그램 시뮬레이션

XG5000에서 LD/SFC/ST 등의 언어로 작성된 프로그램을 시뮬레이션할 수 있다. 또한 XG-SIM에서 실행중인 프로그램을 런 상태에서 변경사항을 적용할 수 있는 런 중 수정 기능을 지원하며, 사용자가 작성한 프로그램을 스텝단위로 트레이스할 수 있는 디버깅 기능을 갖는다.

(2) PLC 온라인 기능

XG5000에서 제공하는 프로그램 모니터링 기능 이외에, 시스템 모니터, 디바이스 모니터, 트렌드 모니터, 데이터 트레이스, 사용자 이벤트 등 온라인 진단기능을 그대로 사용할 수 있다.

(3) 모듈 시뮬레이션

디지털 입·출력모듈 및 A/D 변환모듈, D/A 변환모듈, 고속 카운터, 온도제어 모듈, 위치 결정모듈 등 PLC에 설치 가능한 모듈에 대하여 간략한 시뮬레이션 기능을 갖는다. **모듈 시뮬레이션** 기능을 이용하여 모듈로부터의 입력 값을 주어 프로그램을 시뮬레이션할 수 있다.

(4) I/O 입력 조건 설정

특정 디바이스의 값 혹은 모듈 내부의 채널 값을 입력조건으로 하여 디바이스의 값을 설정할 수 있다. I/O 입력조건 설정기능을 이용하면 작성한 PLC 프로그램을 테스트하기 위한 별도의 PLC 프로그램을 작성하지 않고도 작성한 그대로의 프로그램을 시뮬레이션할 수 있다.

9.1.2 XG-SIM 실행

① XG5000을 실행하여 XG-SIM에서 시뮬레이션을 수행하기 위한 프로그램을 작성한다.
② XG5000 메뉴 [도구]-[시뮬레이터 시작] 항목을 선택한다. XG-SIM이 실행되면 작성한 프로그램이 XG-SIM으로 자동으로 다운로드된다. XG-SIM이 실행되면 온라인, 접속, 런 상태가 된다.
③ XG-SIM 실행 시 XG5000이 지원하는 온라인 메뉴 항목은 다음의 표를 참고한다.

표 **9.1** XG-SIM이 지원하는 온라인 메뉴

메뉴 항목	지원 여부	메뉴 항목	지원 여부
PLC로부터 열기	O	고장 마스크 설정	×
모드 전환(런)	O	모듈 교환 마법사	×
모드 전환(중지)	O	런 중 수정 시작	O
모드 전환(디버그)	O	런 중 수정 쓰기	O

메뉴 항목	지원 여부	메뉴 항목	지원 여부
접속 끊기	×	런 중 수정 종료	○
읽기	×	모니터 시작/끝	○
쓰기	○	모니터 일시 정지	○
PLC와 비교	×	모니터 다시 시작	○
플래시 메모리 설정(설정)	×	모니터 일시 정시 설정	○
플래시 메모리 설정(해제)	×	현재 값 변경	○
PLC 리셋	×	시스템 모니터	○
PLC 지우기	○	디바이스 모니터	○
PLC 정보(CPU)	○	특수모듈 모니터	○
PLC 정보(성능)	○	사용자 이벤트	○
PLC 정보(비밀번호)	○	데이터 트레이스	○
PLC 정보(PLC 시계)	○	디버그 시작/끝	○
PLC 정보(에러 이력)	○	디버그(런)	○
PLC 정보(모드전환이력)	○	디버그(스텝 오버)	○
PLC 정보(전원차단이력)	○	디버그(스텝 인)	○
PLC 정보(시스템이력)	○	디버그(스텝 아웃)	○
PLC 에러 경고	○	디버그(커서위치까지 이동)	○
I/O 정보	○	브레이크 포인트 설정/해제	○
강제 I/O설정	○	브레이크 포인트 목록	○
I/O 스킵 설정	○	브레이크 조건	○

9.2 | XG – SIM

9.2.1 프로그램 창 구성

XG–SIM 프로그램은 그림 9.1과 같이 구성되어 있다.

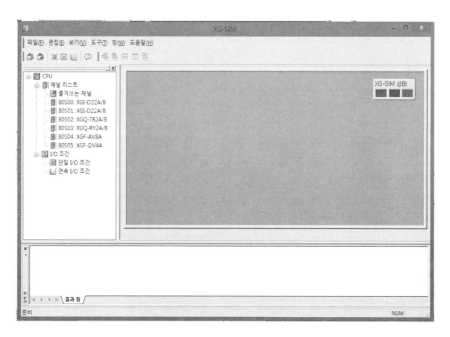

그림 9.1 XG-SIM 프로그램 창

(1) 채널 리스트

모듈별 채널 및 사용자 선택에 의해 즐겨 쓰는 채널이 표시된다. 모듈의 경우에는 I/O 파라미터에서 설정한 모듈만 표시된다. 모듈의 표시는 'B0(베이스번호)S00(슬롯번호) : 모듈 이름' 형태로 표시된다.

(2) I/O 조건

단일 I/O 조건 및 연속 I/O 조건을 표시한다.

(3) 상태 창

상태 창(그림 9.2)은 시뮬레이터의 상태를 표시한다.

상태	설명	창
초기	초기상태를 나타내며, 시뮬레이터로 접속이 불가능하다.	XG-SIM 상태
접속가능	접속 준비완료 상태를 나타내며 적색 LED가 켜진다.	XG-SIM 상태
단일 I/O조건 실행	단일 I/O조건이 실행중임을 나타내며, 실행중인 경우 초록색 LED가 점멸한다.	XG-SIM 상태
연속 I/O조건 실행	연속 I/O조건이 실행중임을 나타내며, 실행중인 경우 노란색 LED가 점멸한다.	XG-SIM 상태

그림 9.2 시뮬레이터 상태 창

9.2.2 채널 리스트

(1) 모듈 채널

모드를 런(RUN)으로 변경한 후 XG-SIM 창(그림 9.1로서 상태표시줄에 있는 아이콘을 활성화)에서, 열람하고 싶은 채널을 더블클릭한다.

만일 특정 채널을 즐겨쓰는 채널로 사용하고자 하는 경우, 그림 9.3과 같이 '즐겨쓰는 채널'의 체크상자를 선택하고 각 채널(아래쪽 3개의 체크박스)을 선택하여 필요한 채널명을 체크하면 즐겨쓰는 채널(맨 위에 표시된 체크박스)에 종합된다.

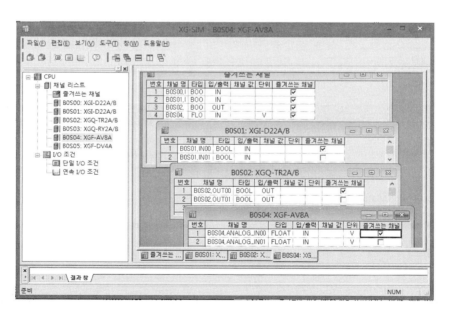

그림 9.3 사용할 채널 체크

(2) 채널 모니터

① 모니터 시작

a. 메뉴 [도구]-[채널 모니터 시작] 항목을 선택한다.

b. 채널 현재 값 변경(그림 9.4에서 Off상태의 채널을 더블클릭하여 On으로 강제 변경)

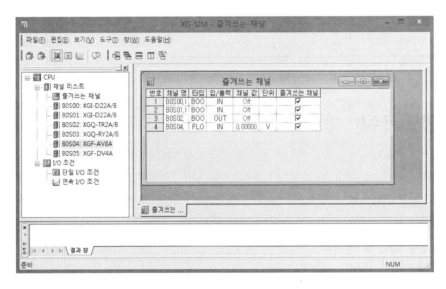

그림 9.4 즐겨쓰는 채널

② 채널 현재 값 변경

현재 값을 변경하고자 하는 채널을 선택하여 마우스를 더블클릭하면 채널 값 변경 대화 상자가 나타나고(그림 9.5) 비트 값 또는 입력 값을 변경한다.

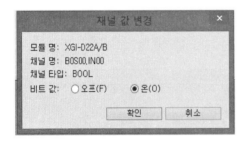
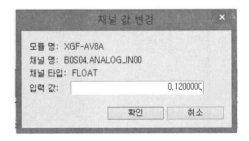

그림 9.5 현재 값 변경

이러한 결과가 그림 9.6과 같이 즐겨쓰는 채널의 채널 값뿐 아니라 프로그램상에서 모니터링되어 동시에 다음 그림 9.7과 같이 표시된다(B0S00.1은 %IX0.0.0임 : B0S00를 클릭하면 확인이 가능함).

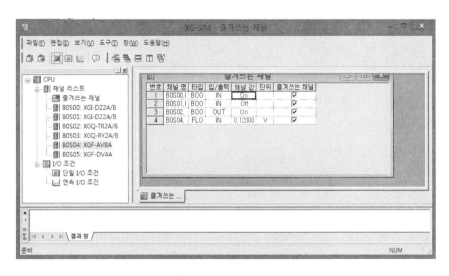

그림 9.6 현재 값 변경으로 결과 모니터링

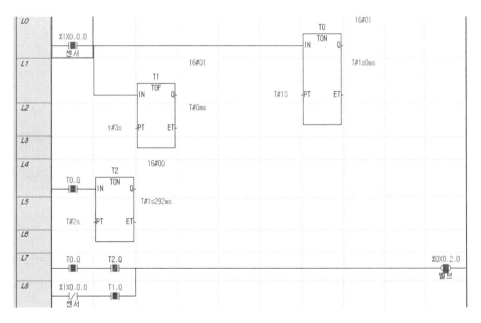

그림 9.7 프로그램 모니터링

③ 모니터 끝

메뉴 [도구]-[채널 모니터 끝] 항목을 선택한다.

9.2.3 모듈 시뮬레이션

XG-SIM은 I/O모듈 및 특수모듈에 대하여 간략한 시뮬레이션 기능을 갖는다. 디지털 입·출력 모듈의 경우에는 I 또는 Q 영역에 대한 입·출력 기능을 제공하며, 특수모듈의 경우에는 외부로부터 입력받는 아날로그 값 혹은 외부로의 아날로그 출력 값 모니터링 등의 기능을 제공한다.

(1) 모듈의 설정

XG-SIM에서 제공하는 **모듈 시뮬레이션** 기능은 XG5000의 I/O 파라미터에서 설정한 정보를 이용하며, 따라서 모듈을 시뮬레이션하여 프로그램에 반영하기 위해서는 해당 모듈을 I/O 파라미터에서 설정하여야 한다.

예를 들어, 그림 9.8과 같은 구성을 갖는 PLC 시스템을 시뮬레이션하기 위해서는 그림과 같이 I/O 파라미터를 설정하여야 한다.

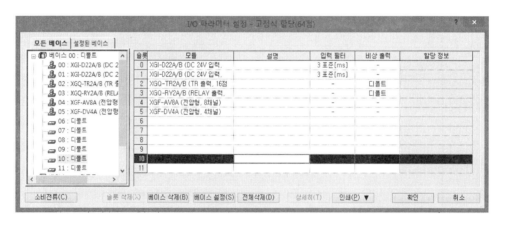

그림 9.8 I/O 파라미터의 설정

XG-SIM이 실행된 이후, 메뉴 [모니터]-[시스템 모니터]에는 그림 9.9와 같이 I/O 파라미터에서 설정한 모듈이 표시된다.

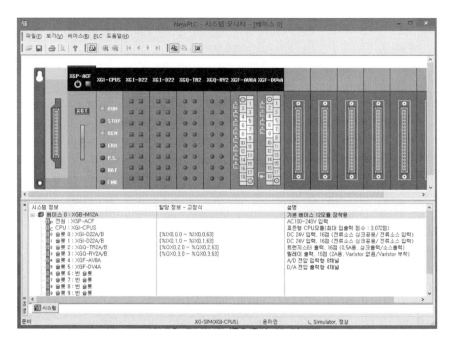

그림 9.9 시스템 모니터

(2) 디지털 입·출력 모듈

디지털 입·출력 모듈의 시뮬레이션은 접점의 현재 값을 변경하거나, 프로그램에서 출력으로 사용된 출력 값이 정상적으로 출력되는지 여부를 시뮬레이션할 수 있다(그림 9.10 참조).

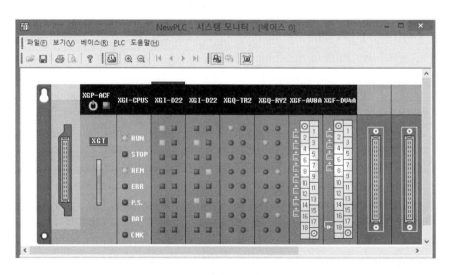

그림 9.10 시뮬레이션 결과(시스템 모니터링)

I/O 파라미터에서 입·출력 모듈을 설정여부에 따라 다음과 같은 차이가 있다.

표 9.2 입·출력 모듈 설정여부에 따른 차이점

	입·출력 모듈 미 설정	입·출력 모듈 설정
입력 값 변경	모니터 현재 값 변경 이용	XG-SIM 채널 값 변경 이용
출력 값 변경	변경할 수 없음	변경할 수 없음
강제 I/O 입력	적용 안 됨	설정한 강제 입력 값 입력
강제 I/O 출력	적용 안 됨	설정한 강제 입력 값 출력

(3) 아날로그 입력모듈(A/D 변환모듈)

① XG-SIM에서 지원하는 **아날로그 입력모듈**은 다음과 같다.

표 9.3 XG-SIM 지원 A/D 변환모듈

모듈 명	지원 여부
XGF-AV8A(전압형 8채널)	○
XGF-AC8A(전류형 8채널)	○
XGF-AD4S(절연형 4채널)	×

② XG-SIM에서는 4가지 형태의 입력 전압 범위와 디지털 데이터 출력 포맷, 그리고 2가지 형태의 입력 전류 범위를 지원하며 다음과 같다.

표 9.4 A/D 변환모듈의 입력과 출력 포맷

입력 전압 범위	입력 전류 범위	디지털 데이터 출력 포맷
1~5 V	4~20 mA	0~16000
0~5 V	0~20 mA	-8000~8000
0~10 V	—	1000~5000
-10~10 V	—	0~10000(%)

③ XG-SIM에서는 다음과 같은 아날로그 입력 파라미터를 지원한다.

표 9.5 아날로그 입력 파라미터

파라미터	지원 여부	파라미터	지원 여부
운전 채널	○	필터 상수	○
입력 전압(전류) 범위	○	평균 처리	○
출력 데이터 타입	○	평균 방법	○
필터 처리	×	평균값	○

④ 아날로그 입력 값은 XG–SIM 창에서 직접 설정할 수 있으며, 입력 범위는 파라미터에서 설정한 입력 전압(전류) 범위 내에서만 유효하다.

(4) 아날로그 출력모듈(D/A 변환모듈)

① XG–SIM에서 지원하는 **아날로그 출력모듈**은 다음과 같다.

표 9.6 XG–SIM 지원 D/A 변환모듈

모듈 명	지원 여부
XGF–DV4A(전압형 4채널)	○
XGF–DV8A(전압형 8채널)	○
XGF–DC4A(전류형 4채널)	○
XGF–DC8A(전류형 8채널)	○
XGF–DV4S(절연형 전압출력 4채널)	×
XGF–DC4S(절연형 전류출력 4채널)	×

② XG–SIM에서는 다음과 같은 전압(전류)범위와 입력 데이터 타입을 지원한다.

표 9.7 D/A 변환모듈의 입력과 출력범위

입력 데이터 타입	출력전압 범위	출력전류 범위
0~16000	1~5 V	4~20 mA
−8000~8000	0~5 V	0~20 mA
1000~5000	0~10 V	−
0~10000(%)	−10~10 V	−

③ XG-SIM에서는 다음과 같은 아날로그 출력 파라미터를 지원한다.

표 9.8 아날로그 출력 파라미터

파라미터	지원 여부
운전 채널	○
출력전압(전류) 범위	○
입력 데이터 타입	○
채널 출력상태	×

④ 디지털 입력 값은 프로그램에서 특수모듈 변수를 통하여 입력 가능하며, 파라미터에서 설정한 범위 내에서만 유효하다.

CHAPTER

10

래더 프로그램을 위한 연산자, 펑션, 펑션블록

10.1 | 시퀀스 프로그램

10.1.1 모선과 연결선

(1) 모선

LD 그래픽 구성도의 왼쪽 끝과 오른쪽 끝에는 전원선 개념의 모선이 세로로 양쪽에 놓여 있게 된다.

No	기호	이름	설명
1	 ┤├	왼쪽 모선	BOOL 1의 값을 갖는다.
2	 ┤├	오른쪽 모선	값이 정해져 있지 않다.

그림 10.1 모선

(2) 연결선

왼쪽 모선의 BOOL 1 값은 작성한 도면에 따라 오른쪽으로 전달된다. 그 전달되는 값을 가진 선을 **전원 흐름선** 또는 **연결선**이라고 하며, 접점이나 코일에 연결되어 있는 선이다. 전원 흐름선은 언제나 BOOL 값을 가지고 있으며, 한 **렁(Rung)**에서 하나만 존재한다. 여기서 렁이란 LD의 처음부터 밑으로 내려가는 선(세로 연결선)이 없는 줄까지를 말한다.

LD의 각 요소를 연결하는 연결선에는 가로 연결선과 세로 연결선이 있다.

No	기호	이름	설명
1	▬	가로 연결선	왼쪽의 값을 오른쪽으로 전달
2	|	세로 연결선	왼쪽에 있는 가로 연결선들의 논리합
3	⟶	연결선	

그림 10.2 연결선

10.1.2 접점

접점은 왼쪽에 있는 가로 연결선의 상태와 현 접점과 연관된 BOOL 입력, 출력, 또는 메모리 변수 간의 논리곱(Boolean AND)을 한 값을 오른쪽에 위치한 가로 연결선에 전달한다. 접점과 관련된 변수 값 자체는 변화시키지 않는다. 표준접점 기호는 그림 10.3과 같다.

정적 접점			
No	기호	이름	설명
1	*** ─┤ ├─	평상시 열린 접점 (Normally Open Contact)	BOOL 변수('***'로 표시된 것)의 상태가 On일 때에는 왼쪽의 연결선 상태는 오른쪽의 연결선으로 복사된다. 그렇지 않을 경우에는 오른쪽의 연결선 상태가 Off이다.
2	*** ─┤/├─	평상시 닫힌 접점 (Normally Closed Contact)	BOOL 변수('***'로 표시된 것)의 상태가 Off일 때에는 왼쪽의 연결선 상태는 오른쪽의 연결선으로 복사된다. 그렇지 않을 경우에는 오른쪽의 연결선 상태가 Off이다.
3	*** ─┤P├─	양 변환 검출 접점 (Positive Transition-Sensing Contact)	BOOL 변수('***'로 표시된 것)의 값이 전 스캔에서 Off였던 것이 현재 스캔에서 On으로 되고, 왼쪽 연결선 상태가 On되어 있는 경우에 한해서 오른쪽의 연결선 상태는 현재

정적 접점			
No	기호	이름	설명
			스캔 동안에 On이 된다.
4	*** ┤N├	음 변환 검출 접점 (Negative Transition− Sensing Contact)	BOOL 변수('***'로 표시된 것)의 값이 전 스캔에서 On이었던 것이 현재 스캔에서 Off 되고 왼쪽 연결선 상태가 On되어 있는 경우 에 한해서 오른쪽의 연결선 상태는 현재 스 캔 동안에 On이 된다.

그림 10.3 접점

10.1.3 코일

코일은 왼쪽의 연결선 상태 또는 상태 변환에 대한 처리결과를 연관된 BOOL 변수에 저장시킨다. 표준 코일기호는 다음 그림 10.4와 같으며, 코일은 LD의 가장 오른쪽에만 올 수 있다.

임시 코일(Momentary Coils)			
No	기호	이름	설명
1	*** ─( )─	코일(Coil)	왼쪽에 있는 연결선의 상태를 관련된 BOOL 변수('***'로 표시된 것)에 넣는다.
2	*** ─(/)─	역 코일(Negated Coil)	왼쪽에 있는 연결선 상태의 역(Negated)값을 관련된 BOOL 변수('***'로 표시된 것)에 넣 는다. 즉, 왼쪽 연결선 상태가 Off이면 관련 된 변수를 On시키고, 왼쪽 연결선 상태가 On이면 관련된 변수를 Off시킨다.

래치 코일(Latched Coils)			
No	기호	이름	설명
3	*** ─(S)─	Set(Latch) Coil	왼쪽의 연결선 상태가 On이 되었을 때에는 관련된 BOOL 변수('***'로 표시된 것)는 On이 되고 Reset 코일에 의해 Off되기 전까 지는 On되어 있는 상태로 유지된다.
4	*** ─(R)─	Reset(Unlatch) Coil	왼쪽의 연결선 상태가 On이 되었을 때에는 관련된 BOOL 변수('***'로 표시된 것)는 Off되고 Set 코일에 의해 On되기 전까지는 Off되어 있는 상태로 유지된다.

상태 변환 검출 코일(Transition-Sensing Coils)			
No	기호	이름	설명
5	*** —(P)—	양 변환 검출 코일 (Positive Transition- Sensing Coil)	왼쪽의 연결선 상태가 바로 전 스캔에서 Off 였던 것이 현재 스캔에서 On이 되어 있는 경우에 관련된 BOOL 변수의 값은 현재 스캔 동안만 On이 된다.
6	*** —(N)—	음 변환 검출 코일 (Negative Transition- Sensing Coil)	왼쪽의 연결선 상태가 바로 전 스캔에서 On 이었던 것이 현재 스캔에서 Off되어 있는 경우에 관련된 BOOL 변수('***'로 표시된 것)의 값은 현재 스캔 동안만 On이 된다.

그림 10.4 코일

10.1.4 연산회로의 반전

입력접점의 상태를 연산하여 그 결과를 반전하고자 할 경우 사용되는 연산회로 반전기능을 갖는 연산자는 다음과 같다.

기호	이름	기능
※ sF9	NOT	현재까지 연산된 결과를 반전함. $(1 \Rightarrow 0)$, $(0 \Rightarrow 1)$

그림 10.5 반전 접점

10.1.5 기타 시퀀스 연산자(확장 명령어) ⌷sF7

연산자	이름	기능
BREAK	브레이크	FOR ~ NEXT를 회전 도중에서 탈출할 때 사용
CALL	서브루틴 콜	메인 프로그램 연산 도중 서브루틴 프로그램 호출
END	엔드	프로그램 연산 종료
FOR	포	FOR ~ NEXT를 N회 실행할 경우 반복문의 시작을 알림
NEXT	넥스트	FOR ~ NEXT 반복문의 끝을 알림
INIT_DONE	이닛던	초기화 태스크의 종료를 알려주는 플래그
JMP	점프(Jump)	지정된 LABLE 위치로 연산 이동
SBRT	서브루틴	콜에 의해 실행될 프로그램 위치
RET	리턴(Return)	서브루틴 연산 완료 후 메인 프로그램으로 복귀

그림 10.6 기타 시퀀스 연산자

10.1.6 시퀀스 연산자 기호

XG5000에서 사용되는 입력접점 또는 출력접점의 아이콘 표시는 다음과 같다. 표시 하단에 있는 F3, F4 등의 표시는 펑션키를 의미한다.

① 입력접점 표시용 아이콘 : ┤├ ┤/├ ┤P├ ┤N├
   F3 F4 sF1 sF2

② 논리합용 입력접점 표시용 아이콘 : ┤├ ┤/├ ┤P├ ┤N├
   c3 c4 c5 c6

③ 출력접점 표시용 아이콘 : ─( )─ ─(/)─ ─(S)─ ─(R)─ ─(P)─ ─(N)─
   F9 F11 sF3 sF4 sF5 sF6

④ 확장 명령어 표시용 아이콘 : ▭
   sF7

⑤ 연결선 표시용 아이콘 : ── │ ─→
   F5 F6 sF8

10.1.7 펑션 또는 펑션블록 입력용 연산자 기호({F} F10)

XG5000에서는 펑션과 펑션블록이 도구모음에서 하나의 펑션키로 사용되며, 펑션키를 선택한 후에 펑션과 펑션블록으로 구분하여 입력한다(그림 10.7 참조).

그림 10.7 펑션과 펑션블록의 구분

10.2 │ 입력접점 및 출력코일 프로그램

10.2.1 직접변수 프로그램

직접변수를 사용하여 램프의 On/Off제어 프로그램을 작성한 예이다.

(1) 직접변수를 사용한 램프제어 프로그램

직접변수를 사용하면 변수선언이 필요치 않으므로 로컬변수 목록에 포함되지 않는다.

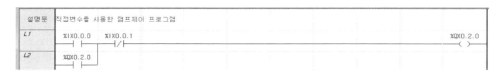

그림 10.8 직접변수를 사용한 프로그램

(2) 직접변수를 사용하고 설명문을 표시한 램프제어 프로그램

직접변수를 사용하는 경우 설명문(코멘트)을 표시할 수 있다.

그림 10.9 직접변수(설명문 붙임)를 사용한 프로그램

10.2.2 네임드 변수 프로그램

네임드 변수(Named Variable)를 사용하여 프로그램을 작성한 예이다.

(1) 네임드 변수를 사용한 램프제어 프로그램

그림 10.10 네임드 변수를 사용한 프로그램

	변수 종류	변수	타입	메모리 할당	초기값	리테인	사용 유무	설명문
1	VAR	기동	BOOL	%IX0.0.0		☐	☑	푸시버튼스위치1
2	VAR	램프	BOOL	%QX0.2.0		☐	☑	실내램프
3	VAR	정지	BOOL	%IX0.0.1		☐	☑	푸시버튼스위치2

변수명을 지정하고 메모리 할당을 사용자정의로 한 경우
사용자정의 메모리할당은 직접변수 선언방법과 동일한 방법으로 표현

그림 10.11 로컬변수 목록

(2) 네임드 변수를 사용하고 설명문을 표시한 램프제어 프로그램

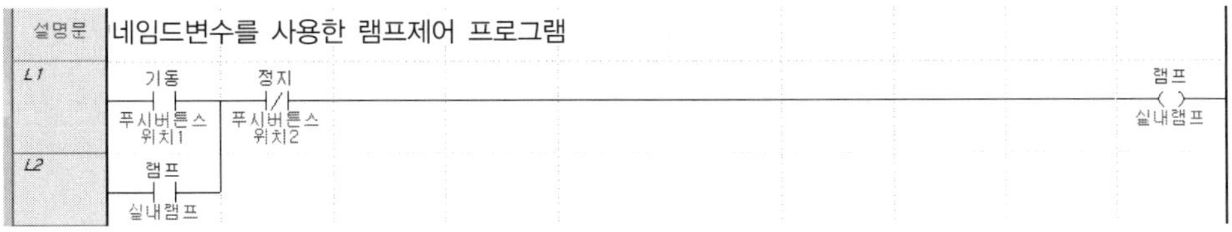

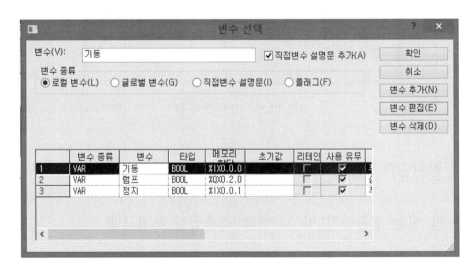

그림 10.12 네임드 변수(설명문 붙임)를 사용한 프로그램

	변수 종류	변수	타입	메모리 할당	초기값	리테인	사용 유무	설명문
1	VAR	기동	BOOL	%IX0.0.0		☐	☑	푸시버튼스위치1
2	VAR	램프	BOOL	%QX0.2.0		☐	☑	실내램프
3	VAR	정지	BOOL	%IX0.0.1		☐	☑	푸시버튼스위치2

네임드 변수명을 사용하고 설명문을 사용한 경우
변수의 설명문란에 커서를 이동하여 설명문을 입력한다.

그림 10.13 로컬변수 목록

(3) 변수 추가, 변수 편집을 하는 경우

* 프로그램의 임의의 변수를 클릭하면 "변수 선택" 창이 나타난다.

그림 10.14 변수 선택 창

* 변수 추가 또는 변수 편집 버튼을 클릭하여 변수를 추가(그림 10.15) 또는 편집(그림 10.16)할 수 있다.

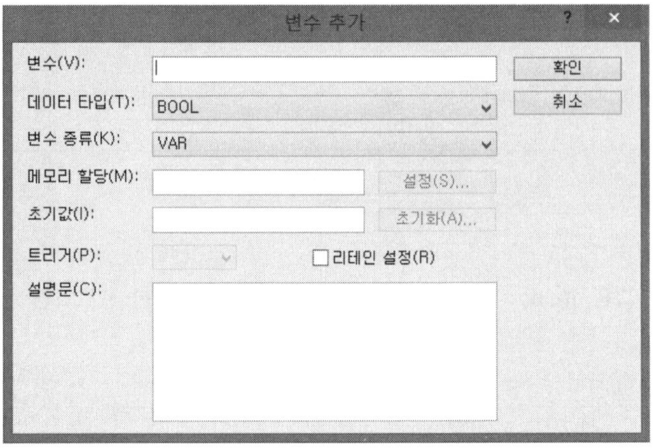

그림 10.15 변수 추가 창

그림 10.16 변수 편집 창

10.3 | 변환검출 접점, 코일 프로그램

10.3.1 양 변환 검출접점 및 음 변환 검출접점 프로그램

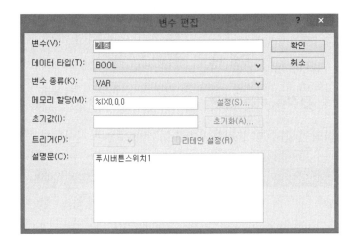

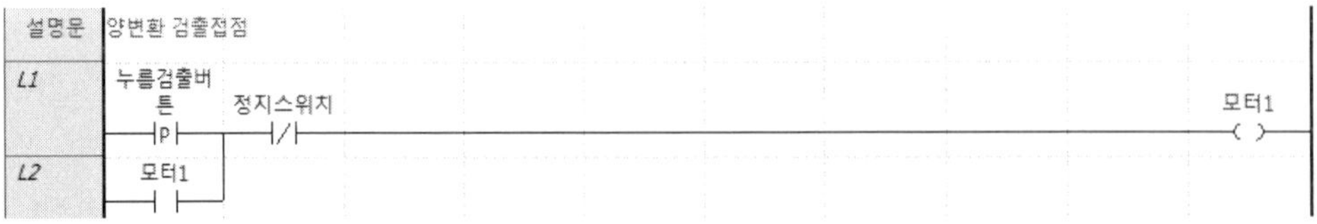

그림 10.17 양 변환 검출접점 프로그램

- 작동설명(그림 10.17)

① 누름검출버튼이 0에서 1로 변하는 순간을 검출하여 오른쪽 연결선이 해당 스캔에서 다음 1스캔 동안 연결된다. 이때 모터1이 작동하고 자기유지된다.
② 누름검출버튼에 병렬 접속된 모터1을 자기유지 회로라 한다.
③ 작동하는 모터1은 정지스위치에 의해 정지된다.

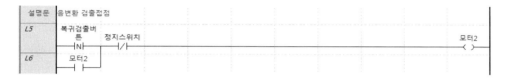

그림 10.18 음 변환 검출접점 프로그램

- 작동설명(그림 10.18)

복귀검출접점이 1에서 0으로 변하는 순간을 검출하여 오른쪽 연결선이 해당 스캔에서 다음 스캔 동안 연결된다. 이때 모터2가 작동하고 자기유지된다.

10.3.2 양 변환 검출코일 및 음 변환 검출코일 프로그램

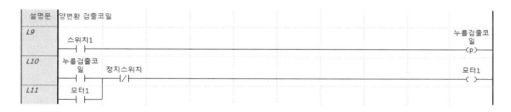

그림 10.19 양 변환 검출코일 프로그램

- 작동설명(그림 10.19)

스위치1을 누르는 순간(접점상태가 0(Off)에서 1(On)로 변환) 모터1이 기동되고 자기유지되며, 정지스위치에 의해 정지된다.

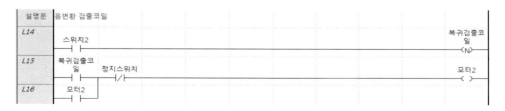

그림 10.20 음 변환 검출코일 프로그램

• 작동설명(그림 10.20)

스위치2를 눌렀다가 떼는 순간(접점상태가 1(On)에서 0(Off)으로 변환) 모터2가 기동되고 정지스위치에 의해 정지된다.

그림 10.17~그림 10.20에서의 입·출력 변수목록은 다음 그림 10.21과 같다.

	변수 종류	변수	타입	메모리 할당	초기값	리테인	사용 유무	설명문
1	VAR	누름검출버튼	BOOL	%IX0.0.0		☐	☑	
2	VAR	누름검출코일	BOOL			☐	☑	
3	VAR	모터1	BOOL	%QX0.2.0		☐	☑	
4	VAR	모터2	BOOL	%QX0.2.1		☐	☑	
5	VAR	복귀검출버튼	BOOL	%IX0.0.1		☐	☑	
6	VAR	복귀검출코일	BOOL			☐	☑	
7	VAR	스위치1	BOOL	%IX0.0.2		☐	☑	
8	VAR	스위치2	BOOL	%IX0.0.3		☐	☑	
9	VAR	정지스위치	BOOL	%IX0.0.8		☐	☑	
10						☐	☐	

그림 10.21 변수목록(그림 10.17~그림 10.20 참조)

검출접점과 검출코일의 사용 가능 영역은 다음과 같다.

구분	사용 가능 영역
검출접점	%I, %Q, %M
검출코일	%Q, %M

🔰 예제 10.1··· 다이내믹 플립플롭

• 제어조건

스위치를 한번 Off→On하면 램프가 On되고 다시 Off→On하면 램프가 Off된다.

• 타임차트

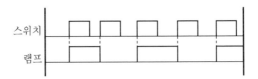

• 입·출력 변수목록

	변수 종류	변수	타입	메모리 할당	초기값	리테인	사용 유무	설명문
1	VAR	램프	BOOL	%QX0.2.0		☐	☐	LED
2	VAR	스위치	BOOL	%IX0.0.0		☐	☐	신호입력
3	VAR	펄스	BOOL			☐	☐	펄스
4						☐	☐	

• 프로그램

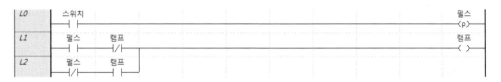

그림 10.22 플립플롭 프로그램

🔷 예제 10.2… 모터의 기동 수 제어

• 제어조건

푸시버튼 PB0을 터치하면 모터1이 On, 두 번째 터치하면 모터2가 On, 세 번째 터치하면 모터3이 On되어 모든 모터가 On상태가 된다. 푸시버튼 PB0을 또 터치하거나 푸시버튼 PB1을 터치하면 모든 모터가 정지한다.

• 시스템도

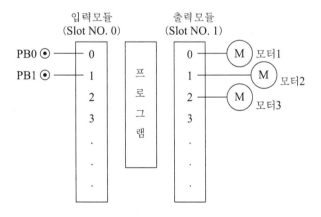

그림 10.23 예제 10.2 시스템도

• 타임차트

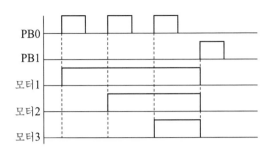

그림 10.24 예제 10.2 타임차트

• 입·출력 변수목록

	변수 종류	변수	타입	메모리 할당	초기값	리테인	사용 유무	설명문
1	VAR	PB0	BOOL	%IX0.0.0		□	□	
2	VAR	PB1	BOOL	%IX0.0.1		□	□	
3	VAR	모터1	BOOL	%QX0.2.0		□	□	
4	VAR	모터2	BOOL	%QX0.2.1		□	□	
5	VAR	모터3	BOOL	%QX0.2.2		□	□	
6	VAR	정지	BOOL			□	□	
7	VAR	펄스	BOOL			□	□	
8						□	□	

• 프로그램

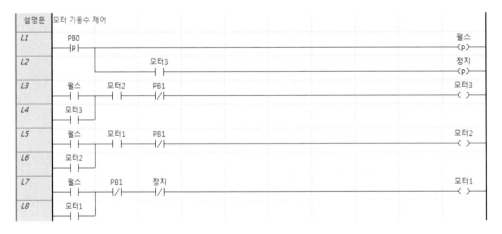

그림 10.25 모터의 기동수 제어 프로그램

10.3.3 셋 코일 및 리셋 코일 프로그램

(1) 셋 코일(Set Coil)

입력조건이 On되면 지정된 비트영역이 On된다. 지정된 비트영역이 On된 후 입력조건이 Off되어도 지정된 비트영역은 On상태를 유지한다.

셋 코일은 자기유지 기능을 갖고 있으므로 코일 출력이 Set되고 나면 "차단" 입력이 들어 올 때까지 Set되어 있는 상태를 유지한다.

(2) 리셋 코일(Reset Coil)

리셋 코일의 입력조건이 On되었을 때, 리셋 코일로 지정된 비트영역이 On상태이면 Off상태로 만든다. 리셋 코일의 입력조건이 On되었을 때, 리셋 코일로 지정된 비트영역이 Off상태이면 아무 변화도 일어나지 않는다.

그림 10.26은 셋 코일과 리셋 코일의 프로그램 형태이다.

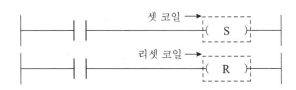

그림 10.26 셋 코일과 리셋 코일

셋 코일과 리셋 코일의 사용가능 영역은 다음과 같다.

구분	사용 가능 영역
셋 코일	%Q, %M
리셋 코일	%Q, %M

🔷 예제 10.3··· 자기유지회로의 프로그래밍

푸시버튼 스위치에 의한 입력조건을 받아 출력코일을 On시킨 후 푸시버튼에서 손을 떼어도 계속 출력을 On으로 유지시키는 방법과 Set/Reset 코일을 이용한 자기유지회로를 프로그램으로 구성한다.

- 입·출력 변수목록

	변수 종류	변수	타입	메모리 할당	초기값	리테인	사용 유무	설명문
1	VAR	래치	BOOL			☑	☐	
2	VAR	램프	BOOL	%QX0.2.0		☐	☐	
3	VAR	차단SW	BOOL	%IX0.0.1		☐	☐	
4	VAR	투입SW	BOOL	%IX0.0.0		☐	☐	
5						☐	☐	

- 프로그램

설명문	SET, RESET 프로그램		
L1	투입SW ─┤├─		램프 ─〈S〉─
L2			래치 ─〈S〉─
L3	차단SW ─┤├─		램프 ─〈R〉─
L4			래치 ─〈R〉─

그림 10.27   Set, Reset 프로그램

- 작동설명

투입SW를 On하면 램프와 래치가 On되며, 투입SW를 Off시켜도 램프와 래치가 On상태를 유지한다. 차단SW를 On하면 램프와 래치가 Off된다. 그러나 차단SW를 On하지 않은 상태에서 전원이 Off되면 램프는 Off되지만 래치(retain설정)는 On상태를 유지한다.

그림 10.28   웜 리스타트 모드

정전 후 복전 시 변수설정에서 리테인 여부에 따라 동작이 달라진다. 그림 10.28의 "기본 파라미터 설정" 창에서 리스타트(Restart) 모드가 웜(Warm) 리스타트로 설정되고 리테인(Retain)으로 설정된 변수 "래치(Latch)"는 정전 후(PLC전원 Off) 복전(PLC전원 On)시에도 정전 이전의 상태를 그대로 유지한다.

10.3.4 반전접점

반전접점은 현재까지 연산된 결과를 반전시킨다.

• **입·출력 변수목록**

	변수 종류	변수	타입	메모리 할당	초기값	리테인	사용 유무	설명문
1	VAR	램프1	BOOL	%QX0.2.0		□	☑	
2	VAR	램프2	BOOL	%QX0.2.1		□	☑	
3	VAR	스위치	BOOL	%IX0.0.0		□	☑	
4						□	□	

• **프로그램**

그림 10.29 반전접점 프로그램

• **작동설명**

스위치를 On하면 램프1이 On되고, 램프2는 Off상태이다. 스위치를 Off하면 램프1은 Off되고 램프2는 On된다.

10.4 | 펑션(Function) 프로그램

XGI 시리즈 PLC에서 사용되는 언어 구성체는 크게 펑션과 펑션블록으로 구분된다.

펑션은 입력에 대한 연산결과를 1스캔에 즉시 출력하여 그 결과를 내며, 펑션블록은 여러 스캔에 걸쳐 누계된 연산결과를 출력하므로, 연산 중 누계되는 데이터를 보관하기 위한 내부 메모리가 필요하다. 그러므로 펑션블록은 사용하기 전에 인스턴스 변수(임시명)를 선언해야 한다. 인스턴스 변수는 펑션블록 내에서 사용하는 변수들의 집합을 의미한다.

펑션은 출력이 하나이지만, 펑션블록은 출력이 여러 개가 될 수 있다. 펑션과 펑션블록의 차이점을 다음 표 10.1에 나타내었다.

표 10.1 펑션과 펑션블록의 차이점

구분	펑션	펑션블록
입력의 수	1개 이상(최대 8개)	2개 이상(예외: F.TRIG, R.TRIG, FF)
출력의 수	1개	1개 이상
연산 시간	1스캔에 결과 출력	여러 스캔의 누계 결과 출력
데이터	입·출력 데이터를 모두 지정	입력데이터는 지정하고, 출력데이터는 생략 가능함
데이터 타입	입력변수와 출력변수의 데이터 타입이 동일	변수의 기능에 따라 다양한 데이터 타입
예	전송펑션, 형변환 펑션, 비교펑션, 산술 연산 펑션 등	타이머, 카운터, 응용 펑션블록, 특수모듈 초기화 펑션블록 등

10.4.1 기본 펑션의 종류

기본 펑션에는 전송펑션, 형변환 펑션, 비교펑션, 산술 연산 펑션, 논리 연산 펑션, 비트 시프트 펑션 등이 있다.

(1) 전송펑션

데이터를 전송하는 펑션으로서 표 10.2에 기능을 나타내었다.

표 10.2 전송펑션

펑션 이름	기능
MOVE	데이터 전송(IN → OUT)
ARY_MOVE	배열 변수 부분 전송

(2) 형변환 펑션

표 10.3은 형변환 펑션의 종류를 나타낸다.

표 **10.3** 형변환 펑션

펑션 그룹	펑션 이름	입력 데이터 타입	출력 데이터 타입	비고
BCD_TO_***	BYTE_BCD_TO_SINT 등 8종	BYTE(BCD)	SINT	−
SINT_TO_***	SINT_TO_INT 등 15종	SINT	INT	−
INT_TO_***	INT_TO_SINT 등 15종	INT	SINT	−
DINT_TO_***	DINT_TO_SINT 등 10종	DINT	SINT	−
DINT_TO_***	DINT_TO_DWORD 등 5종	DINT	DWORD	−
LINT_TO_***	LINT_TO_SINT 등 15종	LINT	SINT	−
USINT_TO_***	USINT_TO_SINT 등 15종	USINT	SINT	−
UINT_TO_***	UINT_TO_SINT 등 11종	UINT	SINT	−
UINT_TO_***	UINT_TO_LWORD 등 5종	UINT	LWORD	−
UDINT_TO_***	UDINT_TO_SINT 등 17종	UDINT	SINT	−
ULINT_TO_***	ULINT_TO_SINT 등 15종	ULINT	SINT	−
BOOL_TO_***	BOOL_TO_SINT 등 9종	BOOL	SINT	−
BOOL_TO_***	BOOL_TO_WORD 등 4종	BOOL	WORD	−
BYTE_TO_***	BYTE_TO_SINT 등 13종	BYTE	SINT	−
WORD_TO_***	WORD_TO_SINT 등 14종	WORD	SINT	−
DWORD_TO_***	DWORD_TO_SINT 등 16종	DWORD	SINT	−
LWORD_TO_***	LWORD_TO_SINT 등 15종	LWORD	SINT	−
STRING_TO_***	STRING_TO_SINT 등 19종	STRING	SINT	−
TIME_TO_***	TIME_TO_UDINT 등 3종	TIME	UDINT	−
DATE_TO_***	DATE_TO_UINT 등 3종	DATE	UINT	−
TOD_TO_***	TOD_TO_UDINT 등 3종	TOD	UDINT	−
DT_TO_***	DT_TO_LWORD 등 4종	DT	LWORD	−
***_TO_BCD	SINT_TO_BCD_BYTE 등 8종	SINT	BYTE(BCD)	−

(3) 비교펑션

비교 결과가 참(True)이면 OUT으로 1이 출력된다. 표 10.4에 **비교펑션**과 그 기능을 나타내었다.

표 10.4 비교펑션

NO	펑션 이름	기능(단, n은 8까지 가능함)
1	GT	'크다' 비교 OUT ← (IN1>IN2) & (IN2>IN3) & ... & (INn−1 > INn)
2	GE	'크거나 같다' 비교 OUT ← (IN1>=IN2) & (IN2>=IN3) & ... & (INn−1 >= INn)
3	EQ	'같다' 비교 OUT ← (IN1=IN2) & (IN2=IN3) & ... & (INn−1 = INn)
4	LE	'작거나 같다' 비교 OUT ← (IN1<=IN2) & (IN2<=IN3) & ... & (INn−1 <= INn)
5	LT	'작다' 비교 OUT ← (IN1<IN2) & (IN2<IN3) & ... & (INn−1 < INn)
6	NE	'같지 않다' 비교 OUT ← (IN1<>IN2) & (IN2<>IN3) & ... & (INn−1 <> INn)

(4) 산술연산 펑션

산술연산 펑션 중 일반적인 것은 사칙연산(덧셈, 뺄셈, 곱셈, 나눗셈, 나머지) 펑션이다. 표 10.5에 산술연산 펑션과 그 기능을 나타내었다.

표 10.5 산술연산 펑션

NO	펑션 이름	기능
1	ADD	더하기(OUT ← IN1 + IN2 + ... + INn) (단, n은 8까지 가능함)
2	MUL	곱하기OUT ← IN1 * IN2 * ... * INn) (단, n은 8까지 가능함)
3	SUB	빼기(OUT ← IN1 − IN2)
4	DIV	나누기(OUT ← IN1 / IN2)
5	MOD	나머지 구하기(OUT ← IN1 Modulo IN2)
6	EXPT	지수 연산(OUT ← $IN1^{IN2}$)

(5) 논리연산 펑션

표 10.6에 **논리연산 펑션**과 그 기능을 나타내었다.

표 10.6 논리연산 펑션

NO	펑션 이름	기능(단, n은 8까지 가능)
1	AND	논리곱(OUT ← IN1 AND IN2 AND ... AND INn)
2	OR	논리합(OUT ← IN1 OR IN2 OR ... OR INn)
3	XOR	배타적 논리합(OUT ← IN1 XOR IN2 XOR ... XOR INn)
4	NOT	논리반전(OUT ← NOT IN1)
5	XNR	배타적 논리곱(OUT ← IN1 XNR IN2 XNR ... XNR INn)

(6) 비트시프트 펑션

표 10.7 비트시프트 펑션

NO	펑션 이름	기능
1	SHL	입력을 N비트 왼쪽으로 이동(오른쪽은 0으로 채움)
2	SHR	입력을 N비트 오른쪽으로 이동(왼쪽은 0으로 채움)
3	SHIFT_C_***	입력을 N비트만큼 지정된 방향으로 이동(Carry 발생)
4	ROL	입력을 N비트 왼쪽으로 회전
5	ROR	입력을 N비트 오른쪽으로 회전
6	ROTATE_C_***	입력을 N비트만큼 지정된 방향으로 회전(Carry 발생)

10.4.2 기본 펑션 프로그램 작성

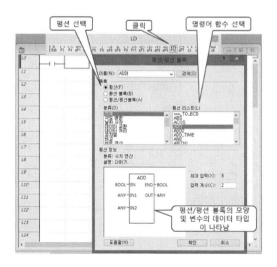

그림 **10.30** 펑션/펑션블록의 작성

- XG5000에서 펑션을 편집하는 방법은 그림 10.30과 같이 도구바에서 펑션(F10)을 선택하여 프로그램 창에서 편집하고자 하는 위치에 클릭하면 펑션/펑션블록 창이 나타난다. 그 창에서 사용할 펑션의 이름을 입력하고 확인을 클릭하면 프로그램 창에 펑션이 생성된다.
- 펑션이 생성되면 시퀀스 연산자를 이용하여 입력변수 및 출력변수를 설정하여 프로그램을 작성한다(그림 10.31 참조).

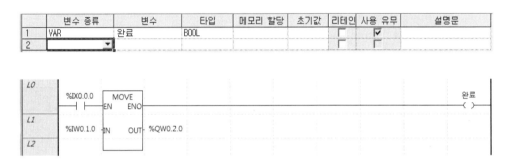

그림 10.31 펑션을 사용한 프로그램

10.4.3 전송펑션

(1) MOVE : 데이터 복사

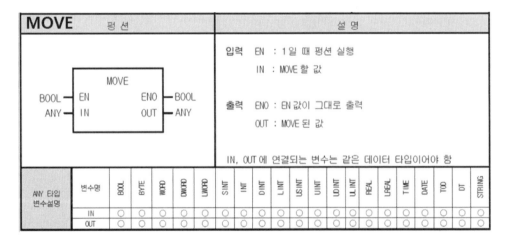

- 기능

EN이 On되면 IN으로 입력되는 데이터를 OUT으로 전송한다.

• 프로그램 예 1

입력 %IX0.0.0~%IX0.0.7 의 8점의 입력상태를 변수 D로 전송한 후, 전송된 데이터를 출력 %QX0.2.0~%QX0.2.7 의 8점으로 출력시키는 프로그램.

	변수 종류	변수	타입	메모리 할당	초기값	리테인	사용 유무	설명문
1	VAR	D	BYTE			☐	☑	
2	VAR	완료	BOOL			☐	☐	
3						☐	☐	

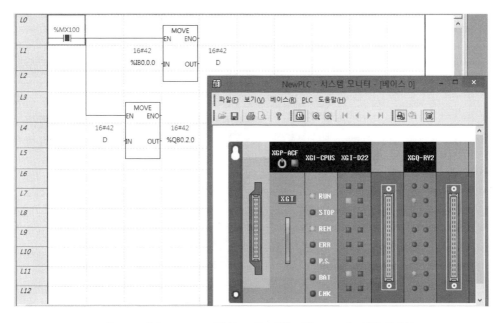

그림 10.32 MOVE 펑션의 프로그램 예 1

• 시뮬레이션

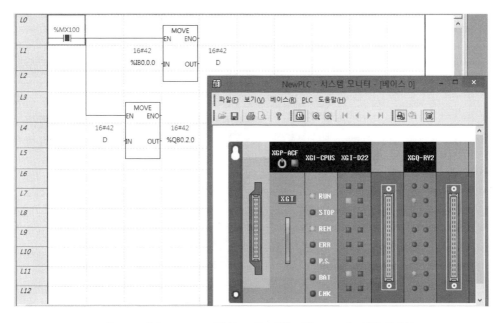

그림 10.32(s) MOVE 펑션 프로그램(그림 10.32) 시뮬레이션

- 프로그램 예 2

%IW0.1.0에 주어지는 데이터를 스위치1에 의해서는 data1(%QW0.2.0)에 전송하고, 스위치2에 의해서는 data2(%QW0.3.0)에 전송하는 프로그램.

	변수 종류	변수	타입	메모리 할당	초기값	리테인	사용 유무	설명문
1	VAR	data1	WORD	%QW0.2.0		☐	☑	
2	VAR	data2	WORD	%QW0.3.0		☐	☑	
3	VAR	스위치1	BOOL	%IX0.0.0		☐	☑	
4	VAR	스위치2	BOOL	%IX0.0.1		☐	☑	
5						☐	☐	

그림 10.33   MOVE 펑션의 프로그램 예 2

- 시뮬레이션

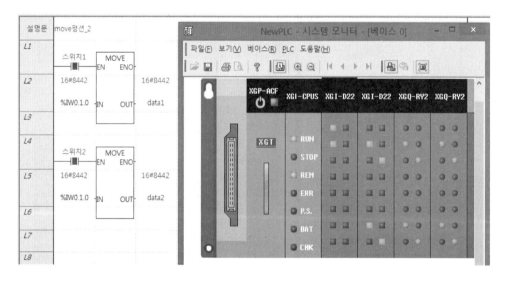

그림 10.33(s)   MOVE 펑션 프로그램(그림 10.33) 시뮬레이션

(2) BMOV : 비트 스트링의 일부분을 복사, 이동

BMOV	펑 션	설 명

BMOV 펑션 다이어그램:

```
              BMOV
BOOL ─── EN        ENO ─── BOOL
*ANY_BIT ─ IN1      OUT ─── *ANY_BIT
*ANY_BIT ─ IN2
     INT ─ IN1_P
     INT ─ IN2_P
     INT ─ N
```

설명:

입력
- EN : 1일 때 펑션 실행
- IN1 : 조합할 비트 데이터를 가진 스트링 데이터
- IN2 : 조합할 비트 데이터를 가진 스트링 데이터
- IN1_P : IN1 지정 데이터상의 시작 비트 위치
- IN2_P : IN2 지정 데이터상의 시작 비트 위치
- N : 조합할 비트의 수

출력
- ENO : 에러 없이 실행되면 1을 출력
- OUT : 조합된 비트 스트링 데이터 출력

ANY 타입 변수설명	변수명	BOOL	BYTE	WORD	DWORD	LWORD	SINT	INT	DINT	LINT	USINT	UINT	UDINT	ULINT	REAL	LREAL	TIME	DATE	TOD	DT	STRING
	IN1		○	○	○	○															
	IN2		○	○	○	○															
	OUT		○	○	○	○															

[주] ANY_BIT : ANY_BIT 타입 중 BOOL 제외

- **기능**

❶ EN이 1이 되면 IN1의 비트 스트링 중 IN1_P로 지정된 비트위치부터 큰 방향으로 N 개의 비트를 취하여, IN2의 비트 스트링에서 IN2_P로 지정된 비트위치부터 큰 방향 으로 대치한 후 OUT으로 출력한다.

❷ IN1=1111_0000_1111_0000, IN2=0000_1010_1010_1111이고 IN1_P=4, IN2_P=8, N=4이면, 출력되는 데이터는 OUT=0000_1111_1010_1111이 된다. 입력에는 B (BYTE), W(WORD), D(DWORD), L(LWORD) 타입의 데이터가 접속 가능하다.

- 프로그램 예

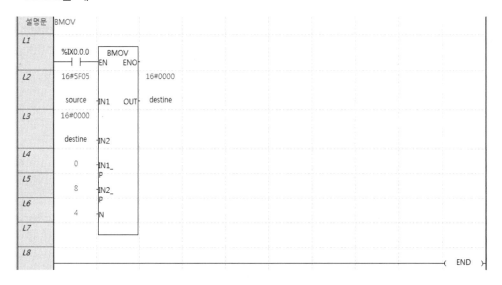

그림 10.34   BMOV 펑션 프로그램

- 시뮬레이션

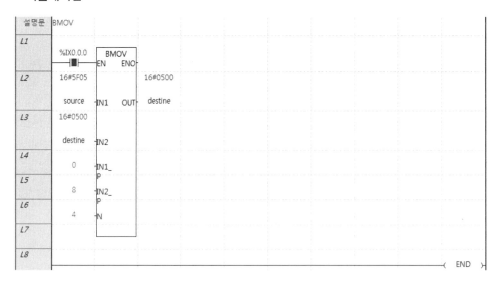

그림 10.34(s)   BMOV 펑션 프로그램(그림 10.34) 시뮬레이션

10.4.4 형변환 펑션

(1) BCD_TO_*** : BCD 타입을 ***로 변환

BCD_TO_*** 펑션	설 명

BCD_TO_***
BOOL — EN   ENO — BOOL
*ANY_BIT — IN   OUT — ANY_INT
	입력 EN : 1일 때 펑션 실행
	      IN : BCD 형태의 데이터를 갖고 있는 ANY 타입입력
	
	출력 ENO : EN 값이 그대로 출력
	      OUT : 타입 변환된 데이터

ANY 타입 변수설명	변수명	BOOL	BYTE	WORD	DWORD	LWORD	SINT	INT	DINT	LINT	USINT	UINT	UDINT	ULINT	REAL	LREAL	TIME	DATE	TOD	DT	STRING
	IN		○	○	○	○															
	OUT						○	○	○	○	○	○	○	○							

[주] ANY_BIT : ANY_BIT 중 BOOL타입 제외

• 기능

BCD코드의 입력 데이터를 바이너리 코드(정수)로 바꾸어 OUT으로 설정된 변수에 저장한다.

[주] BCD코드란 A~F까지 사용할 수 없는 16진수를 말한다. 따라서 입력 변수에 16#1A, 16#AF 등은 사용할 수 없다. 입력변수가 BCD형이 아닌 경우 출력은 0이 되고, _ERR(연산 에러 플래그), _LER(연산 에러 래치 플래그)가 On된다.

표 10.8 BCD_TO_***펑션의 입·출력 타입

펑션	입력 타입	출력 타입	동작 설명
BYTE_BCD_TO_SINT	BYTE	SINT	
WORD_BCD_TO_INT	WORD	INT	
DWORD_BCD_TO_DINT	DWORD	DINT	BCD를 출력 데이터 타입으로 변환한다.
LWORD_BCD_TO_LINT	LWORD	LINT	입력이 BCD값일 경우에만 정상 변환된다.
BYTE_BCD_TO_USINT	BYTE	USINT	(입력 데이터 타입이 WORD일 경우 0~
WORD_BCD_TO_UINT	WORD	UINT	16#9999 값만 정상 변환된다.)
DWORD_BCD_TO_UDINT	DWORD	UDINT	
LWORD_BCD_TO_ULINT	LWORD	ULINT	

- 프로그램 예 1

디지털 스위치(%IW0.0.1)를 사용하여 BCD값을 입력하고, 스위치(%IX0.0.0)를 On하여
정수로 변환시키고 정수 값에 저장한다. 만일 입력의 데이터가 BCD형이 아닌 경우, 에러
램프가 On된다.

	변수 종류	변수	타입	메모리 할당	초기값	리테인	사용 유무	설명문
1	VAR	디지털스위치	WORD	%IW0.0.1		☐	☐	
2	VAR	에러	BOOL	%QX0.2.0		☐	☐	연산에러램프
3	VAR	정수값	INT			☐	☐	
4						☐	☐	

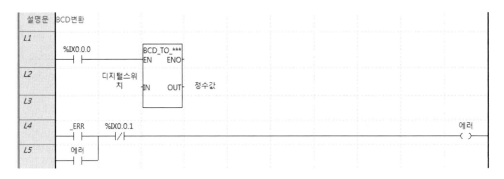

그림 10.35 BCD_TO_*** 펑션의 프로그램 예 1

- 시뮬레이션

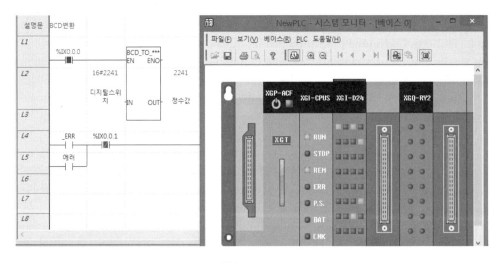

그림 10.35(s) BCD_TO_*** 펑션의 프로그램 예 1 시뮬레이션

• 프로그램 예 2

%IW0.1.0(입력 값)을 사용하여 BCD값 16#6142를 입력하고 스위치를 On하면 BCD값
이 정수로 변환되어 정수 값에 출력된다.

	변수 종류	변수	타입	메모리 할당	초기값	리테인	사용 유무	설명문
1	VAR	스위치	BOOL	%IX0.0.0		☐	☐	
2	VAR	입력값	WORD	%IW0.1.0		☐	☐	
3	VAR	BCD값	WORD			☐	☐	
4	VAR	정수값	INT			☐	☐	
5						☐	☐	

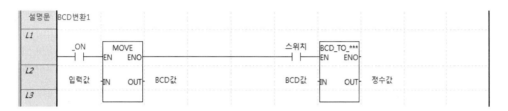

그림 10.36 BCD_TO_*** 펑션의 프로그램 예 2

• 시뮬레이션

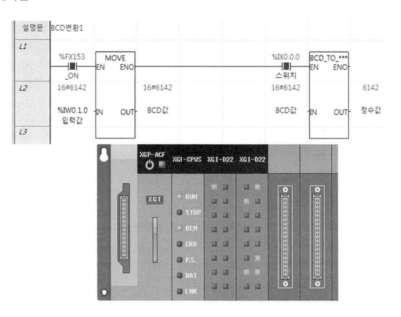

그림 10.36(s) BCD_TO_*** 펑션의 프로그램 예 2 시뮬레이션

(2) INT_TO_*** : INT 타입을 ***로 변환

INT_TO_*** 펑션	설 명
INT_TO_*** BOOL — EN ENO — BOOL INT — IN OUT — *ANY	입력 EN : 1일 때 펑션 실행 IN : 타입 변환할 Integer 값 출력 ENO : 에러 없이 실행되면 1을 출력 OUT : 타입 변환된 데이터

ANY 타입 변수설명	변수명	BOOL	BYTE	WORD	DWORD	LWORD	SINT	INT	DINT	LINT	USINT	UINT	UDINT	ULINT	REAL	LREAL	TIME	DATE	TOD	DT	STRING
	OUT	○	○	○	○	○	○		○	○	○	○	○	○							○

[주] ANY : ANY 타입 중 INT, TIME, DATE, TOD, DT 제외

• 기능

정수형의 입력 데이터를 형 변환(예로 BCD코드로)하여 OUT으로 설정된 변수에 저장한다.

표 **10.9** INT_TO_*** 펑션의 입·출력 타입

펑션	출력타입	동작 설명
INT_TO_SINT	SINT	입력이 −128~127일 경우 정상 변환되나, 그 외 값은 에러가 발생된다.
INT_TO_DINT	DINT	DINT 타입으로 정상 변환된다.
INT_TO_LINT	LINT	LINT 타입으로 정상 변환된다.
INT_TO_USINT	USINT	입력이 0~255일 경우 정상 변환되나, 그 외 값은 에러가 발생된다.
INT_TO_UINT	UINT	입력이 0~32767일 경우 정상 변환되나, 그 외 값은 에러가 발생된다.
INT_TO_UDINT	UDINT	입력이 0~32767일 경우 정상 변환되나, 그 외 값은 에러가 발생된다.
INT_TO_ULINT	ULINT	입력이 0~32767일 경우 정상 변환되나, 그 외 값은 에러가 발생된다.
INT_TO_BOOL	BOOL	하위 1비트를 취해 BOOL 타입으로 변환된다.
INT_TO_BYTE	BYTE	하위 8비트를 취해 BYTE 타입으로 변환된다.
INT_TO_WORD	WORD	내부 비트 배열의 변화 없이 WORD 타입으로 변환된다.
INT_TO_DWORD	DWORD	상위 비트들을 0으로 채운 DWORD 타입으로 변환된다.
INT_TO_LWORD	LWORD	상위 비트들을 0으로 채운 LWORD 타입으로 변환된다.
INT_TO_REAL	REAL	INT를 REAL 타입으로 정상 변환된다.
INT_TO_LREAL	LREAL	INT를 LREAL 타입으로 정상 변환된다.
INT_TO_STRING	STRING	INT를 STRING 타입으로 정상 변환된다.

- 프로그램 예

변수 강제입력 기능을 이용하여 정수 값에 0~9999 사이의 값을 입력하면 BCD 타입으로 변환하여 BCD표시기에 표시된다. 입력 값이 0~9999의 값이 아닌 경우 에러 램프가 On된다.

	변수 종류	변수	타입	메모리 할당	초기값	리테인	사용 유무	설명문
1	VAR	BCD표시기	WORD	%QW0.2.0		☐	☑	
2	VAR	스위치	BOOL	%IX0.0.0		☐	☑	
3	VAR	에러	BOOL	%QX0.1.0		☐	☑	
4	VAR	정수값	INT			☐	☑	변수 강제입력
5	VAR	정지스위치	BOOL	%IX0.0.1		☐	☑	
6						☐	☐	

그림 10.37　INT_TO_*** 펑션의 프로그램 예

- 시뮬레이션

프로그램을 작성하여 PLC로 전송한 후 런(Run)하고 모니터링을 실행한다. 펑션의 입력 변수 "정수 값"을 더블클릭하면 다음과 같은 "현재 값 변경" 창(그림 10.37(s1))이 나타나며, 현재 값 입력란에 0~9999 사이의 설정한 값(예 8975)을 입력하고 확인을 클릭한다. 시뮬레이션 결과는 그림 10.37(s2)에서 확인할 수 있다.

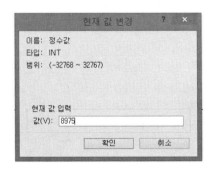

그림 10.37(s1)　현재 값 변경 창

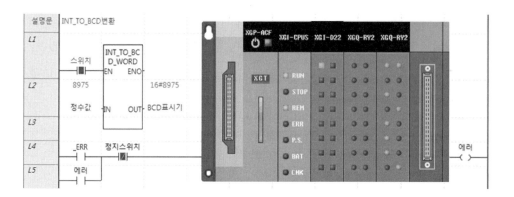

그림 10.37(s2)   INT타입 변환 프로그램 예 시뮬레이션

[주] 정수 값에 0∼9999의 범위를 벗어난 값을 입력한 경우는 그림 10.37(s3)과 같이 연산에러
가 발생한다.

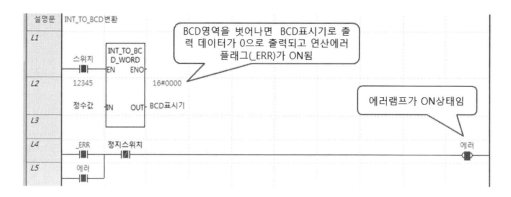

그림 10.37(s3)   연산에러가 발생한 경우의 모니터링

10.4.5 비교펑션

(1) GT : 크다.

GT	펑 선	설 명

입력 EN : 1일 때 펑션 실행
　　　　IN1 : 비교될 값
　　　　IN2 : 비교할 값
　　　　입력은 8개까지 확장 가능
　　　　IN1, IN2, ...는 모두 같은 타입이어야 함.

출력 ENO : EN 값이 그대로 출력
　　　　OUT : 비교 결과 값

GT 펑션 다이어그램:
BOOL — EN　　　ENO — BOOL
ANY — IN1　　　OUT — BOOL
ANY — IN2

ANY 타입 변수설명	변수명	BOOL	BYTE	WORD	DWORD	LWORD	SINT	INT	DINT	LINT	USINT	UINT	UDINT	ULINT	REAL	LREAL	TIME	DATE	TOD	DT	STRING
	IN1	○	○	○	○	○	○	○	○	○	○	○	○	○	○	○	○	○	○	○	○
	IN2	○	○	○	○	○	○	○	○	○	○	○	○	○	○	○	○	○	○	○	○

- 기능

입력 값의 결과 IN1>IN2>IN3...>INn(n은 입력개수, 8개까지 가능)이면 OUT으로 1이 출력된다. 그렇지 않은 경우에는 OUT으로 0이 출력된다.

- 프로그램 예

입력1, 입력2, 입력3의 입력을 받아 입력1>입력2>입력3의 조건을 만족하면 출력 램프가 On된다.

	변수 종류	변수	타입	메모리 할당	초기값	리테인	사용 유무	설명문
1	VAR	스위치	BOOL	%IX0.0.0		□	☑	
2	VAR	입력1	INT			□	☑	
3	VAR	입력2	INT			□	☑	
4	VAR	입력3	INT			□	☑	
5	VAR	출력	BOOL	%QX0.2.0		□	☑	
6						□	□	

설명문 | GT펑션

L1　스위치　　GT
　　─┤├──EN　ENO

L2　입력1 ─IN1　OUT─ 출력

L3　입력2 ─IN2

L4　입력3 ─IN3

L5

그림 10.38 GT 펑션 프로그램 예

- 시뮬레이션

그림 10.38(s1)과 같이 입력1>입력2>입력3의 조건을 만족하므로 OUT단자에 출력되며, 시스템 모니터에는 LED가 On된다. 그러나 그림 10.38(s2)와 같이 조건이 만족하지 못하면 출력이 Off된다.

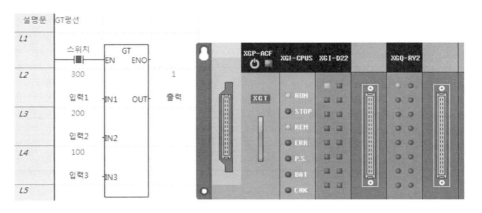

그림 10.38(s1) GT 펑션 프로그램 예 시뮬레이션 1

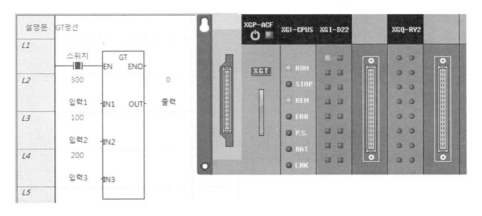

그림 10.38(s2) GT 펑션 프로그램 예 시뮬레이션 2

(2) GE : 크거나 같다.

GE	펑 션	설 명

BOOL — EN ENO — BOOL
ANY — IN1 OUT — BOOL
ANY — IN2
	GE	입력 EN : 1일 때 펑션 실행
		   IN1 : 비교할 값
		   IN2 : 비교할 값
		   입력은 8개까지 확장 가능
		   IN1, IN2,...는 모두 같은 타입이어야 함.
		
		출력 ENO : EN 값이 그대로 출력
		   OUT : 비교 결과값

ANY 타입 변수설명	변수명	BOOL	BYTE	WORD	DWORD	LWORD	SINT	INT	DINT	LINT	USINT	UINT	UDINT	ULINT	REAL	LREAL	TIME	DATE	TOD	DT	STRING
	IN1	○	○	○	○	○	○	○	○	○	○	○	○	○	○	○			○	○	○
	IN2	○	○	○	○	○	○	○	○	○	○	○	○	○	○	○			○	○	○

- 기능

❶ 입력 값의 비교결과 IN1≥IN2≥IN3...≥INn(n 은 입력개수, 8개까지 가능)이면 OUT 으로 1이 출력된다.

❷ 그렇지 않은 경우에는 OUT으로 0이 출력된다.

- 프로그램 예

입력1, 입력2, 입력3의 입력을 받아 입력1≥입력2≥입력3의 조건을 만족하면 출력 램프 가 On된다.

	변수 종류	변수	타입	메모리 할당	초기값	리테인	사용 유무	설명문
1	VAR	스위치	BOOL	%IX0.0.0		☐	☑	
2	VAR	입력1	INT			☐	☑	
3	VAR	입력2	INT			☐	☑	
4	VAR	입력3	INT			☐	☑	
5	VAR	출력	BOOL	%QX0.2.0		☐	☑	
6						☐	☐	

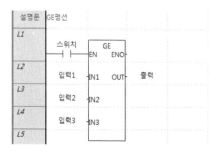

그림 10.39 GE 펑션 프로그램 예

- 시뮬레이션

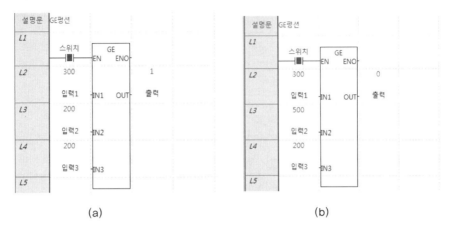

(a)   (b)

그림 10.39(s)   GE 펑션 프로그램 예 시뮬레이션

(3) EQ : 같다.

EQ	펑 선	설 명

입력   EN   : 1일 때 펑션 실행
        IN1   : 비교할 값
        IN2   : 비교할 값
        입력은 8개까지 확장 가능
        IN1, IN2, ...는 모두 같은 타입이어야 함.

출력   ENO   : EN 값이 그대로 출력
        OUT   : 비교 결과값

ANY 타입 변수설명	변수명	BOOL	BYTE	WORD	DWORD	LWORD	SINT	INT	DINT	LINT	USINT	UINT	UDINT	ULINT	REAL	LREAL	TIME	DATE	TOD	DT	STRING
	IN1	○	○	○	○	○	○	○	○	○	○	○	○	○	○	○	○	○	○	○	○
	IN2	○	○	○	○	○	○	○	○	○	○	○	○	○	○	○	○	○	○	○	○

- 기능

❶ 입력 값의 비교결과 IN1=IN2=IN3...=INn(n은 입력개수, 8개까지 가능)이면 OUT으로 1이 출력된다.

❷ 그렇지 않은 경우에는 OUT으로 0이 출력된다.

- 프로그램 예

3개의 입력이 동일할 때 램프가 On된다.

	변수 종류	변수	타입	메모리 할당	초기값	리테인	사용 유무	설명문
1	VAR	램프	BOOL	%QX0.2.0		☐	☑	
2	VAR	실행	BOOL	%IX0.0.0		☐	☑	
3	VAR	입력1	INT			☐	☑	
4	VAR	입력2	INT			☐	☑	
5	VAR	입력3	INT			☐	☑	
6						☐	☐	

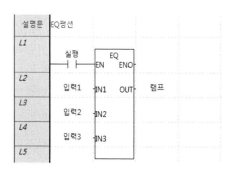

그림 10.40 EQ 펑션 프로그램 예

• 시뮬레이션

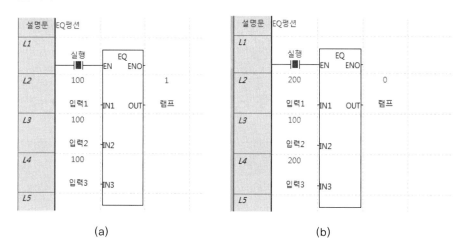

(a)   (b)

그림 10.40(s) EQ 펑션 프로그램 예 시뮬레이션

(4) LE : 작거나 같다.

LE	펑션	설명

BOOL — EN   ENO — BOOL
ANY — IN1   OUT — BOOL
ANY — IN2
	LE	입력 EN : 1일 때 펑션 실행
		       IN1 : 비교할 값
		       IN2 : 비교할 값
		       입력은 8개까지 확장 가능
		       IN1, IN2, ...는 모두 같은 타입이어야 함.
		
		출력 ENO : EN 값이 그대로 출력
		       OUT : 비교 결과

ANY 타입 변수설명	변수명	BOOL	BYTE	WORD	DWORD	LWORD	SINT	INT	DINT	LINT	USINT	UINT	UDINT	ULINT	REAL	LREAL	TIME	DATE	TOD	DT	STRING
	IN1	○	○	○	○	○	○	○	○	○	○	○	○	○	○	○	○	○	○	○	○
	IN2	○	○	○	○	○	○	○	○	○	○	○	○	○	○	○	○	○	○	○	○

- 기능

❶ 입력의 비교결과 $IN1 \leq IN2 \leq IN3 ... \leq INn$(n은 입력개수, 8개까지 가능)이면 OUT으로
  1이 출력된다.
❷ 그렇지 않은 경우에는 OUT으로 0이 출력된다.

- 프로그램 예

3개의 정수를 입력으로 받아 입력1≤입력2≤입력3을 만족하면 램프가 On된다.

	변수 종류	변수	타입	메모리 할당	초기값	리테인	사용 유무	설명문
1	VAR	램프	BOOL	%QX0.2.0		☐	☑	
2	VAR	스위치	BOOL	%IX0.0.0		☐	☑	
3	VAR	입력1	INT			☐	☑	
4	VAR	입력2	INT			☐	☑	
5	VAR	입력3	INT			☐	☑	
6						☐	☐	

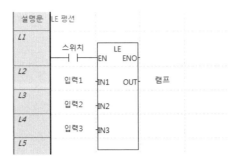

그림 10.41 LE 펑션 프로그램 예

• 시뮬레이션

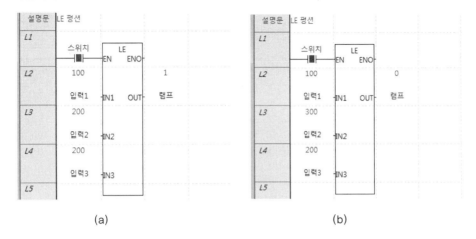

(a)   (b)

그림 10.41(s)   LE 펑션 프로그램 예 시뮬레이션

(5) LT : 작다.

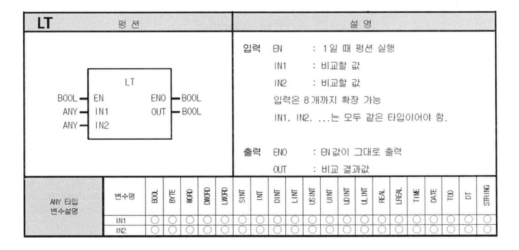

• 기능

❶ 입력의 비교결과 IN1<IN2<IN3...<INn(n은 입력개수, 8개까지 가능)이면 OUT으로 1
   이 출력된다.

❷ 그렇지 않은 경우에는 OUT으로 0이 출력된다.

• 프로그램 예

3개의 정수 값을 비교하여 입력1<입력2<입력3의 조건을 만족하면 램프가 On된다.

	변수 종류	변수	타입	메모리 할당	초기값	리테인	사용 유무	설명문
1	VAR	램프	BOOL	%QX0.2.0		☐	☑	
2	VAR	스위치	BOOL	%IX0.0.0		☐	☑	
3	VAR	입력1	INT			☐	☑	
4	VAR	입력2	INT			☐	☑	
5	VAR	입력3	INT			☐	☑	
6						☐	☐	

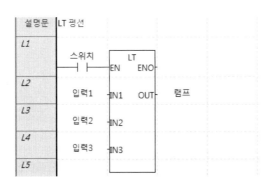

그림 10.42 LT 펑션 프로그램 예

• 시뮬레이션

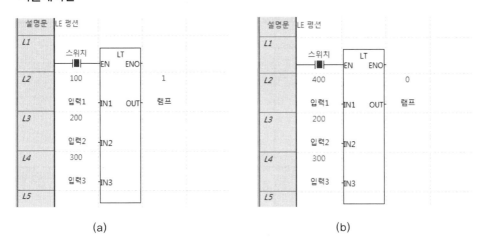

(a)   (b)

그림 10.42(s) LT 펑션 프로그램 예 시뮬레이션

(6) NE : 같지 않다.

NE	펑션	설명

입력 EN   : 실행 허용
      IN1   : 비교될 값
      IN2   : 비교될 값
IN1, IN2 는 같은 타입이어야 함.

출력 ENO   : EN값이 그대로 출력
      OUT   : 비교 결과값

```
            NE
BOOL ─ EN      ENO ─ BOOL
ANY ─ IN1      OUT ─ BOOL
ANY ─ IN2
```

ANY 타입 변수설명	변수명	BOOL	BYTE	WORD	DWORD	LWORD	SINT	INT	DINT	LINT	USINT	UINT	UDINT	ULINT	REAL	LREAL	TIME	DATE	TOD	DT	STRING
	IN1	○	○	○	○	○	○	○	○	○	○	○	○	○	○	○	○	○	○	○	○
	IN2	○	○	○	○	○	○	○	○	○	○	○	○	○	○	○	○	○	○	○	○

• 기능

❶ IN1과 IN2를 비교하여 그 결과가 같지 않으면 OUT으로 1이 출력된다.

❷ IN1과 IN2를 비교하여 그 결과가 같으면 OUT으로 0이 출력된다.

• 프로그램 예

두 개의 정수 입력을 받아 비교하여 두 개의 값이 다르면 램프가 On되고, 두 개의 값이 같으면 램프가 Off된다.

	변수 종류	변수	타입	메모리 할당	초기값	리테인	사용 유무	설명문
1	VAR	램프	BOOL	%QX0.2.0		□	☑	
2	VAR	스위치	BOOL	%IX0.0.0		□	☑	
3	VAR	입력1	INT			□	☑	
4	VAR	입력2	INT			□	☑	
5						□	□	

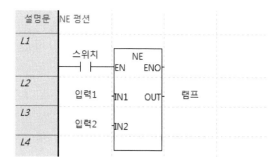

그림 10.43 NE 펑션 프로그램 예

- 시뮬레이션

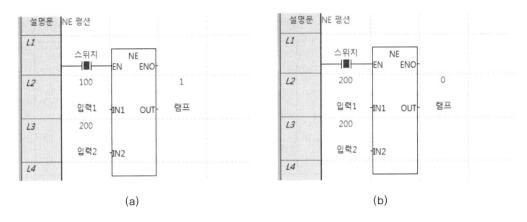

(a)   (b)

그림 10.43(s)   NE 펑션 프로그램 예 시뮬레이션

🌱 예제 10.4··· 비교펑션 프로그램

디지털 스위치로 입력되는 값이 100 미만이면 램프 0, 100 이상 200 미만이면 램프 1, 200 이상 300 미만이면 램프 2, 400 이상이면 램프 3이 On된다.

	변수 종류	변수	타입	메모리 할당	초기값	리테인	사용 유무	설명문
1	VAR	BCD표시기	WORD	%QW0.3.0		☐	☑	
2	VAR	디지털스위치	WORD	%IW0.0.0		☐	☑	
3	VAR	램프0	BOOL	%QX0.2.0		☐	☑	
4	VAR	램프1	BOOL	%QX0.2.1		☐	☑	
5	VAR	램프2	BOOL	%QX0.2.2		☐	☑	
6	VAR	램프3	BOOL	%QX0.2.3		☐	☑	
7	VAR	정수값	INT			☐	☑	
8						☐	☐	

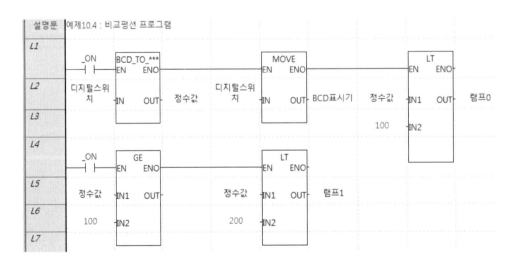

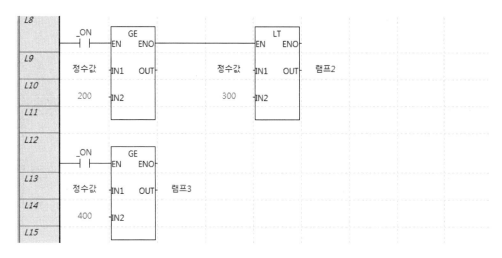

그림 10.44 예제 10.4 프로그램

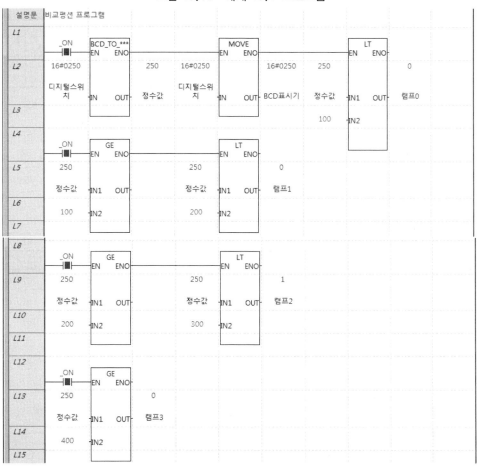

그림 10.44(s) 예제 10.4 프로그램 시뮬레이션

10.4.6 산술연산 펑션

(1) ADD : 덧셈

ADD 펑션	설 명

ADD 블록도
BOOL — EN ENO — BOOL
ANY_NUM — IN1 OUT — ANY_NUM
ANY_NUM — IN2
	입력 EN : 1일 때 펑션 실행
	  IN1 : 더할 값
	  IN2 : 더할 값
	  입력은 8개까지 확장 가능
	
	출력 ENO : 에러 없이 실행되면 1을 출력
	  OUT : 더한 결과 값
	
	IN1, IN2, ..., OUT 에 연결되는 변수는 모두 같은 데이터 타입이어야 함.

ANY 타입 변수설명	변수명	BOOL	BYTE	WORD	DWORD	LWORD	SINT	INT	DINT	LINT	USINT	UINT	UDINT	ULINT	REAL	LREAL	TIME	DATE	TOD	DT	STRING
	IN1						○	○	○	○	○	○	○	○	○	○					
	IN2						○	○	○	○	○	○	○	○	○	○					
	OUT						○	○	○	○	○	○	○	○	○	○					

- 기능

IN1, IN2, ... INn(n은 입력개수)를 더해서 OUT으로 출력시킨다.

$$OUT = IN1 + IN2 + ... + INn$$

(2) SUB : 뺄셈

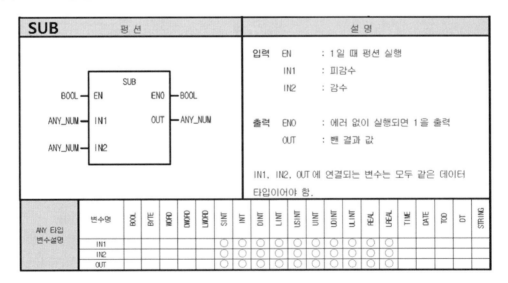

SUB 펑션	설 명

SUB 블록도
BOOL — EN ENO — BOOL
ANY_NUM — IN1 OUT — ANY_NUM
ANY_NUM — IN2
	입력 EN : 1일 때 펑션 실행
	  IN1 : 피감수
	  IN2 : 감수
	
	출력 ENO : 에러 없이 실행되면 1을 출력
	  OUT : 뺀 결과 값
	
	IN1, IN2, OUT 에 연결되는 변수는 모두 같은 데이터 타입이어야 함.

ANY 타입 변수설명	변수명	BOOL	BYTE	WORD	DWORD	LWORD	SINT	INT	DINT	LINT	USINT	UINT	UDINT	ULINT	REAL	LREAL	TIME	DATE	TOD	DT	STRING
	IN1						○	○	○	○	○	○	○	○	○	○					
	IN2						○	○	○	○	○	○	○	○	○	○					
	OUT						○	○	○	○	○	○	○	○	○	○					

• 기능

IN1에서 IN2를 빼서 OUT으로 출력시킨다.

$$OUT = IN1 - IN2$$

• ADD와 SUB 펑션의 프로그램 예

	변수 종류	변수	타입	메모리 할당	초기값	리테인	사용 유무	설명문
1	VAR	덧셈결과	INT			☐	☑	
2	VAR	뺄셈결과	INT			☐	☑	
3	VAR	상수1	INT			☐	☑	
4	VAR	상수2	INT			☐	☑	
5	VAR	스위치1	BOOL	%IX0.0.0		☐	☑	
6	VAR	스위치2	BOOL	%IX0.0.1		☐	☑	
7						☐	☐	

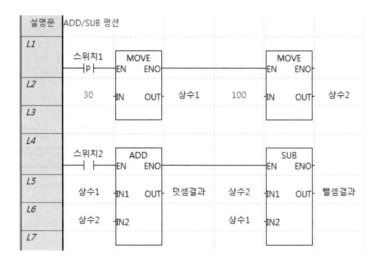

그림 10.45 ADD와 SUB 펑션 프로그램 예

• ADD와 SUB 펑션의 프로그램 예 시뮬레이션

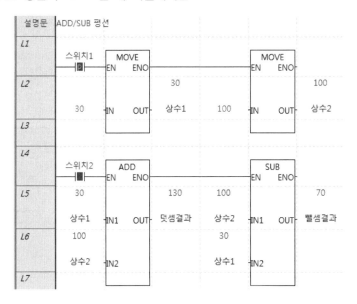

그림 10.45(s) ADD와 SUB 펑션 프로그램 예 시뮬레이션

(3) MUL : 곱셈

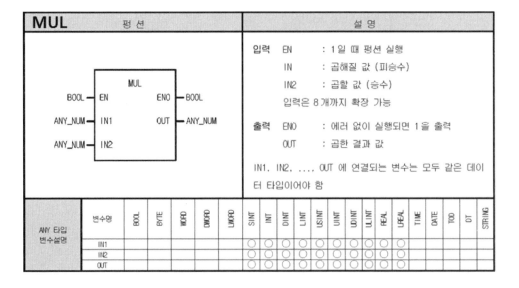

• 기능

IN1, IN2, ..., INn(n은 입력개수)를 곱해서 OUT으로 출력시킨다.

$$OUT = IN1 \times IN2 \times ... \times INn$$

(4) DIV : 나눗셈

DIV	펑 션	설 명

입력　EN　　: 1일 때 펑션 실행
　　　IN1　　: 나누어질 값(피제수)
　　　IN2　　: 나눌 값(제수)

출력　ENO　　: 에러 없이 실행되면 1을 출력
　　　OUT　　: 나눈 결과 값(몫)

IN1, IN2, OUT 에 연결되는 변수는 모두 같은 데이터 타입이어야 함.

ANY 타입 변수설명	변수명	BOOL	BYTE	WORD	DWORD	LWORD	SINT	INT	DINT	LINT	USINT	UINT	UDINT	ULINT	REAL	LREAL	TIME	DATE	TOD	DT	STRING
	IN1						○	○	○	○	○	○	○	○	○	○					
	IN2						○	○	○	○	○	○	○	○	○	○					
	OUT						○	○	○	○	○	○	○	○	○	○					

* 기능

IN1을 IN2로 나눠서 그 몫 중에서 소수점 이하를 버린 값을 OUT으로 출력시킨다.

$$OUT = IN1/IN2$$

(5) MOD : 나머지

MOD	펑 션	설 명

입력　EN　　: 1일 때 펑션 실행
　　　IN1　　: 나누어 질 값(피제수)
　　　IN2　　: 나눌 값(제수)

출력　ENO　　: EN 값이 그대로 출력
　　　OUT　　: 나눈 결과값(나머지)

IN1, IN2, OUT 에 연결되는 변수는 모두 같은 데이터 타입이어야 함.

ANY 타입 변수설명	변수명	BOOL	BYTE	WORD	DWORD	LWORD	SINT	INT	DINT	LINT	USINT	UINT	UDINT	ULINT	REAL	LREAL	TIME	DATE	TOD	DT	STRING
	IN1						○	○	○	○	○	○	○	○							
	IN2						○	○	○	○	○	○	○	○							
	OUT						○	○	○	○	○	○	○	○							

• 기능

IN1을 IN2로 나눠서 그 나머지를 OUT으로 출력시킨다.

$$OUT = IN1 - (IN1/IN2) \times IN2 \text{ (단, } IN2 = 0\text{이면 } OUT = 0)$$

• MUL과 DIV, MOD 펑션의 프로그램 예

	변수 종류	변수	타입	메모리 할당	초기값	리테인	사용 유무	설명문
1	VAR	곱셈결과	INT			☐	☑	
2	VAR	곱셈버튼	BOOL	%IX0.0.0		☐	☑	
3	VAR	곱할값1	INT			☐	☑	
4	VAR	곱할값2	INT			☐	☑	
5	VAR	나눌값	INT			☐	☑	
6	VAR	나눗셈결과	INT			☐	☑	
7	VAR	나눗셈버튼	BOOL	%IX0.0.1		☐	☑	
8	VAR	나머지	INT			☐	☑	
9						☐	☐	

그림 10.46 MUL/DIV/MOD 펑션 프로그램 예

- MUL/DIV/MOD 펑션의 프로그램 예 시뮬레이션

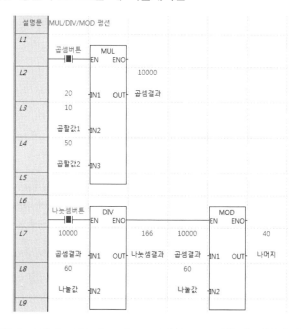

그림 10.46(s) MUL/DIV/MOD 펑션 프로그램 예 시뮬레이션

10.4.7 논리연산 펑션

(1) AND(논리곱) 펑션

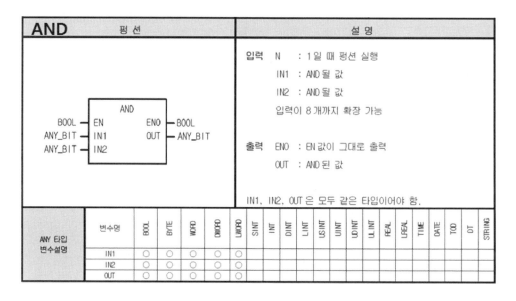

• 기능

IN1을 IN2와 비트별로 AND해서 OUT으로 출력시킨다.

```
IN1  1111 ..... 0000
         &
IN2  1010 ..... 1010
OUT  1010 ..... 0000
```

(2) OR(논리합) 펑션

OR	펑션		설 명

입력 EN   : 1일 때 펑션 실행
      IN1   : OR될 값
      IN2   : OR될 값
      입력 8개까지 확장 가능

출력 ENO   : EN 값이 그대로 출력
      OUT   : OR 된 값

IN1, IN2, OUT 은 모두 같은 타입이어야 함.

ANY 타입 변수설명	변수명	BOOL	BYTE	WORD	DWORD	LWORD	SINT	INT	DINT	LINT	USINT	UINT	UDINT	ULINT	REAL	LREAL	TIME	DATE	TOD	DT	STRING
	IN	○	○	○	○	○															
	OUT	○	○	○	○	○															

• 기능

IN1을 IN2와 비트별로 OR해서 OUT으로 출력시킨다.

```
IN1  1111 ..... 0000
         OR
IN2  1010 ..... 1010
OUT  1111 ..... 1010
```

• AND와 SUB펑션 프로그램 예

AND스위치를 On하면 16진수인 16#4321과 16#1A2B값을 AND(논리곱)연산을 하여 AND결과에 출력한다. OR스위치를 On하면 16진수인 16#4321과 16#1A2B값을 OR(논리합)연산을 하여 OR결과에 출력한다.

	변수 종류	변수	타입	메모리 할당	초기값	리테인	사용 유무	설명문
1	VAR	AND결과	WORD	%QW0.1.0		☐	☑	
2	VAR	AND스위치	BOOL	%IX0.0.0		☐	☑	
3	VAR	OR결과	WORD	%QW0.2.0		☐	☑	
4	VAR	OR스위치	BOOL	%IX0.0.1		☐	☑	
5						☐	☐	

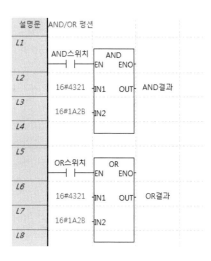

그림 10.47   AND, OR 펑션 프로그램 예

· AND, OR 펑션 프로그램 예 시뮬레이션

그림 10.47(s)   AND, OR 펑션 프로그램 예 시뮬레이션

(3) XOR(배타적 논리합) 펑션

XOR	펑션	설 명
BOOL — EN / ANY_BIT — IN1 / ANY_BIT — IN2 / ENO — BOOL / OUT — ANY_BIT		입력 EN : 1일 때 펑션 실행 IN1 : XOR 될 값 IN2 : XOR 될 값 입력 8개까지 확장 가능 출력 ENO : EN 값이 그대로 출력 OUT : XOR 된 값 IN1, IN2, OUT 은 모두 같은 타입이어야 함.

ANY 타입 변수설명	변수명	BOOL	BYTE	WORD	DWORD	LWORD	SINT	INT	DINT	LINT	USINT	UINT	UDINT	ULINT	REAL	LREAL	TIME	DATE	TOD	DT	STRING
	IN	○	○	○	○	○															
	OUT	○	○	○	○	○															

• 기능

IN1을 IN2와 비트별로 XOR해서 OUT으로 출력시킨다.

    IN1 1111 0000
         XOR
    IN2 1010 1010
    OUT 0101 1010

(4) NOT(논리반전) 펑션

NOT	펑션	설 명
BOOL — EN / ANY_BIT — IN / ENO — BOOL / OUT — ANY_BIT		입력 EN : 1일 때 펑션 실행 IN : NOT 될 값 출력 ENO : EN 값이 그대로 출력 OUT : NOT 된 값 IN, OUT 은 모두 같은 타입이어야 함.

ANY 타입 변수설명	변수명	BOOL	BYTE	WORD	DWORD	LWORD	SINT	INT	DINT	LINT	USINT	UINT	UDINT	ULINT	REAL	LREAL	TIME	DATE	TOD	DT	STRING
	IN	○	○	○	○	○															
	OUT	○	○	○	○	○															

• 기능

IN을 비트별로 NOT(반전)해서 OUT으로 출력시킨다.

$$IN\ 1100\ .....\ 1010$$

$$OUT\ 0011\ .....\ 0101$$

• XOR, NOT 프로그램 예

XOR스위치를 On하면 16진수인 16#4321과 16#1A2B값을 XOR(배타적 논리합) 연산을
하여 XOR결과에 출력한다. NOT스위치를 On하면 16진수인 16#4321과 16#1A2B값을
NOT(논리반전) 연산을 하여 NOT결과에 출력한다.

	변수 종류	변수	타입	메모리 할당	초기값	리테인	사용 유무	설명문
1	VAR	NOT결과	WORD	%QW0.2.0		☐	☑	
2	VAR	NOT스위치	BOOL	%IX0.0.1		☐	☑	
3	VAR	XOR결과	WORD	%QW0.1.0		☐	☑	
4	VAR	XOR스위치	BOOL	%IX0.0.0		☐	☑	
5						☐	☐	

그림 10.48 XOR, NOT 프로그램 예

• XOR, NOT 프로그램 예 시뮬레이션

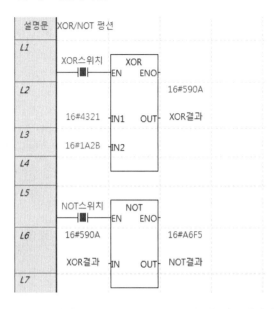

그림 10.48(s) XOR, NOT 프로그램 예 시뮬레이션

10.4.8 비트시프트 펑션

(1) SHL(Shift Left) : 좌측으로 이동

SHL	펑 션	설 명

입력	EN	: 1일 때 펑션 실행
	IN	: 이동될 비트 열
	N	: 이동할 비트 수
출력	ENO	: EN 값이 그대로 출력
	OUT	: 이동된 값

```
            SHL
BOOL─ EN         ENO ─BOOL
*ANY_BIT─ IN       OUT ─*ANY_BIT
INT─ N
```

ANY 타입 변수설명	변수명	BOOL	BYTE	WORD	DWORD	LWORD	SINT	INT	DINT	LINT	USINT	UINT	UDINT	ULINT	REAL	LREAL	TIME	DATE	TOD	DT	STRING
	IN		○	○	○	○															
	OUT		○	○	○	○															

[주] ANY_BIT : ANY_BIT 중 BOOL 제외

• 기능

❶ 입력 IN을 N비트 수만큼 왼쪽으로 이동한다.

❷ 입력 IN의 맨 오른쪽에 있는 N개 비트는 0으로 채워진다.

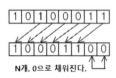

- SHL 프로그램 예

❶ 이송스위치를 On하면 출력 %QX0.1.0의 비트에 1이 전송된다.

❷ 좌이동 스위치를 On하면 출력(%QW0.1.0)의 %QX0.1.0의 비트로부터 %QX0.1.15의 16개 비트들이 한 비트씩 1초 간격으로 좌측방향으로 출력이 이동한다. 이때 이동하고 난 우측의 비트들은 0으로 채워지고 %QX0.1.15의 비트까지 0으로 채워지면 동작이 정지된다.

	변수 종류	변수	타입	메모리 할당	초기값	리테인	사용 유무	설명문
1	VAR	이송스위치	BOOL	%IX0.0.0		☐	☑	
2	VAR	좌이동스위치	BOOL	%IX0.0.1		☐	☑	
3	VAR	출력	WORD	%QW0.1.0		☐	☑	
4						☐	☐	

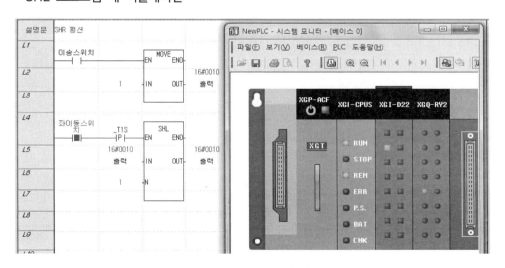

그림 10.49   SHL 프로그램 예

- SHL 프로그램 예 시뮬레이션

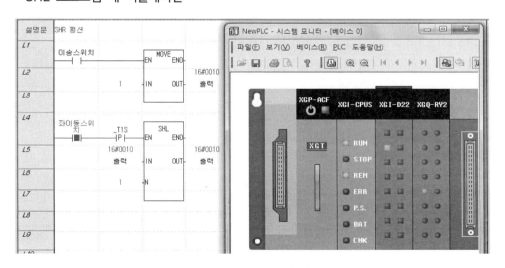

그림 10.49(s)   SHL 프로그램 예 시뮬레이션

(2) SHR(Shift Right) : 우측으로 이동

SHR	펑션	설 명		
		입력 EN	: 1일 때 펑션 실행	
BOOL — EN	ENO — BOOL	IN	: 이동될 비트 열	
*ANY_BIT — IN	OUT — *ANY_BIT	N	: 이동할 비트 수	
INT — N				
		출력 ENO	: EN 값이 그대로 출력	
		OUT	: 이동된 값	

ANY 타입 변수설명	변수명	BOOL	BYTE	WORD	DWORD	LWORD	SINT	INT	DINT	LINT	USINT	UINT	UDINT	ULINT	REAL	LREAL	TIME	DATE	TOD	DT	STRING
	IN		○	○	○	○															
	OUT		○	○	○	○															

[주] ANY_BIT : ANY_BIT 중 BOOL 제외

· 기능

❶ 입력 IN을 N비트 수만큼 오른쪽으로 이동한다.

❷ 입력 IN의 맨 왼쪽에 있는 N개 비트는 0으로 채워진다.

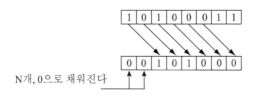

N개, 0으로 채워진다

· SHR 프로그램 예

❶ 이송스위치를 On하면 출력 %QX0.1.7(128위치)에 1이 전송된다.

❷ 우이동 스위치를 On하면 출력(%QB0.1.0)의 %QX0.1.7(128위치)의 비트로부터 %QX0.1.0의 8개 비트들이 1초 간격으로 한 비트씩 우측방향으로 출력이 이동한다. 이때 이동하고 난 좌측의 비트들은 0으로 채워지고 %QX0.1.0의 비트까지 0으로 채워지면 동작이 정지된다.

	변수 종류	변수	타입	메모리 할당	초기값	리테인	사용 유무	설명문
1	VAR	우이동스위치	BOOL	%IX0.0.1		□	☑	
2	VAR	이송스위치	BOOL	%IX0.0.0		□	☑	
3	VAR	출력	BYTE	%QB0.1.0		□	☑	
4						□	□	

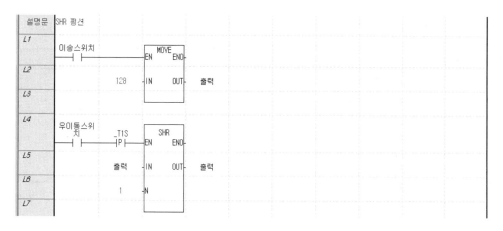

그림 10.50   SHR 프로그램 예

- **SHR 프로그램 예 시뮬레이션**

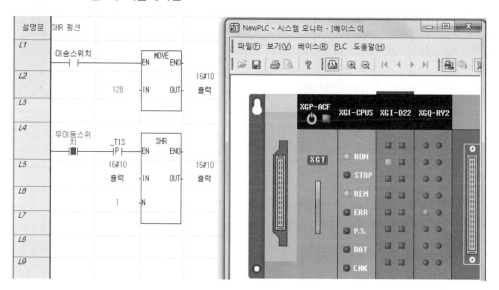

그림 10.50(s)   SHR 프로그램 예 시뮬레이션

(3) ROL(Rotate Left) : 좌측으로 회전

ROL	펑 션	설 명

입력 EN : 1일 때 펑션 실행
　　　IN : 회전될 값
　　　N : 회전할 비트 수

출력 ENO : EN 값이 그대로 출력
　　　OUT : 회전된 값

```
                ROL
   BOOL — EN        ENO — BOOL
*ANY_BIT — IN       OUT — *ANY_BIT
   INT — N
```

ANY 타입 변수설명	변수명	BOOL	BYTE	WORD	DWORD	LWORD	SINT	INT	DINT	LINT	USINT	UINT	UDINT	ULINT	REAL	LREAL	TIME	DATE	TOD	DT	STRING
	IN		○	○	○	○															
	OUT		○	○	○	○															

[주] ANY_BIT : ANY_BIT 중 BOOL 제외

• 기능

입력 IN을 N비트 수만큼 왼쪽으로 회전시킨다.

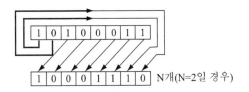

• ROL 프로그램 예

❶ 이송스위치를 On하면 출력 %QX0.1.0에 1이 전송된다.

❷ 좌회전 스위치를 On하면 출력(%QB0.1.0)의 %QX0.1.0의 비트로부터 %QX0.1.7의 8
개 비트들이 1초 간격으로 좌측방향으로 출력이 이동한다. 이 동작은 좌회전 스위치
를 Off할 때까지 반복된다.

	변수 종류	변수	타입	메모리 할당	초기값	리테인	사용 유무	설명문
1	VAR	이송스위치	BOOL	%IX0.0.0		☐	☑	
2	VAR	좌회전스위치	BOOL	%IX0.0.1		☐	☑	
3	VAR	출력	BYTE	%QB0.1.0		☐	☑	
4						☐	☐	

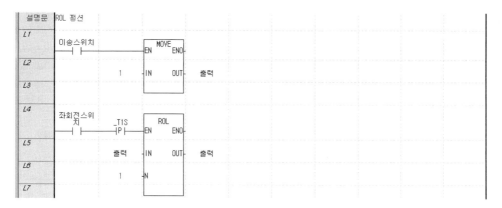

그림 10.51 ROL 프로그램 예

- ROL 프로그램 예 시뮬레이션

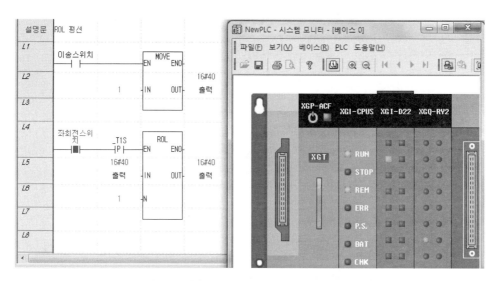

그림 10.51(s) ROL 프로그램 예 시뮬레이션

(4) ROR(Rotate Right) : 우측으로 회전

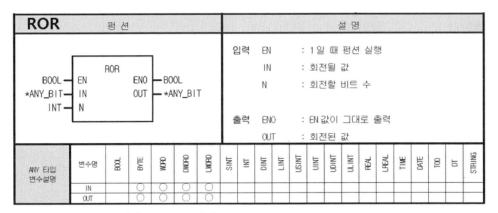

ANY 타입 변수설명	변수명	BOOL	BYTE	WORD	DWORD	LWORD	SINT	INT	DINT	LINT	USINT	UINT	UDINT	ULINT	REAL	LREAL	TIME	DATE	TOD	DT	STRING
	IN		○	○	○	○															
	OUT		○	○	○	○															

[주] ANY_BIT : ANY 타입 중 BOOL 제외

• 기능

입력 IN을 N비트 수만큼 오른쪽으로 회전시킨다.

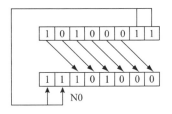

• ROR 프로그램 예

❶ 이송스위치를 On하면 출력의 %QX0.1.7(128위치)에 1이 전송된다.

❷ 우회전 스위치를 On하면 출력(%QB0.1.0)의 %QX0.1.7(128위치)의 비트로부터 %QX0.1.0~%QX0.1.7의 8개 비트들이 1초 간격으로 우측방향으로 출력이 이동한다. 이 동작은 우회전 스위치를 Off할 때까지 계속 반복된다.

	변수 종류	변수	타입	메모리 할당	초기값	리테인	사용 유무	설명문
1	VAR	우회전스위치	BOOL	%IX0.0.1		☐	☑	
2	VAR	이송스위치	BOOL	%IX0.0.0		☐	☑	
3	VAR	출력	BYTE	%QB0.1.0		☐	☑	
4						☐	☐	

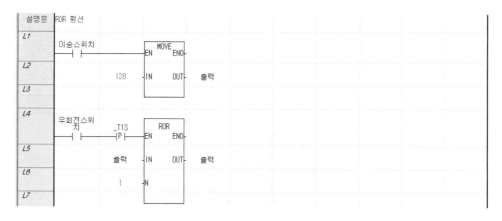

그림 10.52 ROR 프로그램 예

- ROR 프로그램 예 시뮬레이션

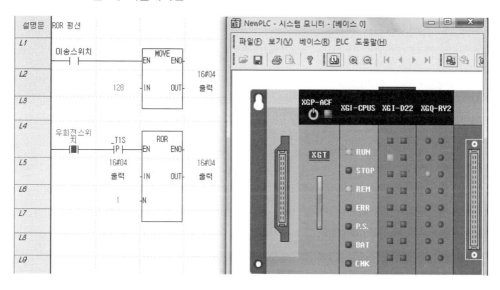

그림 10.52(s) ROR 프로그램 예 시뮬레이션

10.4.9 MK펑션(Master – K펑션)

(1) ENCO : On된 비트 위치를 숫자로 출력

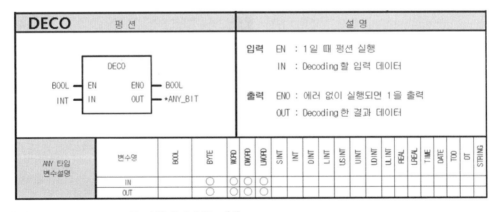

ENCO	펑 션	설 명

입력   EN : 1일 때 펑션 실행
      IN : Encoding할 입력 데이터

출력   ENO : 에러 없이 실행되면 1을 출력
      OUT : Encoding 한 결과 데이터

ANY 타입 변수설명	변수명	BOOL	BYTE	WORD	DWORD	LWORD	SINT	INT	DINT	LINT	USINT	UINT	UDINT	ULINT	REAL	LREAL	TIME	DATE	TOD	DT	STRING
	IN		○	○	○	○															
	OUT							○													

[주]   ANY_BIT : ANY_BIT 타입 중 BOOL 제외

- 기능

❶ EN이 1이면, IN의 비트 스트링 데이터 중, 1로 되어 있는 비트 중 최상위 비트의 위치를 OUT으로 출력한다.

❷ 입력에는 B(BYTE), W(WORD), D(DWORD), L(LWORD) 타입의 데이터가 접속 가능하다.

(2) DECO : 지정된 비트위치를 On

DECO	펑 션	설 명

입력   EN : 1일 때 펑션 실행
      IN : Decoding할 입력 데이터

출력   ENO : 에러 없이 실행되면 1을 출력
      OUT : Decoding 한 결과 데이터

ANY 타입 변수설명	변수명	BOOL	BYTE	WORD	DWORD	LWORD	SINT	INT	DINT	LINT	USINT	UINT	UDINT	ULINT	REAL	LREAL	TIME	DATE	TOD	DT	STRING
	IN		○	○	○	○															
	OUT		○	○	○	○															

[주]   ANY_BIT : ANY_BIT 타입 중 BOOL 제외

- 기능

❶ EN이 1이면, IN의 값 즉 비트 위치지정 데이터에 따라서 출력의 비트 스트링 데이터 중 지정된 위치의 비트만 1로 하여 출력한다.

❷ 출력에는 BYTE, WORD, DWORD, LWORD 타입의 데이터가 접속 가능하다.

- ENCO, DECO 펑션 프로그램 예

- ENCO : 디지털 스위치(WORD타입)=2#0000_1000_0000_0010(16#0802)이라면, On 되어 있는 2비트의 위치, 즉 "11"과 "1" 중 상위 위치인 "11"을 출력하여 On_ POSITION(INT타입)에 정수 값 "11"이 저장된다. 입력 데이터 중 하나의 비트도 1이 되어 있지 않은 경우는 OUT은 −1이 되고, _ERR, _LER플래그가 셋(Set)된다.

- DECO : 실행조건(%MX10)이 On되면 DECO 펑션이 실행된다. 입력변수로 선언된 On_POSITIOn(INT타입)=5라면 출력의 5번 비트만 On되므로 RELAYS(WORD타 입)=2#0000_0000_0010_0000이 된다.

	변수 종류	변수	타입	메모리 할당	초기값	리테인	사용 유무	설명문
1	VAR	KEY_IN	WORD			☐	☑	
2	VAR	KEY_값	INT			☐	☑	
3	VAR	ON_position	INT			☐	☑	
4	VAR	RELAY	WORD			☐	☑	
5	VAR	디지털스위치	WORD			☐	☑	

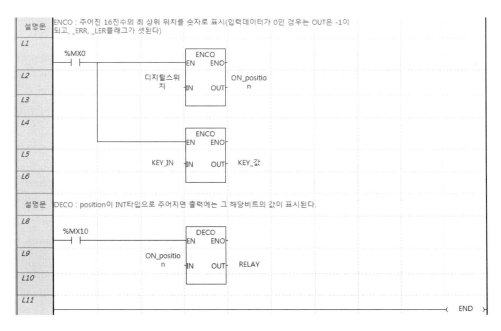

그림 10.53 ENCO, DECO 펑션 프로그램 예

• 시뮬레이션

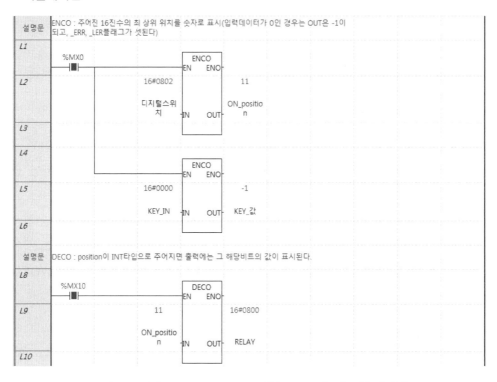

그림 10.53(s) ENCO, DECO 펑션 프로그램 예 시뮬레이션

(3) INC : 데이터를 하나 증가

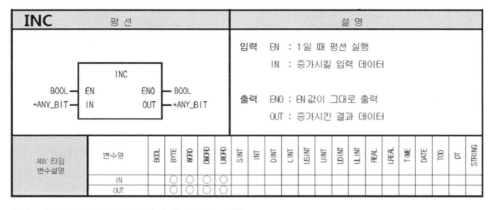

[주] ANY_BIT : ANY_BIT 타입 중 BOOL 제외

• 기능

❶ EN이 1이면, IN의 비트 스트링 데이터를 1만큼 증가시켜서 OUT으로 출력한다.

❷ 오버플로우가 발생해도 에러는 발생하지 않으며, 결과는 16#FFFF인 경우에 16#0000
이 된다.

❸ 입력에는 BYTE, WORD, DWORD, LWORD 타입의 데이터가 접속 가능하다.

(4) DEC : 데이터를 하나 감소

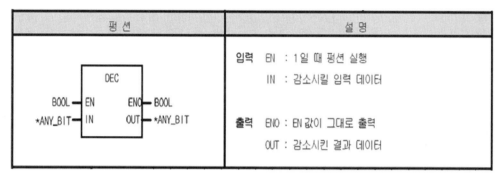

펑션	설명

DEC
BOOL — EN   ENO — BOOL
*ANY_BIT — IN   OUT — *ANY_BIT
	입력 EN : 1일 때 펑션 실행
	      IN : 감소시킬 입력 데이터
	
	출력 ENO : EN 값이 그대로 출력
	      OUT : 감소시킨 결과 데이터

[주] ANY_BIT : ANY_BIT 타입 중 BOOL 제외

• 기능

❶ EN이 1이면, IN의 비트 스트링 데이터를 1만큼 감소시켜서 OUT으로 출력한다.

❷ 언더플로우가 발생해도 에러는 발생하지 않으며, 결과는 16#0000인 경우에 16#FFFF
가 된다.

❸ 입력에는 BYTE, WORD, DWORD, LWORD 타입의 데이터가 접속 가능하다.

• INC, DEC 펑션 프로그램 예

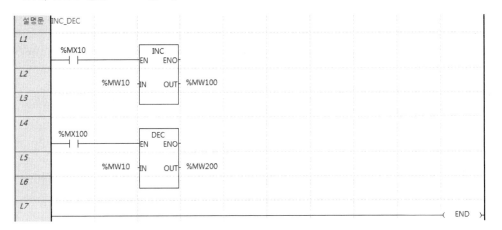

그림 10.54 INC, DEC 펑션 프로그램 예

• INC, DEC 펑션 프로그램 예 시뮬레이션

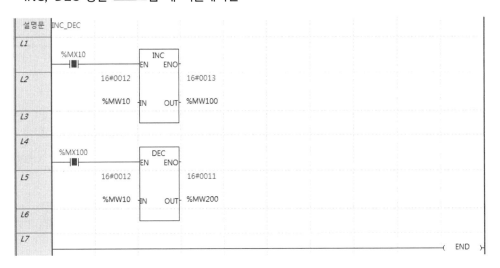

그림 10.54(s) INC, DEC 펑션 프로그램 예 시뮬레이션

10.4.10 데이터 선택 펑션

(1) SEL : 둘 중 선택

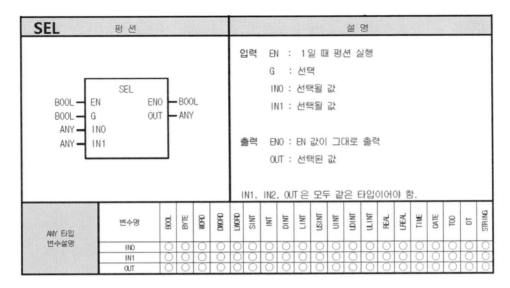

ANY 타입 변수설명	변수명	BOOL	BYTE	WORD	DWORD	LWORD	SINT	INT	DINT	LINT	USINT	UINT	UDINT	ULINT	REAL	LREAL	TIME	DATE	TOD	DT	STRING
	IN0	○	○	○	○	○	○	○	○	○	○	○	○	○	○	○	○	○	○	○	○
	IN1	○	○	○	○	○	○	○	○	○	○	○	○	○	○	○	○	○	○	○	○
	OUT	○	○	○	○	○	○	○	○	○	○	○	○	○	○	○	○	○	○	○	○

• 기능

G가 0이면 IN0이 OUT으로, G가 1이면 IN1이 OUT으로 출력된다.

• SEL 펑션 프로그램 예

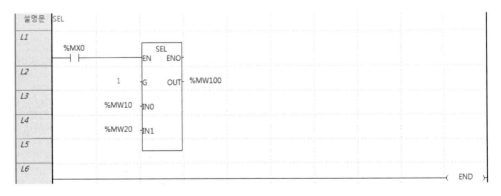

그림 10.55 SEL 펑션 프로그램 예

• SEL 펑션 프로그램 예 시뮬레이션

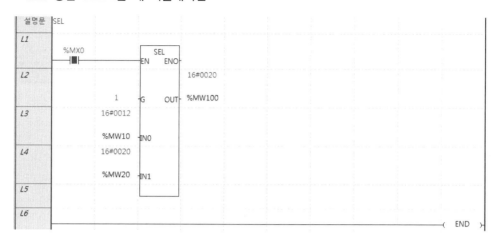

그림 10.55(s) SEL 펑션 프로그램 예 시뮬레이션

(2) MUX : 여러 개 중 선택

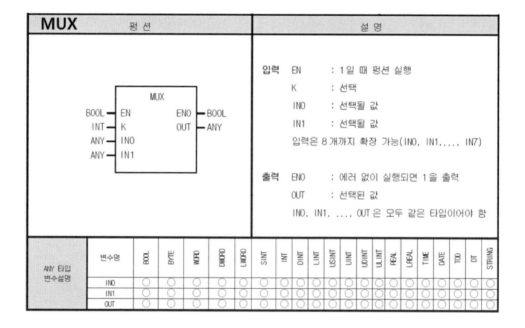

• 기능

❶ K값으로 여러 입력(IN0, IN1, ... INn) 중 하나를 선택하여 출력시킨다.

❷ K = 0이면 IN0이, K = 1이면 IN1이, K = n이면 INn이 OUT으로 출력된다.

• MUX 펑션 프로그램 예

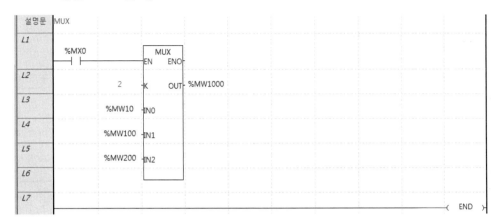

그림 10.56   MUX 펑션 프로그램 예

• MUX 펑션 프로그램 예 시뮬레이션

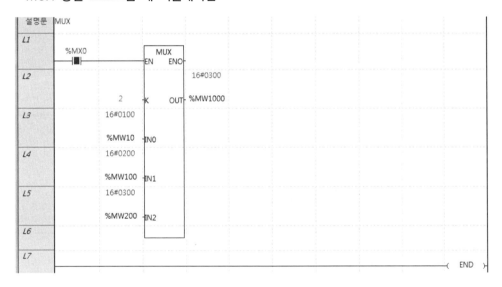

그림 10.56(s)   MUX 펑션 프로그램 예 시뮬레이션

10.4.11 데이터 교환 펑션

(1) SWAP : 데이터의 상위 하위 바꾸기

SWAP 펑션	설명
SWAP BOOL — EN ENO — BOOL *ANY_BIT — IN OUT — *ANY_BIT	**입력** EN : 1일 때 펑션 실행 　　　IN : 입력 **출력** ENO : EN 값을 그대로 출력 　　　OUT : Swap 된 값

ANY 타입 변수설명	변수명	BOOL	BYTE	WORD	DWORD	LWORD	SINT	INT	DINT	LINT	USINT	UINT	UDINT	ULINT	REAL	LREAL	TIME	DATE	TOD	DT	STRING
	IN		○	○	○	○															
	OUT		○	○	○	○															

[주] ANY_BIT : ANY_BIT 타입 중 BOOL 제외

- 기능

입력된 변수를 2개의 크기로 구분하여 상위와 하위를 서로 교환한다.

※ SWAP 펑션의 입력타입의 종류는 다음과 같다.

펑션	입력타입	동작 설명
SWAP	BYTE	BYTE의 상하위 니블(Nibble)을 서로 교환하여 출력한다.
SWAP	WORD	WORD의 상하위 BYTE를 서로 교환하여 출력한다.
SWAP	DWORD	DWORD의 상하위 WORD를 서로 교환하여 출력한다.
SWAP	LWORD	LWORD의 상하위 DWORD를 서로 교환하여 출력한다.

- SWAP 펑션 프로그램 예

	변수 종류	변수	타입	메모리 할당	초기값	리테인	사용 유무	설명문
1	VAR	INPUT	WORD			☐	☑	
2	VAR	INPUT1	BYTE			☐	☑	
3	VAR	result	WORD			☐	☑	
4	VAR	result1	BYTE			☐	☑	

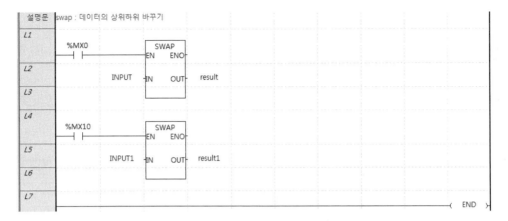

그림 10.57 SWAP 펑션 프로그램 예

- SWAP 펑션 프로그램 예 시뮬레이션

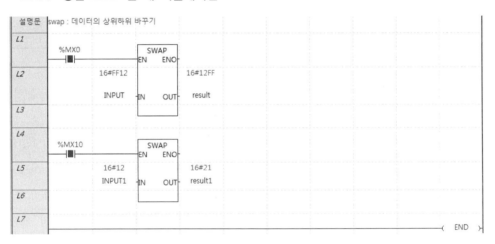

그림 10.57(s) SWAP 펑션 프로그램 예 시뮬레이션

10.4.12 MCS(Master Control)와 MCSCLR(Master Control Clear)

(1) MCS

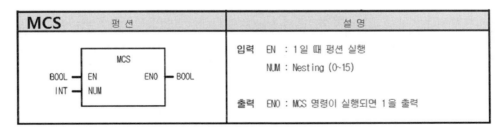

MCS 펑 션	설 명
	입력 EN : 1일 때 펑션 실행
	NUM : Nesting (0~15)
	출력 ENO : MCS 명령이 실행되면 1을 출력

- 기능

❶ EN이 On이면, Master Control이 수행된다. 이 경우, MCS 펑션에서 MCSCLR 펑션 사이의 프로그램은 정상적으로 수행된다.

❷ EN이 Off인 경우, MCS 펑션에서 MCSCLR 펑션 사이의 프로그램은 아래와 같이 수행된다.

명령어	명령어 상태
Timer	현재 값은 0이 되고, 출력(Q)은 Off된다.
Counter	출력(Q)은 Off되고, 현재 값은 현재 상태를 유지한다.
코일	모두 Off된다.
역코일	모두 Off된다.
셋 코일, 리셋 코일	현재 값을 유지한다.
펑션, 펑션블록	현재 값을 유지한다.

❸ EN이 Off인 경우에도 MCS 펑션에서 MCSCLR 펑션 사이의 명령들이 위와 같이 수행되기 때문에 스캔타임이 감소되지 않는다.

❹ Master Control명령은 Nesting해서 사용될 수 있다. 즉, Master Control영역이 Nesting (NUM)에 의해 구분될 수 있다. Nesting(NUM)은 0에서 15까지 설정이 가능하고, 만약 16 이상으로 설정한 경우 Master Control이 정상적으로 동작하지 않는다.

❺ MCSCLR 없이 MCS명령을 사용한 경우, MCS 펑션에서 프로그램의 마지막 행까지 Master Control이 수행된다.

(2) MCSCLR

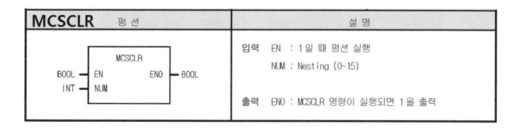

MCSCLR 펑 션	설 명
BOOL — EN ENO — BOOL INT — NUM	입력 EN : 1일 때 펑션 실행 NUM : Nesting (0~15) 출력 ENO : MCSCLR 명령이 실행되면 1을 출력

- 기능

❶ Master Control명령을 해제한다. 그리고 Master Control 영역의 마지막을 가리킨다.

❷ MCSCLR 펑션 동작 시 Nesting(NUM)의 값보다 같거나 작은 모든 MCS명령을 해제한다.

❸ MCSCLR 펑션 앞에는 접점을 사용하지 않는다.

- MCS-MCSCLR 프로그램 예

	변수 종류	변수	타입	메모리 할당	초기값	리테인	사용 유무	설명문
1	VAR	A	BOOL	%IX0.0.0		☐	☑	
2	VAR	B	BOOL	%IX0.0.1		☐	☑	
3	VAR	C	BOOL	%IX0.1.2		☐	☑	
4	VAR	램프0	BOOL	%QX0.2.0		☐	☑	
5	VAR	램프1	BOOL	%QX0.2.1		☐	☑	
6	VAR	램프2	BOOL	%QX0.2.2		☐	☑	
7	VAR	램프3	BOOL	%QX0.2.3		☐	☑	
8	VAR	램프4	BOOL	%QX0.2.4		☐	☑	
9	VAR	램프5	BOOL	%QX0.2.5		☐	☑	
10						☐	☐	

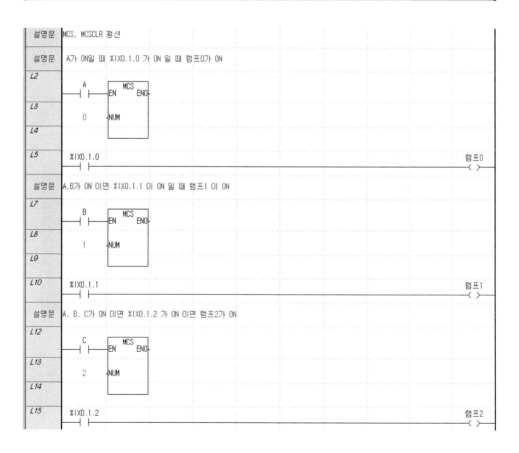

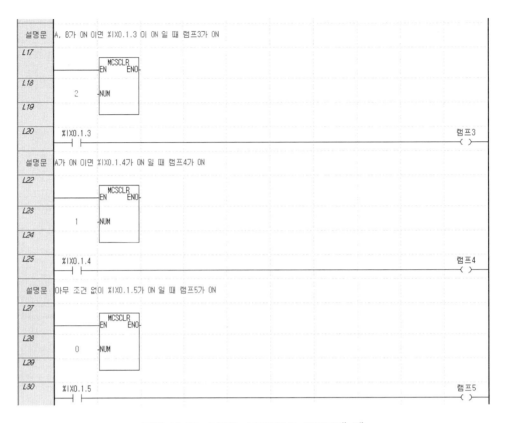

그림 **10.58** MCS-MCSCLR 프로그램 예

- MCS-MCSCLR 프로그램 예 시뮬레이션

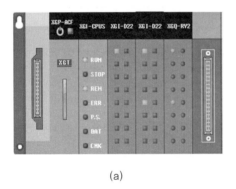

(a)

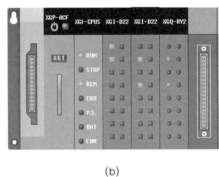

(b)

A가 On이면 %IX0.1.0이 On일 때 램프0 On   A, B가 On이면 %IX0.1.1이 On일 때 램프1 On
A가 On이면 %IX0.1.4가 On일 때 램프4 On   A, B가 On이면 %IX0.1.3이 On일 때 램프3 On

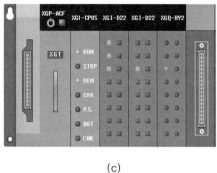

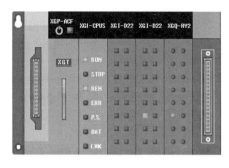

(c)	(d)

A, B, C가 On이면 %IX0.1.2가 On일 때 램프2 On   아무 조건 없이 %IX0.1.5가 On일 때 램프5가 On

그림 10.58(s) MCS－MCSCLR 프로그램 예 시뮬레이션

10.4.13 확장펑션

표 10.10 확장펑션

No	펑션 이름	기능	비고
1	FOR	FOR~NEXT 구간을 n번 실행	－
2	NEXT		－
3	BREAK	FOR~NEXT 구간을 빠져나옴	－
4	CALL	SBRT 루틴 호출	－
5	SBRT	CALL에 의해 호출될 루틴 지정	－
6	RET	RETURN	－
7	JMP	LABLE 위치로 점프	－
8	INIT_DONE	초기화 태스크 종료	－
9	END	프로그램의 종료	－

(1) 서브루틴(CALL/SBRT/RET) 펑션 : 호출명령

CALL/SBRT/RET 펑션	설 명
───────(CALL NAME)	SBRT 루틴 호출
───────(SBRT NAME)	CALL에 의해 호출될 루틴
─────(RET)	RETURN

- 기능

❶ 프로그램 수행 중 입력조건이 성립하면 CALL n 명령에 따라 해당 SBRT n~RET 명령 사이의 프로그램을 수행한다.

❷ CALL n은 중첩되어 사용 가능하며 반드시 SBRT n~RET 명령 사이의 프로그램은 END 명령 뒤에 있어야 한다.

❸ SBRT 내에서 다른 SBRT를 CALL하는 것이 가능하다. 대신 SBRT 내에서는 END 명령을 사용하지 않는다.

❹ FOR~NEXT 루프를 빠져나오려면 BREAK 명령을 사용한다.

- 프로그램 형식

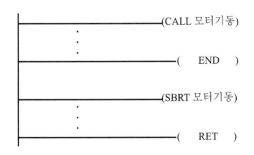

그림 10.59   서브루틴 프로그램 형식

❶ 프로그램이 실행 도중 CALL 명령어를 만나면 모터기동이라는 이름의 SBRT를 호출하게 된다.

❷ SBRT 명령어는 반드시 END 뒤에 위치해야 한다.

❸ 모터기동이라는 SBRT가 호출되면 해당 SBRT 내의 프로그램이 실행되며 RET를 만나면 다시 모터기동이라는 CALL을 실행한 자리로 되돌아간다.

- 서브루틴 프로그램 예

	변수 종류	변수	타입	메모리 할당	초기값	리테인	사용 유무	설명문
1	VAR	메인램프	BOOL	%QX0.2.0			☑	
2	VAR	메인스위치	BOOL	%IX0.0.0			☑	
3	VAR	보조램프	BOOL	%QX0.2.1			☑	
4	VAR	보조스위치	BOOL	%IX0.0.2			☑	

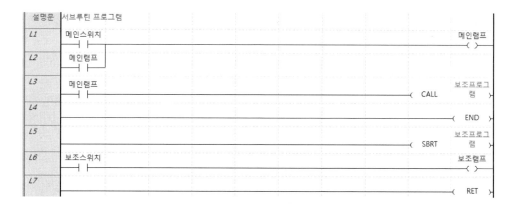

그림 10.60   서브루틴 프로그램 예

• 서브루틴 프로그램 예 시뮬레이션

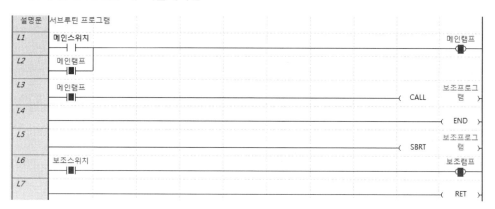

그림 10.60(s)   서브루틴 프로그램 예 시뮬레이션

(2) 점프(Jmp) : 분기명령

Jmp 펑션	설 명
──(JMP LABLE)	LABLE 위치로 점프

• 기능

❶ JMP 명령의 입력접점이 On되면 지정 레이블(LABLE) 이후로 Jump하며 JMP와 레이블 사이의 모든 명령은 처리되지 않는다.

❷ 레이블은 중복되게 사용할 수 없다. JMP는 중복사용이 가능하다.

❸ 비상사태 발생 시 처리해서는 안 되는 프로그램을 JMP와 레이블 사이에 넣으면 유용하다.

- 점프 프로그램 예

분기스위치를 누르면 분기하여 분기이동으로 점프하여 2라인의 스위치1을 On하여도 램프1이 작동하지 않고 레이블 라인 이후의 프로그램만 처리된다.

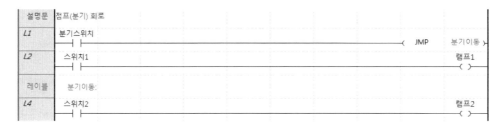

	변수 종류	변수	타입	메모리 할당	초기값	리테인	사용 유무	설명문
1	VAR	램프1	BOOL	%QX0.2.0		☐	☑	
2	VAR	램프2	BOOL	%QX0.2.1		☐	☑	
3	VAR	분기스위치	BOOL	%IX0.0.0		☐	☑	
4	VAR	스위치1	BOOL	%IX0.0.1		☐	☑	
5	VAR	스위치2	BOOL	%IX0.0.2		☐	☑	

그림 10.61 점프 프로그램 예

- 점프 프로그램 예 시뮬레이션

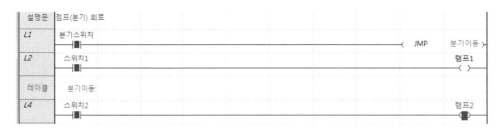

그림 10.61(s) 점프 프로그램 예 시뮬레이션

(3) FOR/NEXT/BREAK : 루프명령

FOR/NEXT/BREAK 평션	설 명
──────(FOR | N)	FOR ~ NEXT 구간을 n번 실행
──────(NEXT)	
──────(BREAK)	FOR ~ NEXT 구간을 빠져 나옴

• 기능

❶ PLC가 RUN모드에서 FOR를 만나면 FOR~NEXT 명령 간의 처리를 n회 실행한 후 NEXT 명령의 다음 스텝을 실행한다.

❷ n은 1~65,535까지 지정 가능하다.

❸ FOR~NEXT의 가능한 NESTING 개수는 16개이다.

❹ FOR~NEXT 루프를 빠져나오는 방법은 BREAK 명령을 사용한다.

❺ 스캔시간이 길어질 수 있으므로 WDT 설정치(위치독 시간)를 넘지 않도록 주의해야 한다.

• 프로그램 예

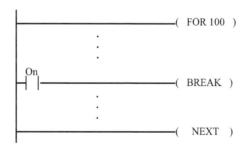

❶ 프로그램이 실행되면 FOR~NEXT에 의해서 루프가 100번 실행된다.

❷ 100번의 루프를 실행하지 않고 중간에 루프를 빠져나오려면 접점을 On시켜서 BREAK 명령을 실행하면 루프를 중간에 빠져나올 수 있다.

10.5 | 펑션블록(Function Block) 프로그램

펑션블록(FunctiOn Block)은 여러 스캔에 걸쳐 누계된 연산결과를 출력하므로, 연산 중 누계되는 데이터를 잠시 보관하기 위한 내부 메모리가 필요하다. 따라서 펑션블록은 사용하기 전에 변수를 선언하는 것처럼 인스턴스 변수를 선언해야 한다. 인스턴스 변수는 펑션블록에서 사용하는 변수들의 집합이며, 기본 펑션블록 중 가장 일반적인 것은 타이머와 카운터이다.

10.5.1 타이머의 종류와 기능

타이머는 시간을 측정하는 데 사용되며 XGI PLC에는 표 10.11과 같은 종류의 타이머가 있다.

표 10.11 타이머의 종류

No	펑션블록	기능	비고
1	TP	펄스 타이머(Pulse Timer)	-
2	TON	On 딜레이 타이머(On-Delay Timer)	-
3	TOF	Off 딜레이 타이머(Off-Delay Timer)	-
4	TMR	적산 타이머(Integrating Timer)	-
5	TP_RST	펄스 타이머의 출력 Off가 가능한 노스테이블 타이머	-
6	TRTG	리트리거블 타이머(Retriggerable Timer)	-
7	TOF_RST	동작 중 출력 Off가 가능한 Off 딜레이 타이머(Off-Delay Timer)	-
8	TON_UINT	정수 설정 On 딜레이 타이머(On-Delay Timer)	-
9	TOF_UINT	정수 설정 Off 딜레이 타이머(Off-Delay Timer)	-
10	TP_UINT	정수 설정 펄스 타이머(Pulse Timer)	-
11	TMR_UINT	정수 설정 적산 타이머(Integrating Timer)	-
12	TMR_FLK	점멸 기능 타이머	-
13	TRTG_UINT	정수 설정 리트리거블 타이머	-

(1) TON(On Delay Timer)

TON 펑션 블록	설 명

TON
 	
BOOL — IN Q — BOOL
TIME — PT ET — TIME
	입력 IN : 타이머 기동 조건
	  PT : 설정 시간 (Preset Time)
	
	출력 Q : 타이머 출력
	  ET : 경과 시간(Elapsed Time)

- 기능

❶ IN이 1이 된 후 경과시간이 ET로 출력된다.

❷ 만일 경과시간 ET가 설정시간에 도달하기 전에 IN이 0이 되면, 경과시간은 0으로 된다.

❸ Q가 1이 된 후 IN이 0이 되면, Q는 0이 된다.

- 타임차트

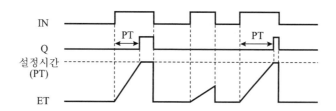

- 펑션블록의 작성

XG5000에서 프로젝트 및 프로그램의 정의 후 프로그램 창에 펑션블록을 등록한다. 펑션블록의 등록 시 인스턴스를 등록해야 한다(그림 10.62a 및 그림 10.62b 참조).

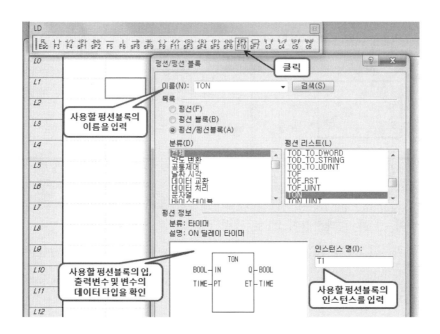

그림 10.62a 펑션블록의 등록 작성절차

- 프로그램의 작성

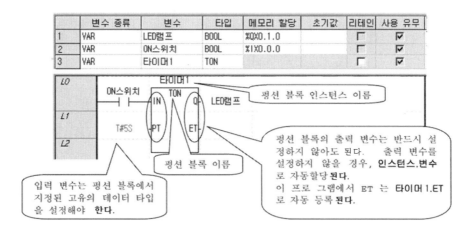

그림 10.62b 펑션블록의 작성 예

- **TON 프로그램 예 1**

기동스위치를 On하면 On 딜레이 타이머 T1이 동작하여 5초 후 램프가 On된다. 기동스위치를 Off하면 램프가 Off된다.

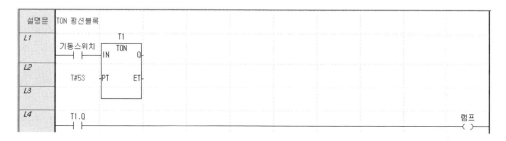

	변수 종류	변수	타입	메모리 할당	초기값	리테인	사용 유무	설명문
1	VAR	T1	TON			□	☑	
2	VAR	기동스위치	BOOL	%IX0.0.0		□	☑	
3	VAR	램프	BOOL	%QX0.2.0		□	☑	
4						□	□	

그림 10.63 TON 프로그램 예 1

- **TON 프로그램 예 2**

On 딜레이 타이머 2개를 이용하여 램프의 플리커 회로(0.5초 간격)로 작성한다.

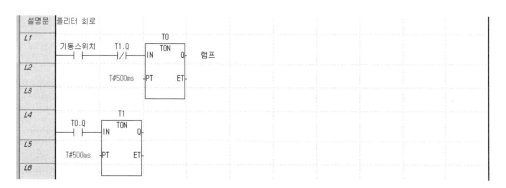

	변수 종류	변수	타입	메모리 할당	초기값	리테인	사용 유무	설명문
1	VAR	T0	TON			□	☑	
2	VAR	T1	TON			□	☑	
3	VAR	기동스위치	BOOL	%IX0.0.0		□	☑	
4	VAR	램프	BOOL	%QX0.2.0		□	☑	
5						□	□	

그림 10.64 TON 프로그램 예 2

(2) TOF(Off Delay Timer)

TOF 펑션 블록	설 명

TOF
 	
BOOL—IN   Q—BOOL
TIME—PT   ET—TIME
	입력 IN : 타이머 기동 조건
	        PT : 설정 시간(Preset Time)
	
	출력 Q : 타이머 출력
	        ET : 경과 시간(Elapsed Time)

• 기능

❶ IN이 1이 되면, Q가 1이 되고, IN이 0이 된 후부터 PT에 의해서 지정된 설정시간이 경과한 후 Q가 0이 된다.

❷ IN이 0이 된 후 경과시간이 ET로 출력된다.

❸ 만일 경과시간 ET가 설정시간에 도달하기 전에 IN이 1이 되면, 경과시간은 다시 0 으로 된다.

• 타임차트

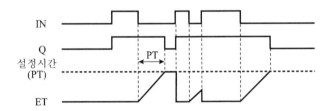

• TOF 프로그램 예 1

기동스위치를 On하면 램프가 On되고, 기동스위치를 Off하면 5초 후에 램프가 Off된다.

	변수 종류	변수	타입	메모리 할당	초기값	리테인	사용 유무	설명문
1	VAR	T1	TOF			☐	☑	
2	VAR	기동SW	BOOL	%IX0.0.0		☐	☑	
3	VAR	램프	BOOL	%QX0.2.0		☐	☑	
4						☐	☐	

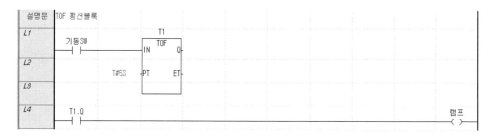

그림 10.65 TOF 프로그램 예 1

- TOF 프로그램 예 2

On스위치를 On하면 LED램프가 On된다. On스위치를 Off시키면 5초 후에 LED램프가
Off되는데 시간이 경과하는 것을 BCD표시기를 통해 볼 수 있다.

	변수 종류	변수	타입	메모리 할당	초기값	리테인	사용 유무	설명문
1	VAR	BCD표시기	WORD	%QW0.2.0		□	☑	
2	VAR	LED램프	BOOL	%QX0.1.0		□	☑	
3	VAR	ON스위치	BOOL	%IX0.0.0		□	☑	
4	VAR	T0	TOF			□	☑	
5						□	□	

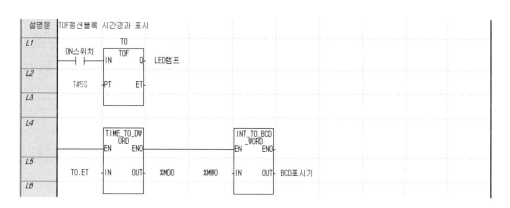

그림 10.66 TOF 프로그램 예 2

• TOF 프로그램 예 2 시뮬레이션

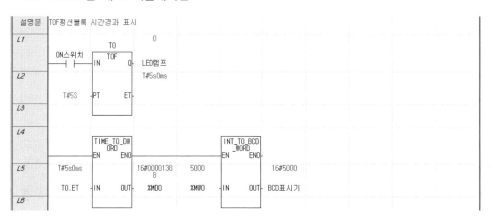

그림 10.66(s) TOF 프로그램 예 2 시뮬레이션

🔲 예제 10.5··· TON, TOF를 이용한 화장실 자동밸브 제어

사용자가 변기에 접근한 후 1초 뒤에 2초간 밸브가 작동하여 물이 나오고, 사용자가 변기로부터 이탈 후 즉시 3초간 물이 공급되는 제어이다.

	변수 종류	변수	타입	메모리 할당	초기값	리테인	사용 유무	설명문
1	VAR	T0	TON			☐	☑	
2	VAR	T1	TOF			☐	☑	
3	VAR	T2	TON			☐	☑	
4	VAR	밸브	BOOL	%QX0.2.0		☐	☑	
5	VAR	센서	BOOL	%IX0.0.0		☐	☑	
6						☐	☐	

그림 10.66a 예제 10.5 프로그램

(3) TP(Pulse Timer)

TP	펑션 블록	설 명

TP
 	
BOOL─ IN   Q ─BOOL
TIME─ PT   ET ─TIME
		입력 IN : 타이머 기동조건
		    PT : 설정 시간 (Preset Time)
		
		출력 Q : 타이머 출력
		    ET : 경과 시간 (Elapsed Time)

• 기능

❶ IN이 1이 되면 PT에 의해서 지정된 설정시간 동안만 Q가 1이 되고, ET가 PT에 도달하면 자동으로 0이 된다.

❷ 경과시간 ET는 IN이 1이 되었을 때부터 증가하며 PT에 이르면 값을 유지하다가 IN이 0이 될 때 0의 값이 된다.

❸ ET가 증가할 동안은 IN이 0이 되거나 재차 1이 되어도 영향이 없다.

• 타임차트

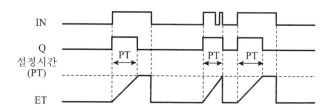

• TP 프로그램 예 1

기동SW를 On하면 타이머 출력 T1.Q가 5초 동안 On했다가 Off된다. 경과시간 T1.ET가 증가할 동안 기동SW가 Off되거나 다시 On되어도 영향이 없다.

	변수 종류	변수	타입	메모리 할당	초기값	리테인	사용 유무	설명문
1	VAR	T1	TP			☐	☑	
2	VAR	기동SW	BOOL	%IX0.0.0		☐	☑	
3	VAR	램프	BOOL	%QX0.2.0		☐	☑	
4						☐	☐	

그림 10.67 TP 프로그램 예 1

- TP 프로그램 예 1 시뮬레이션

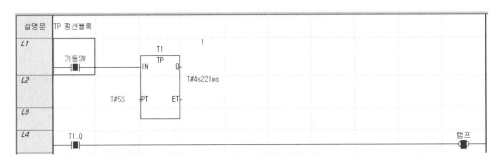

그림 10.67(s) TP 프로그램 예 1 시뮬레이션

- TP 프로그램 예 2

%IX0.0.0 스위치를 On하면 LED램프가 On되며, 5초 후에 LED램프가 Off된다. BCD표시기에서 시간이 경과하는 것을 볼 수 있다.

	변수 종류	변수	타입	메모리 할당	초기값	리테인	사용 유무	설명문
1	VAR	BCD표시기	WORD	%QW0.3.0		☐	☑	
2	VAR	LED램프	BOOL	%QX0.2.0		☐	☑	
3	VAR	T1	TP			☐	☑	
4						☐	☐	

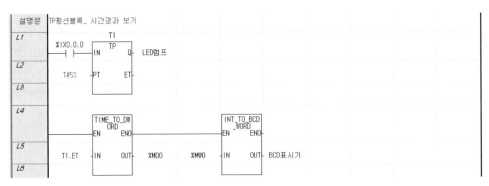

그림 10.68 TP 프로그램 예 2

• TP 프로그램 예 2 시뮬레이션

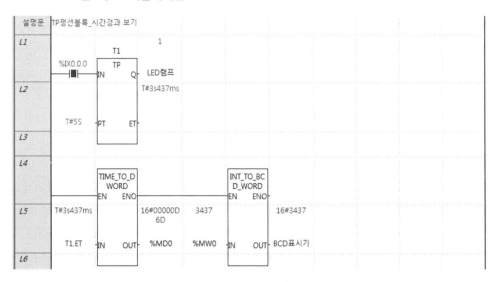

그림 10.68(s) 프로그램 예 2 시뮬레이션

(4) TMR(적산 타이머)

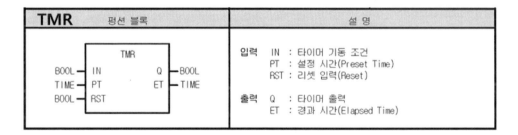

TMR 펑션 블록	설 명
	입력 IN : 타이머 기동 조건 PT : 설정 시간(Preset Time) RST : 리셋 입력(Reset) 출력 Q : 타이머 출력 ET : 경과 시간(Elapsed Time)

• 기능

❶ TMR 펑션블록은 IN이 1이 된 후 경과시간이 ET로 출력된다.

❷ 경과시간 ET가 설정시간에 도달하기 전에 IN이 0이 되어도 현재의 경과시간을 유지하다가 IN이 다시 1이 되면 경과시간을 다시 증가시킨다.

❸ 경과시간이 설정시간에 도달하면 Q가 1이 된다.

❹ Reset 입력조건이 성립되면 Q는 0이 되며 경과시간도 0이 된다.

• 타임차트

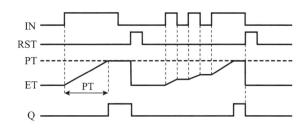

• TMR 프로그램 예

작동스위치를 On시켰다가 Off시키면 경과시간은 그대로 유지되고 스위치를 다시 On시키면 그로부터 경과시간이 증가하여 설정시간 10초가 되면 램프가 On된다.

	변수 종류	변수	타입	메모리 할당	초기값	리테인	사용 유무	설명문
1	VAR	T1	TMR			☐	☑	
2	VAR	램프	BOOL	%QX0.2.0		☐	☑	
3	VAR	리셋스위치	BOOL	%IX0.0.1		☐	☑	
4	VAR	작동스위치	BOOL	%IX0.0.0		☐	☑	
5						☐	☐	

설명문	TMR 펑션
L1	작동스위치 ─┤ ├── T1 TMR ─ IN Q─
L2	T#10S ─PT ET─
L3	리셋스위치 ─RST
L4	
L5	T1.Q ─┤ ├────────────── 램프 ─( )─

그림 10.69 TMR 프로그램 예

• TMR 프로그램 예 시뮬레이션

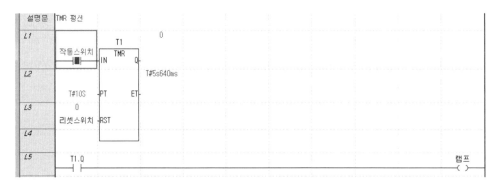

그림 10.69(s1) TMR 프로그램 예 시뮬레이션(1)

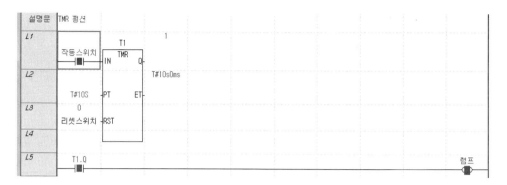

그림 10.69(s2)   TMR 프로그램 예 시뮬레이션(2)

(5) TRTG(리트리거블 타이머)

TRTG	평션 블록	설 명

TRTG
BOOL — IN   Q — BOOL
TIME — PT   ET — TIME
BOOL — RST
		입력 IN : 타이머 기동 조건
		       PT : 설정 시간(Preset Time)
		       RST : 리셋 입력(Reset)
		
		출력 Q : 타이머 출력
		       ET : 경과 시간(Elapsed Time)

- 기능

❶ TRTG 펑션블록은 기동조건 IN이 1이 되는 순간 Q는 1이 되고, 경과시간이 설정시간에 도달하면 타이머 출력 Q는 0이 된다.

❷ 타이머 경과시간이 설정시간이 되기 전에 IN이 또다시 0에서 1로 되면 경과시간은 0으로 재설정되고 다시 증가하여 설정시간 PT에 도달하면 Q는 0이 된다.

❸ Reset 입력조건이 성립하면 타이머 출력 Q는 0이 되고 경과시간도 0이 된다.

- 타임차트

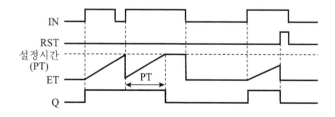

- TRTG 프로그램 예

%IX0.0.0스위치를 On하면 바로 램프가 On하고 설정시간 10초가 지나면 Off된다. 10초
가 되기 전에 스위치를 Off시켰다가 다시 On하면 경과시간이 0으로 초기화된다. %IX0.0.1
의 리셋스위치를 On하면 출력 및 경과시간이 0으로 된다.

	변수 종류	변수	타입	메모리 할당	초기값	리테인	사용 유무	설명문
1	VAR	T1	TRTG			☐	☑	
2	VAR	램프	BOOL	%QX0.2.0		☐	☑	
3						☐	☐	

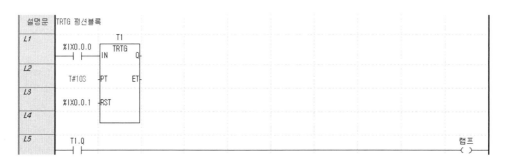

그림 10.70 TRTG 프로그램 예

- TRTG 프로그램 예 시뮬레이션

그림 10.70(s) TRTG 프로그램 예 시뮬레이션

(6) TON_UINT(정수설정 On딜레이 타이머)

TON_UINT 펑션 블록	설 명

TON_UINT
BOOL — IN ⎯ Q — BOOL
UINT — PT ⎯ ET — TIME
UINT — UNIT
	입력 IN : 타이머 기동 조건
	       PT : 설정 시간(Preset Time)
	       UNIT : 설정 시간의 시간 단위(Unit)
	
	출력 Q : 타이머 출력
	       ET : 경과 시간(Elapsed Time)

- 기능

❶ TON_UINT 펑션블록은 IN이 1이 된 후 경과시간이 ET로 출력된다.

❷ 만일 경과시간 ET가 설정시간에 도달하기 전에 IN이 0이 되면, 경과시간 ET는 0으로 된다.

❸ Q가 1이 된 후 IN이 0이 되면, Q는 0이 된다.

❹ 설정시간은 PT * UNIT[ms]이다.

- 타임차트

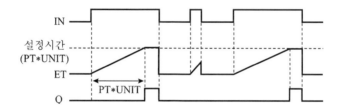

- TON_UINT 프로그램 예

기동스위치를 On한 후 3초가 되면 램프가 On된다.

	변수 종류	변수	타입	메모리 할당	초기값	리테인	사용 유무	설명문
1	VAR	T1	TON_UINT			☐	☑	
2	VAR	기동	BOOL	%IX0.0.0		☐	☑	
3	VAR	램프	BOOL	%QX0.2.0		☐	☑	
4						☐	☐	

```
설명문  TON_UINT 펑션
L1                          T1
       기동              TON_UINT                              램프
        ┤├───────────────IN     Q─────────────────────────────( )
L2
                      3 ─PT    ET─
L3
                   1000 ─UNIT
L4
```

그림 10.71 TON_UINT 프로그램 예

- TON_UINT 프로그램 예 시뮬레이션

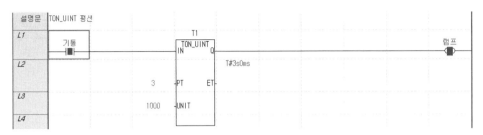

그림 10.71(s) TON_UINT 프로그램 예 시뮬레이션

(7) TOF_UINT(정수설정 Off딜레이 타이머)

TOF_UINT 펑션 블록	설 명

TOF_UINT
BOOL ─ IN   Q ─ BOOL
UINT ─ PT   ET ─ TIME
UINT ─ UNIT
BOOL ─ RST
	입력 IN : 타이머 기동 조건
	         PT : 설정 시간(Preset Time)
	       UNIT : 설정 시간의 시간 단위(Unit)
	        RST : 리셋 입력
	
	출력 Q : 타이머 출력
	         ET : 경과 시간(Elapsed Time)

- 기능

❶ TOF_UINT 펑션블록은 기동조건 IN이 1이 되는 순간 Q는 1이 되고, IN이 0이 된 후부터 PT에 의하여 지정된 설정시간이 경과한 후 Q가 0이 된다.

❷ IN이 0이 된 후 경과시간이 ET로 출력된다.

❸ 만일 경과시간 ET가 설정시간에 도달하기 전에 IN이 1이 되면, 경과시간은 다시 0 으로 된다.

❹ Reset 입력조건이 성립하면 타이머 출력 Q는 0이 되고 경과시간도 0이 된다.

❺ 설정시간은 PT * UNIT[ms]이다.

- 타임차트

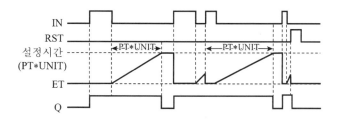

- TOF_UINT 프로그램 예

스위치를 On하면 램프가 바로 점등되고 스위치를 Off하면 5초 후 램프가 소등된다.

	변수 종류	변수	타입	메모리 할당	초기값	리테인	사용 유무	설명문
1	VAR	T1	TOF_UINT			□	☑	
2	VAR	램프	BOOL	%QX0.2.0		□	☑	
3	VAR	리셋	BOOL	%IX0.0.1		□	☑	
4	VAR	스위치	BOOL	%IX0.0.0		□	☑	
5						□	□	

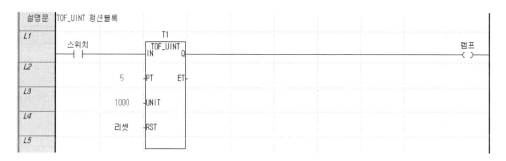

그림 10.72 TOF_UINT 프로그램 예

- TOF_UINT 프로그램 예 시뮬레이션

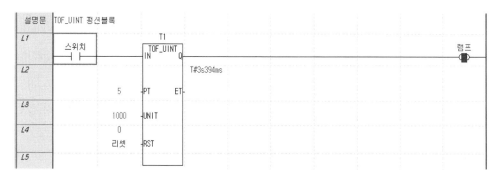

그림 10.72(s) TOF_UINT 프로그램 예 시뮬레이션

10.5.2 카운터 종류와 기능

카운터의 종류는 기본적으로 표 10.11과 같이 4종류가 있다.

표 10.12 카운터 종류

No	펑션블록 이름	기능	비고
1	CTU_***	가산 카운터(Up Counter) INT, DINT, LINT, UINT, UDINT, ULINT	–
2	CTD_***	감산 카운터(Down Counter) INT, DINT, LINT, UINT, UDINT, ULINT	–
3	CTUD_***	가감산 카운터(Up Down Counter) INT, DINT, LINT, UINT, UDINT, ULINT	–
4	CTR	링 카운터(Ring Counter)	–

(1) CTU(Up Counter) : 가산 카운터

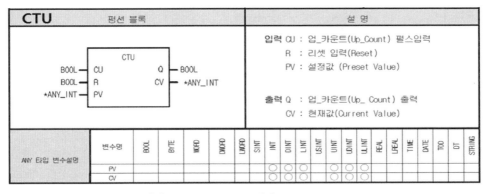

[주] ANY_INT : ANY_INT 타입 중 SINT, USINT 제외

• 기능

❶ 가산 카운터 펑션블록 CTU는 업 카운터 펄스입력 CU가 0에서 1이 되면 현재 값 CV가 이전 값보다 1만큼 증가하는 카운터이다.

❷ 단, CV가 PV의 최대값 미만일 때만 증가하고, 최대값이 되면 더 이상 증가하지 않는다.

❸ 리셋 입력 R이 1이 되면 현재 값 CV는 0으로 클리어(Clear)된다.

❹ 출력 Q는 CV가 PV값 이상이 될 때만 1이 된다.

❺ PV값은 CTU 펑션블록을 수행 시 설정 값을 새롭게 가져와 연산한다.

※ CTU에는 다음과 같은 종류가 있다.

펑션블록	PV	동작 설명
CTU_INT	INT	INT(설정값)의 최대값(32767)만큼 증가한다.
CTU_DINT	DINT	DINT(설정값)의 최대값(2147483647)만큼 증가한다.
CTU_LINT	LINT	LINT(설정값)의 최대값(9223372036854775807)만큼 증가한다.
CTU_UINT	UINT	UINT(설정값)의 최대값(65535)만큼 증가한다.
CTU_UDINT	UDINT	UDINT(설정값)의 최대값($2^{32} - 1$)만큼 증가한다.
CTU_ULINT	ULINT	ULINT(설정값)의 최대값($2^{64} - 1$)만큼 증가한다.

· 타임차트

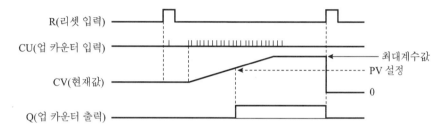

· CTU 프로그램 예

버튼스위치를 5회 터치하면 램프가 On되고 터치횟수는 BCD표시기에 표시된다.

	변수 종류	변수	타입	메모리 할당	초기값	리테인	사용 유무	설명문
1	VAR	BCD표시기	WORD	%QW0.2.0		□	☑	
2	VAR	C1	CTU_INT			□	☑	
3	VAR	램프	BOOL	%QX0.1.0		□	☑	
4	VAR	리셋스위치	BOOL	%IX0.0.1		□	☑	
5	VAR	버튼스위치	BOOL	%IX0.0.0		□	☑	
6						□	□	

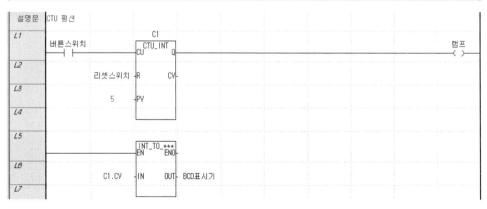

그림 10.73 CTU 프로그램 예 1

• CTU 프로그램 예 1 시뮬레이션

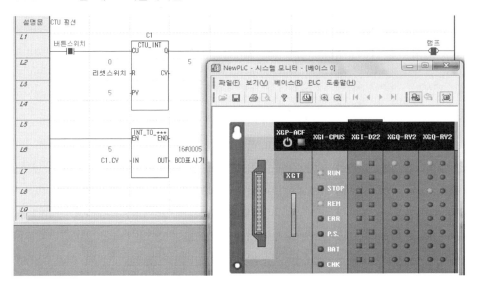

그림 10.73(s) CTU 프로그램 예 1 시뮬레이션

• CTU 프로그램 예 2

디지털 스위치를 이용하여 카운터의 설정 값을 10으로 설정하고, 스위치를 10회 터치하면 램프가 On하고 BCD표시기에 카운터의 현재 값이 디스플레이된다.

	변수 종류	변수	타입	메모리 할당	초기값	리테인	사용 유무	설명문
1	VAR	BCD표시기	WORD	%QW0.1.1		☐	☑	
2	VAR	C1	CTU_INT			☐	☑	
3	VAR	디지털스위치	WORD	%IW0.0.1		☐	☑	
4	VAR	램프	BOOL	%QX0.1.0		☐	☑	
5	VAR	리셋	BOOL	%IX0.0.2		☐	☑	
6	VAR	설정	BOOL	%IX0.0.0		☐	☑	
7	VAR	설정값	INT			☐	☑	
8	VAR	스위치	BOOL	%IX0.0.1		☐	☑	
9						☐		

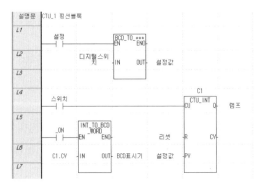

그림 10.74 CTU 프로그램 예 2

- CTU 프로그램 예 2 시뮬레이션

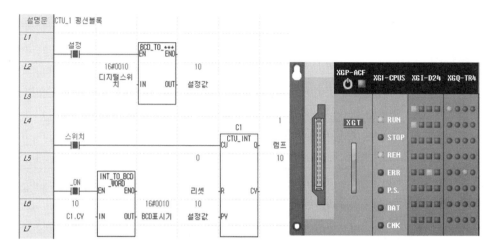

그림 10.74(s)   CTU 프로그램 예 2 시뮬레이션

(2) CTD(Down Counter) : 감산 카운터

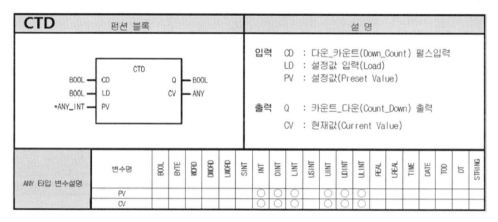

[주] ANY_INT : ANY_INT 타입 중 SINT, USINT 제외

- 기능

❶ 감산 카운터 펑션블록 CTD는 감산 카운터 펄스입력 CD가 0에서 1이 되면, 현재 값 CV가 이전 값보다 1만큼 감소하는 카운터이다.

❷ 단, CV는 PV의 최소값보다 클 때만 감소하고, 최소값이 되면 더 이상 감소하지 않는다.

❸ 설정 값 입력 LD가 1이 되면 현재 값 CV에는 설정 값 PV값이 로드된다(CV = PV).

❹ 출력 Q는 CV가 0 이하일 때만 1이 된다.

※ CTD에는 다음과 같은 종류가 있다.

펑션블록	PV	동작 설명
CTD_INT	INT	INT(설정값)의 최소값(−32,768)만큼 감소한다.
CTD_DINT	DINT	DINT(설정값)의 최소값(−2,147,483,648)만큼 감소한다.
CTD_LINT	LINT	LINT(설정값)의 최소값(−9,223,372,036,854,775,808)만큼 감소한다.
CTD_UINT	UINT	UINT(설정값)의 최소값(0)만큼 감소한다.
CTD_UDINT	UDINT	UDINT(설정값)의 최소값(0)만큼 감소한다.
CTD_ULINT	ULINT	ULINT(설정값)의 최소값(0)만큼 감소한다.

• 타임차트

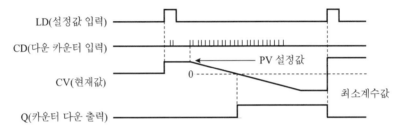

• CTD 프로그램 예 1

로드스위치를 터치하여 현재 값을 5로 로딩한 후 스위치를 On/Off하여 현재 값이 0이
되면 램프가 On된다.

	변수 종류	변수	타입	메모리 할당	초기값	리테인	사용 유무	설명문
1	VAR	C1	CTD_INT			☐	☑	
2	VAR	램프	BOOL	%QX0.2.0		☐	☑	
3	VAR	로드	BOOL	%IX0.0.1		☐	☑	
4	VAR	스위치	BOOL	%IX0.0.0		☐	☑	
5						☐	☐	

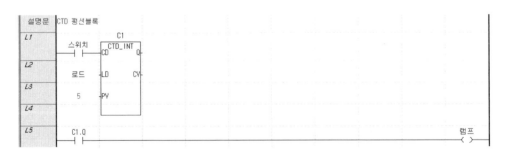

그림 10.75 CTD 프로그램 예 1

- CTD 프로그램 예 1 시뮬레이션

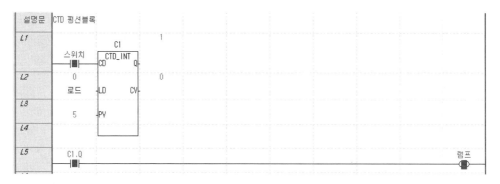

그림 10.75(s)   CTD 프로그램 예 1 시뮬레이션

- CTD 프로그램 예 2

디지털 스위치를 이용하여 카운터의 설정값을 5로 설정하고 로드스위치를 On한 후 다운스위치를 5회 터치하면 램프가 On된다. 다운로드 스위치의 터치횟수는 BCD표시기에 표시된다.

	변수 종류	변수	타입	메모리 할당	초기값	리테인	사용 유무	설명문
1	VAR	BCD표시기	WORD	%QW0.1.1		□	☑	
2	VAR	C1	CTD_INT			□	☑	
3	VAR	다운스위치	BOOL	%IX0.0.0		□	☑	
4	VAR	디지털스위치	WORD	%IW0.0.1		□	☑	
5	VAR	램프	BOOL	%QX0.1.0		□	☑	
6	VAR	로드	BOOL	%IX0.0.1		□	☑	
7	VAR	설정값	INT			□	☑	
8						□	□	

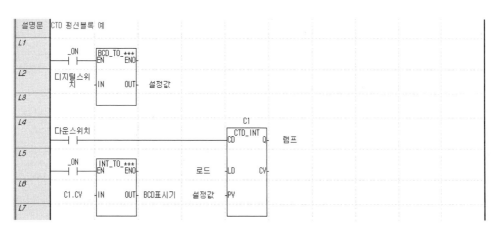

그림 10.76   CTD 프로그램 예 2

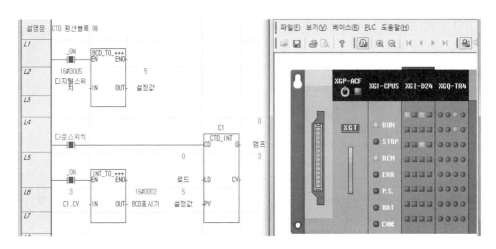

그림 10.76(s) CTD 프로그램 예 2 시뮬레이션

(3) CTUD(Up Down Counter) : 가감산 카운터

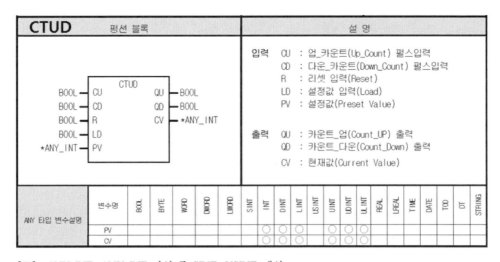

[주] ANY_INT : ANY_INT 타입 중 SINT, USINT 제외

- 기능

❶ 가감산 카운터 펑션블록 CTUD는 업 카운터 펄스입력 CU가 0에서 1이 되면 현재 값 CV가 이전 값보다 1만큼 증가하고, 다운 카운터 펄스입력 CD가 0에서 1이 되면 현재 값 CV가 이전 값보다 1만큼 감소하는 카운터이다.

❷ 단, CV가 PV의 최소값과 최대값 사이의 값을 가지며 최대값, 최소값에 이르면 각각 더 이상 증가, 감소하지 않는다.

❸ 설정 값 입력 LD가 1이 되면 현재 값 CV에는 설정 값 PV값이 로드된다(CV = PV).

❹ 리셋 입력 R이 1이 되면 현재 값 CV는 0으로 클리어(Clear)된다(CV = 0).

❺ 출력 QU는 CV가 PV값 이상이면 1이 되고, QD는 CV가 0 이하일 때 1이 된다.

❻ 각 입력신호에 대해서 R > LD > CU > CD 순으로 동작을 수행하며, 신호의 중복 발생 시 우선순위가 높은 동작 하나만 수행한다.

※ CTUD 펑션블록에는 다음과 같은 종류가 있다.

펑션블록	PV	동작 설명
CTUD_INT	INT	INT(설정값)의 $-32768 \sim 32767$만큼 증가한다.
CTUD_DINT	DINT	DINT(설정값)의 $0 \sim 2^{31}-1$만큼 증가, 감소한다.
CTUD_LINT	LINT	LINT(설정값)의 $0 \sim 2^{63}-1$만큼 증가, 감소한다.
CTUD_UINT	UINT	UINT(설정값)의 $0 \sim 65535$만큼 증가, 감소한다.
CTUD_UDINT	UDINT	UDINT(설정값)의 $0 \sim 2^{32}-1$만큼 증가, 감소한다.
CTUD_ULINT	ULINT	ULINT(설정값)의 $0 \sim 2^{64}-1$만큼 증가, 감소한다.

• 타임차트

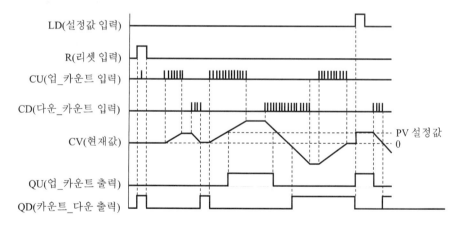

• CTUD 프로그램 예 1

	변수 종류	변수	타입	메모리 할당	초기값	리테인	사용 유무	설명문
1	VAR	C1	CTUD_INT			☐	☑	
2	VAR	down스위치	BOOL	%IX0.0.1		☐	☑	
3	VAR	up스위치	BOOL	%IX0.0.0		☐	☑	
4	VAR	램프1	BOOL	%QX0.2.0		☐	☑	
5	VAR	램프2	BOOL	%QX0.2.1		☐	☑	
6	VAR	로드스위치	BOOL	%IX0.0.8		☐	☑	
7	VAR	리셋스위치	BOOL	%IX0.0.15		☐	☑	
8						☐	☐	

그림 10.77 CTUD 프로그램 예 1

• CTUD 프로그램 예 1 시뮬레이션

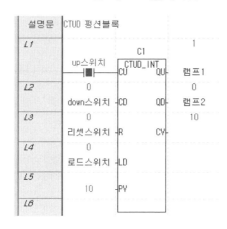
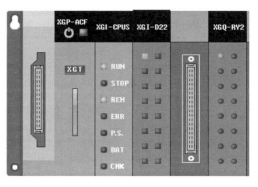

(a)

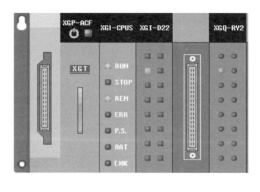

(b)

그림 10.77(s) CTUD 프로그램 예 1 시뮬레이션

• CTUD 프로그램 예 2

초기에 첫 스캔에 5가 업다운 카운터 C1.CV에 전송되어 현재 값을 5로 한다. 현재 값이 설정치 10 이상이면 램프1이 점등하고, 현재 값이 0 이하이면 램프2가 점등한다. 현재 값이 0 이상이면 GE 펑션 출력이 On되어 현재 값을 BCD표시기(INT_TO_BCD)에 나타낸다.

	변수 종류	변수	타입	메모리 할당	초기값	리테인	사용 유무	설명문
1	VAR	BCD표시기	WORD	%QW0.3.0		☐	☑	
2	VAR	C1	CTUD_INT			☐	☑	
3	VAR	down스위치	BOOL	%IX0.0.1		☐	☑	
4	VAR	Load스위치	BOOL	%IX0.0.3		☐	☑	
5	VAR	reset스위치	BOOL	%IX0.0.2		☐	☑	
6	VAR	up스위치	BOOL	%IX0.0.0		☐	☑	
7	VAR	램프1	BOOL	%QX0.2.0		☐	☑	
8	VAR	램프2	BOOL	%QX0.2.1		☐	☑	

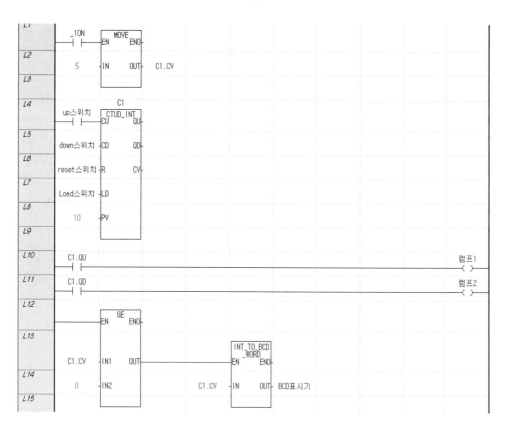

그림 10.78 CTUD 프로그램 예 2

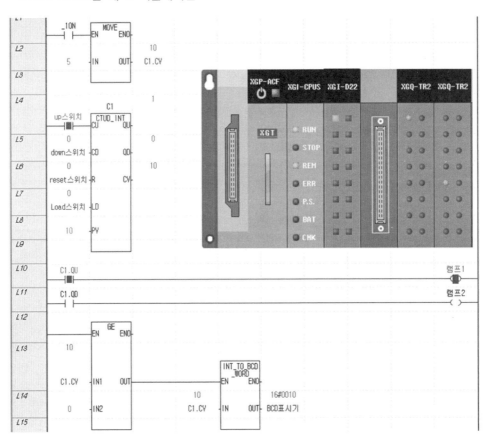

그림 10.78(s)   CTUD 프로그램 예 2 시뮬레이션

(4) CTR(Ring Counter)

CTR	펑션 블록	설 명

입력   CD : 링 카운트(Ring Count) 펄스 입력
　　　　PV : 설정값(Preset Value)
　　　　RST : 리셋 입력(Reset)

출력   Q   : 링 카운트(Ring Count) 출력
　　　　CV : 현재값(Current Value)

• 기능

❶ 링 카운터 CTR 펑션블록은 펄스입력 CD가 0에서 1이 될 때마다 현재 값 CV를 +1

하고 현재 값 CV가 설정 값 PV에 도달하면 출력(Q)은 1이 되며 CD가 다시 0에서 1로 되면 현재 값은 0으로 된다.

❷ 현재 값이 설정 값에 도달하면 출력(Q)은 1이 된다.

❸ 현재 값이 설정치 미만이거나 Reset조건이 1이 되면 출력(Q)은 0이 된다.

• 타임차트

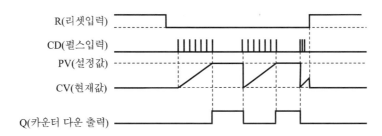

• CTR 프로그램 예

입력접점 스위치가 5회 펄스입력될 때마다 램프가 On된다. 리셋스위치를 On하면 현재 값이 0으로 된다.

	변수 종류	변수	타입	메모리 할당	초기값	리테인	사용 유무	설명문
1	VAR	C1	CTR			☐	☑	
2	VAR	램프	BOOL	%QX0.2.0		☐	☑	
3	VAR	리셋스위치	BOOL	%IX0.0.1		☐	☑	
4	VAR	스위치	BOOL	%IX0.0.0		☐	☑	
5						☐	☐	

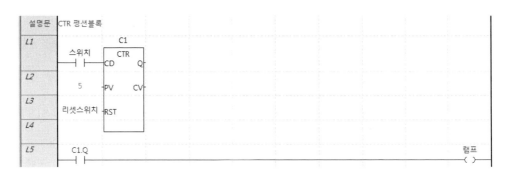

그림 10.79 CTR 프로그램 예

- CTR 프로그램 예 시뮬레이션

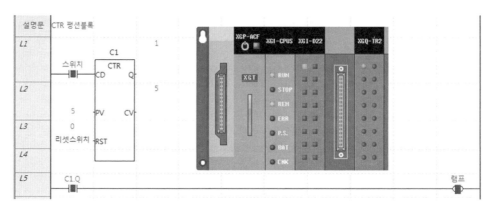

그림 10.79(s) CTR 프로그램 예 시뮬레이션

10.5.3 그 외 펑션블록

(1) R_TRIG(상승에지)

R_TRIG 펑션 블록	설 명
R_TRIG BOOL — CLK Q — BOOL	입력 CLK : 입력신호 출력 Q : 상승 에지 검출결과

- 기능

R_TRIG는 CLK에 연결된 입력의 상태가 0에서 1로 변할 때 출력 Q를 1로 만들고 R_TRIG를 재실행 시 0으로 된다. 그 이외의 경우, 출력 Q는 항상 0이 된다.

- 타임차트

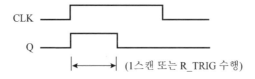

(2) F_TRIG(하강에지)

F_TRIG	펑션 블록	설 명
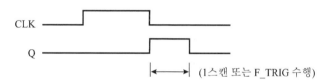		**입력** CLK : 입력신호 **출력** Q : 하강 에지 검출결과

- 기능

F_TRIG는 CLK에 연결된 입력의 상태가 1에서 0으로 변할 때 출력 Q를 1로 만들고 다음 수행에서 0으로 만든다. 그 외는, 출력 Q가 항상 0이 된다.

- 타임차트

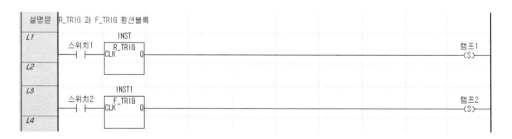

(1스캔 또는 F_TRIG 수행)

- R_TRIG 및 F_TRIG 프로그램 예

스위치1을 누름과 동시에 램프1이 점등되고, 스위치2를 눌렀다가 뗄 때 램프2가 점등된다.

	변수 종류	변수	타입	메모리 할당	초기값	리테인	사용 유무	설명문
1	VAR	INST	R_TRIG			☐	☑	
2	VAR	INST1	F_TRIG			☐	☑	
3	VAR	램프1	BOOL	%QX0.1.0		☐	☑	
4	VAR	램프2	BOOL	%QX0.1.1		☐	☑	
5	VAR	스위치1	BOOL	%IX0.0.0		☐	☑	
6	VAR	스위치2	BOOL	%IX0.0.1		☐	☑	
7						☐	☐	

```
설명문   R_TRIG 과 F_TRIG 펑션블록
              INST
L1            R_TRIG                                              램프1
     스위치1 ─CLK      Q                                           ─(S)─
      ─┤ ├─
L2

              INST1
L3            F_TRIG                                              램프2
     스위치2 ─CLK      Q                                           ─(S)─
      ─┤ ├─
L4
```

그림 10.80 R_TRIG 및 F_TRIG 프로그램 예

- R_TRIG 및 F_TRIG 프로그램 예 시뮬레이션

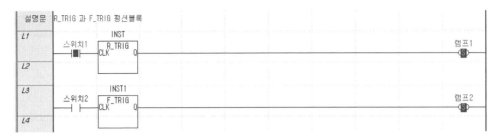

그림 10.80(s) R_TRIG 및 F_TRIG 프로그램 예 시뮬레이션

(3) FF(출력비트 반전)

FF	펑션 블록	설 명
	FF BOOL ─ CLK Q ─ BOOL	입력 CLK : 입력신호 출력 Q : 상승에 지시 출력반전

- 기능

FF는 CLK에 연결된 입력의 상태가 0에서 1로 변할 때 출력 Q를 반전시킨다.

- 타임차트

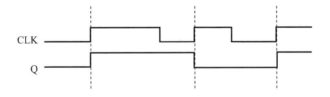

- FF 프로그램 예

스위치를 누를 때마다 램프가 On/Off를 반복한다.

	변수 종류	변수	타입	메모리 할당	초기값	리테인	사용 유무	설명문
1	VAR	F_1	FF			□	☑	
2	VAR	램프	BOOL	%QX0.1.0		□	☑	
3	VAR	스위치	BOOL	%IX0.0.0		□	☑	
4						□	□	

그림 10.81 FF 프로그램 예

• FF 프로그램 예 시뮬레이션

그림 10.81(s) FF 프로그램 예 시뮬레이션

(4) SCON(Step Controller)

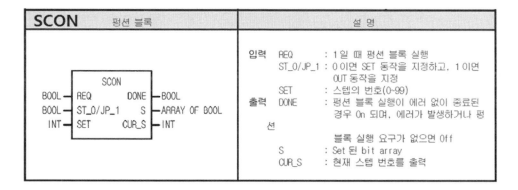

• 기능

❶ 순차작업 조의 설정

펑션블록의 인스턴스 이름이 하나의 순차작업 조의 이름이 된다.

(펑션블록 선언 예 : S00, G01, 제조1, 스텝 접점 예 : S00.S[1], G01.S[1], 제조1.S[1])

❷ Set 동작일 경우(ST_0/JP_1 = 0)

동일 조 내에서 바로 이전의 스텝번호가 On되었을 때 현재 스텝번호가 On된다. 현재 스텝번호가 On되면 자기유지되어 입력접점이 Off되어도 On의 상태를 유지한다. 입력 조건 접점이 동시에 On되어도 한 조 내에서는 한 스텝 번호만 On된다. Sxx.S[0]가 On되면 모든 Set출력이 Clear된다.

❸ JUMP 동작일 경우(ST_0/JP_1 = 1)

동일 조 내에서 입력조건 접점이 다수가 On하여도 한 개의 스텝번호만 On된다. 입력 조건이 동시에 On하면 나중에 프로그램 된 것이 우선으로 출력 된다. 현재 스텝번호 가 On되면 자기유지되어 입력조건이 Off되어도 On상태를 유지한다. Sxx.S[0]이 On 되면 초기 스텝으로 복귀한다.

• SCON 프로그램 예

S_J가 Off(0)인 경우 Set동작을 하고(step0부터 순차적으로 작동), S_J가 On(1)되면 OUT동작(순서에 관계없이 현재 step에서 작동)을 한다.

❶ S_J 스위치가 0인 경우(Off)

step0(스위치0), step1(스위치1), step2(스위치2), step3(스위치3)은 반드시 순차적으로 1단계씩만 진행된다. step1이 호출되면 실행중인 step0는 Reset되고 step1이 On된다.

❷ S_J 스위치가 1인 경우(On)

어느 step이든 후입우선 동작이 되어, step 전진, 후진 및 점프 등의 동작이 가능하다.

	변수 종류	변수	타입	메모리 할당	초기값	리테인	사용 유무	설명문
1	VAR	bit	ARRAY[0..99] OF BOOL			☐	☑	
2	VAR	num	INT			☐	☑	
3	VAR	SC_0	SCON			☐	☑	
4	VAR	S_J	BOOL	%IX0.0.15		☐	☑	
5	VAR	램프0	BOOL	%QX0.2.0		☐	☑	
6	VAR	램프1	BOOL	%QX0.2.1		☐	☑	
7	VAR	램프2	BOOL	%QX0.2.2		☐	☑	
8	VAR	램프3	BOOL	%QX0.2.3		☐	☑	
9	VAR	스위치0	BOOL	%IX0.0.0		☐	☑	
10	VAR	스위치1	BOOL	%IX0.0.1		☐	☑	
11	VAR	스위치2	BOOL	%IX0.0.2		☐	☑	
12	VAR	스위치3	BOOL	%IX0.0.3		☐	☑	

설명문	SCON 펑션
L1	스위치0 SC_0 —|P|— SCON REQ DONE—
L2	S_J STO_J S— bit P1
L3	0 SET CUR_S— num
L4	
L5	스위치1 SC_0 —|P|— SCON REQ DONE—
L6	S_J STO_J S— bit P1
L7	1 SET CUR_S— num
L8	
L9	스위치2 SC_0 —|P|— SCON REQ DONE—
L10	S_J STO_J S— bit P1
L11	2 SET CUR_S— num
L12	
L13	스위치3 SC_0 —|P|— SCON REQ DONE—
L14	S_J STO_J S— bit P1
L15	3 SET CUR_S— num
L16	
L17	bit[0] 램프0 —| |—————————————————————————( )
L18	bit[1] 램프1 —| |—————————————————————————( )
L19	bit[2] 램프2 —| |—————————————————————————( )
L20	bit[3] 램프3 —| |—————————————————————————( )

그림 10.82 SCON 프로그램 예

- SCON 프로그램 예 시뮬레이션

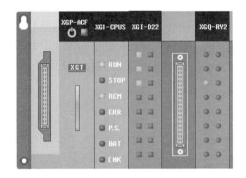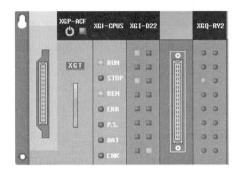

(a) S_J=0인 경우   (b) S_J=1인 경우

그림 10.82(s) SCON 프로그램 예 시뮬레이션

10.6 │ 사용자 정의 펑션/펑션블록

(1) 기본구조

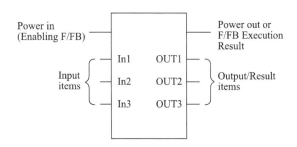

그림 10.83 펑션/펑션블록의 구조

(2) 펑션과 펑션블록의 특징

표 10.13 펑션과 펑션블록의 차이

구분	펑션	펑션블록
입력개수	한 개 이상	한 개 이상
출력개수	한 개	한 개 이상
실행	1스캔	1스캔 이상
명령어 예	MOV, BCD, ADD 등	TON, CTU 등

(3) 사용자 정의 펑션/펑션블록을 작성하는 절차

❶ 프로젝트 창의 사용자 펑션/펑션블록을 마우스 우측버튼을 클릭하여 항목추가/펑션을
선택한다. 그 후 나타나는 "사용자 펑션/펑션블록" 창에서 이름(예 : PITA)과 데이터
타입(예 : REAL)을 작성한다.

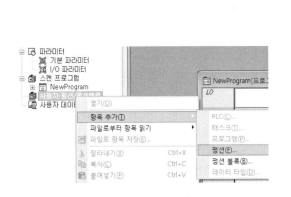

그림 10.84 사용자 펑션/펑션블록 작성

❷ 프로젝트 창에 생성된 "사용자 펑션/펑션블록"의 로컬변수를 클릭하여 로컬변수를 등
록한다(그림 10.85 참조).

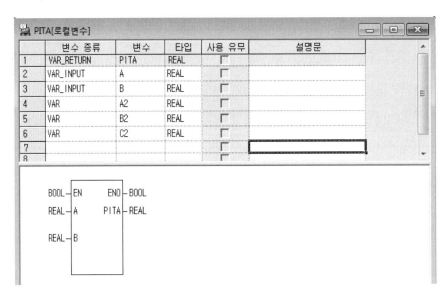

그림 10.85 사용자 펑션/펑션블록 로컬변수 작성(피타)

❸ 프로젝트 창에 생성된 "사용자 펑션/펑션블록"의 프로그램을 클릭하여 그 펑션의 내
용을 프로그램으로 작성한다(그림 10.86 참조).

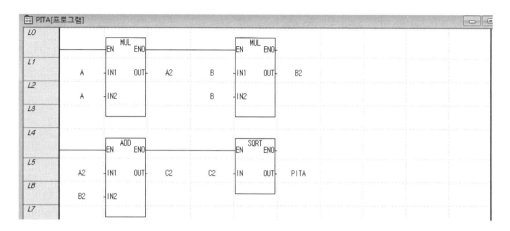

그림 10.86 사용자 펑션 프로그램(피타)

❹ 스캔 프로그램으로 와서 만들어 놓은 사용자 펑션(PITA, 펑션 리스트에 새로 등록되어 있음)을 이용하여 프로그램을 작성하여 시뮬레이션을 할 수 있다.

그림 10.87 사용자 펑션(피타)을 이용한 프로그램

그림 10.87(s) 사용자 펑션(피타)을 이용한 프로그램 시뮬레이션

(4) 사용자 펑션블록(사칙연산)의 예

❶ 사용자 정의 펑션블록 "사칙연산"의 로컬변수는 다음과 같다.

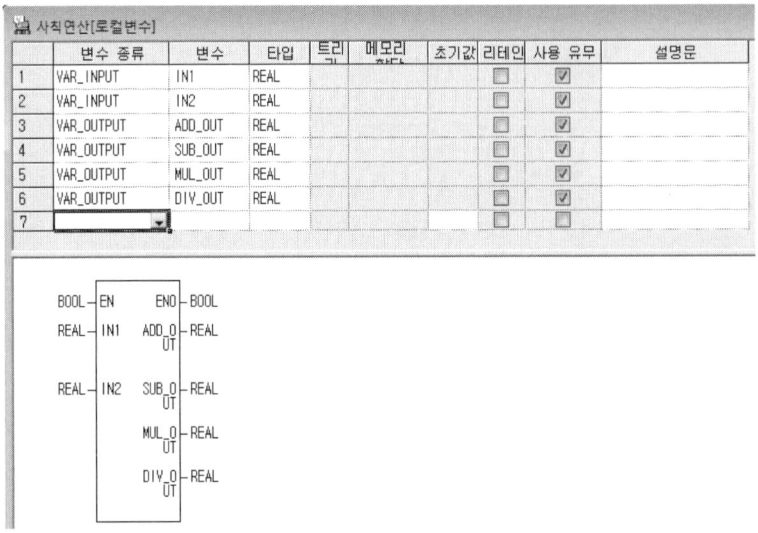

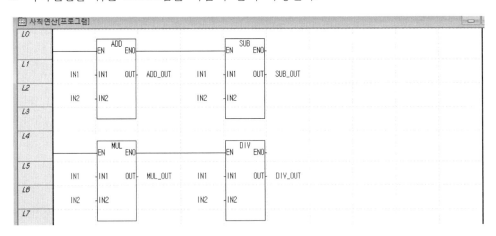

그림 10.88 사용자 펑션/펑션블록 로컬변수 작성(사칙연산)

❷ 사칙연산을 위한 프로그램을 다음과 같이 작성한다.

그림 10.89 사용자 펑션 프로그램(사칙연산)

❸ 스캔 프로그램에서 새로 만든 사칙연산 펑션블록을 이용한 프로그램을 그림 10.90과
같이 작성한다.

그림 10.90 사용자 펑션(사칙연산)을 이용한 프로그램

❹ 이 프로그램의 시뮬레이션 결과는 다음과 같다.

그림 10.90(s) 사용자 펑션(사칙연산)을 이용한 프로그램 시뮬레이션

CHAPTER

11

아날로그 입·출력 모듈

아날로그 입력모듈(A/D 변환모듈)은 PLC 외부기기로부터의 아날로그 신호(전압 또는 전류 입력)를 부호가 있는 16비트 바이너리 데이터의 디지털 값으로 변환하는 모듈이며, 아날로그 출력모듈(D/A 변환모듈)은 PLC CPU에서 설정된 부호가 있는 16비트 바이너리 데이터(데이터 : 14비트)의 디지털 값을 아날로그 신호(전압 또는 전류 출력)로 변환하는 모듈이다.

11.1 | 아날로그 입력모듈(A/D 변환모듈)

11.1.1　아날로그량(Analog Quantity) – A

연속적인 물리량을 수치로 나타내는 것을 **아날로그량**이라 한다. 아날로그는 크기가 연속적으로 변하기 때문에 그 중간 값을 취할 수 있는 양이며 전압, 전류, 온도, 속도, 압력, 유량 등 일반적인 물리량이 이것에 해당된다.

예를 들면 온도는 그림 11.1과 같이 시간과 함께 연속해서 변화한다. 이와 같이 변화하는 온도를 직접 **아날로그 입력모듈**에 입력할 수 없으므로 동일한 아날로그량의 입력신호를 전기신호로 변환하는 트랜스듀서를 경유하여 아날로그 입력모듈에 입력한다.

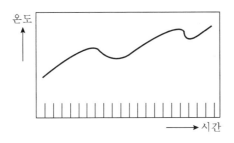
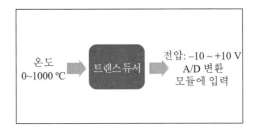

그림 11.1 아날로그량

11.1.2 디지털량(Digital Quantity) - D

0, 1, 2, 3과 같이 데이터 또는 숫자에 의한 데이터나 물리량의 표현을 **디지털량**이라 한다(그림 11.2). 디지털은 데이터를 0과 1의 두 가지 상태로만 생성하고 저장하고 처리하는 전자기술을 말한다. 그러므로 디지털기술로 전송되거나 저장된 데이터는 0과 1이 연속되는 하나의 스트링으로 표현된다. 예를 들어 On, Off 신호는 0과 1의 디지털량으로 나타낼 수 있으며 BCD값과 바이너리 값도 디지털량이다.

연산을 위해 아날로그량을 PLC CPU에 직접 입력할 수는 없다. 그래서 그림 11.2와 같이 아날로그량을 디지털량으로 변환하여 PLC CPU에 입력한다. 이러한 기능을 아날로그 입력모듈이 수행한다.

또한 외부로 아날로그량을 출력하려면 PLC CPU의 디지털량을 아날로그량으로 변환해야 한다. 이러한 기능은 아날로그 출력모듈이 수행한다.

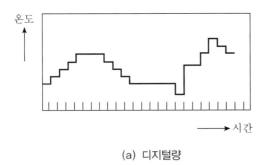
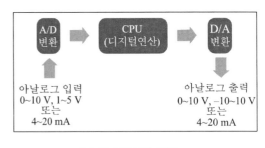

(a) 디지털량   (b) PLC에서의 처리

그림 11.2 디지털량

11.1.3 XGF – AV8A와 XGF – AC8A 성능 규격

아날로그 입력모듈의 성능 규격을 표 11.1에 나타내었다.

표 11.1 아날로그 입력모듈의 성능 규격

항목	규격	
	XGF–AV8A(전압형)	XGF–AC8A(전류형)
아날로그 입력범위	DC 1 ~ 5 V DC 0 ~ 5 V DC 0 ~ 10 V DC −10 ~ 10 V (입력 저항: 1 MΩ min.)	DC 4 ~ 20 mA DC 0 ~ 20 mA (입력 저항: 250 Ω)
아날로그 입력 범위 선택	• 아날로그 입력범위 선택은 XG5000의 사용자(시퀀스) 프로그램 또는 [I/0 파라미터] 항목에서 설정한다. • 각 입력범위는 채널별 설정이 가능하다.	
디지털 출력	(1) 전압형 (2) 전류형 • 16비트 바이너리 값(데이터 : 14비트) • 디지털 출력 데이터 포맷은 사용자 프로그램 또는 소프트웨어 패키지를 통해 설정하며 채널별 설정이 가능하다.	

(1) 전압형

아날로그 입력 / 디지털 출력	1 ~ 5 V	0 ~ 5 V	0 ~ 10 V	−10 ~ 10 V
부호 없는 값	0 ~ 16000			
부호 있는 값	−8000 ~ 8000			
정규 값	1000 ~ 5000	0 ~ 5000	0 ~ 10000	−10000 ~ 10000
백분위 값	0 ~ 10000			

(2) 전류형

아날로그 입력 / 디지털 출력	4 ~ 20 mA	0 ~ 20 mA
부호 없는 값	0~ 16000	
부호 있는 값	−8000 ~ 8000	
정규 값	4000 ~ 20000	0 ~ 20000
백분위 값	0 ~ 10000	

최대 분해능

아날로그 입력범위	분해능(1/16000)	아날로그 입력범위	분해능(1/16000)
1 ~ 5 V	0.250 mV	4~20 mA	1.0 μA
0 ~ 5 V	0.3125 mV		
0 ~ 10 V	0.625 mV	0~20 mA	1.25 μA
−10 ~ 10 V	1.250 mV		

항목	규격	
	XGF–AV8A(전압형)	XGF–AC8A(전류형)
정밀도	±0.2 %이하(주위 온도 25 ℃ ±5 ℃일 때) ±0.3 %이하(주위 온도 0 ℃~ 55 ℃일 때)	
최대 변환 속도	250 μs / 채널	
절대 최대 입력	±15 V	±30 mA
아날로그 입력 점수	8채널/1모듈	
절연 방식	입력 단자와 PLC 전원 간 포토 커플러 절연(채널 간 비 절연)	
접속 단자	18점 단자대	
입·출력 점유 점수	고정식 : 64, 가변식 : 16점	
내부 소비 전류	DC 5 V : 420 mA	
중량	140 g	

11.1.4 입·출력 변환특성

입·출력 변환특성은 PLC 외부기기로부터의 **아날로그 신호**(전압 또는 전류 입력)를 디지털 값으로 변환할 때의 **오프셋**과 **게인 값**을 직선으로 연결한 기울기가 그 특성을 결정한다 (그림 11.3 및 그림 11.4 참조).

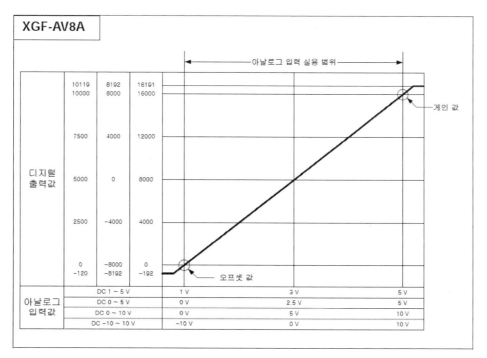

그림 11.3 XGF-AV8A의 입·출력 특성

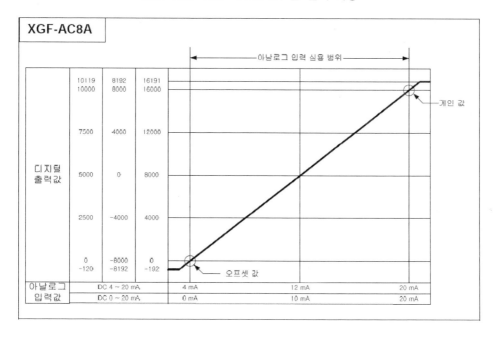

그림 11.4 XGF-AC8A의 입·출력 특성

(1) XGF-AV8A의 입·출력 특성

XGF-AV8A는 8채널의 아날로그 전압 전용모듈로 오프셋/게인 조정은 사용자가 설정할 수 없으며, 전압 입력범위는 사용자 프로그램 또는 특수모듈 패키지를 이용하여 채널별 설정이 가능하다. 디지털 데이터의 출력형태는 다음과 같이 정의된다.

❶ 부호 없는 값(Unsigned Value)

❷ 부호 있는 값(Signed Value)

❸ 정규 값(Precise Value)

❹ 백분위 값(Percentile Value)

1) 입력 전압이 DC 1~5 V 범위인 경우

❶ XG5000의 [I/O 파라미터 설정]에서 아날로그 입력모듈을 더블클릭하여 나타나는 운전설정 테이블에서 [입력 범위]를 "1~5 V"로 설정한다(그림 11.5 참조).

파라미터	채널0	채널1	채널2	채널3	채널4	채널5	채널6	채널7
□ 운전 채널	운전	정지	정지	정지	정지	정지	정지	정지
□ 입력 전압(전류) 범위	1~5V	1~5V	1~5V	1~5V	1~5V	1~5V	1~5V	1~5V
출력 데이터 타입	0~16000	0~16000	0~16000	0~16000	0~16000	0~16000	0~16000	0~16000
□ 필터 처리	금지	금지	금지	금지	금지	금지	금지	금지
필터 상수	1	1	1	1	1	1	1	1
□ 평균 처리	금지	금지	금지	금지	금지	금지	금지	금지
□ 평균 방법	횟수평균	횟수평균	횟수평균	횟수평균	횟수평균	횟수평균	횟수평균	횟수평균
평균값	2	2	2	2	2	2	2	2

그림 11.5 XGF-AV8A의 운전설정 테이블

❷ 출력 데이터의 범위에 따른 디지털 값의 변환은 다음 그림 11.6과 같다.

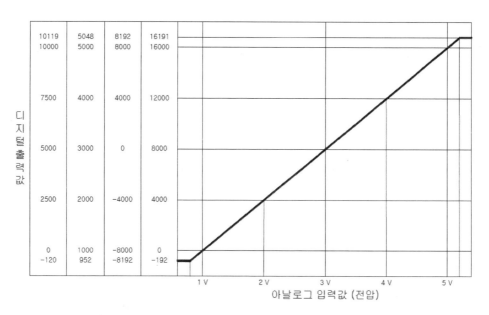

그림 11.6 아날로그 입력 값(1~5 V)에 대한 디지털 출력 값의 변환

❸ 전압 입력특성에 대한 **디지털 출력 값**은 다음과 같다.

분해능(1/16000 기준) : 0.25 mV

디지털 출력 범위	아날로그 입력 전압(V)						
	0.952	1	2	3	4	5	5.047
부호 없는 값 (−192~16191)	−192	0	4000	8000	12000	16000	16191
부호 있는 값 (−8192~8191)	−8192	−8000	−4000	0	4000	8000	8191
정규 값 (952~5048)	952	1000	2000	3000	4000	5000	5048
백분위 값 (−120~10119)	−120	0	2500	5000	7500	10000	10119

그림 11.6a 아날로그 입력 값(1~5 V)에 대한 디지털 출력 값의 변환

2) 입력 전압이 DC 0~5 V인 경우

❶ XG5000의 [I/O 파라미터 설정]에서 아날로그 입력모듈의 운전설정 테이블에서 [입력 범위]를 "0~5 V"로 설정한다(그림 11.7 참조).

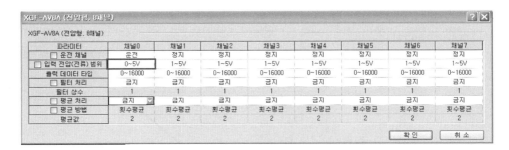

그림 11.7 XGF-AV8A의 운전설정 테이블

❷ 출력 데이터의 범위에 따른 디지털 값의 변환은 다음 그림 11.8과 같다.

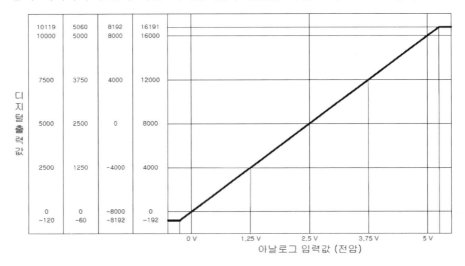

그림 11.8 아날로그 입력 값(0~5 V)에 대한 디지털 출력 값의 변환

❸ 전압 입력특성에 대한 디지털 출력 값은 다음과 같다.

분해능(1/16000 기준) : 0.3125 mV

디지털 출력 범위	아날로그 입력 전압(V)						
	-0.06	0	1.25	2.5	3.75	5	5.05
부호 없는 값 (-192~16191)	-192	0	4000	8000	12000	16000	16191
부호 있는 값 (-8192~8191)	-8192	-8000	-4000	0	4000	8000	8191
정규 값 (-60~5060)	-60	0	1250	2500	3750	5000	5060
백분위 값 (-120~10119)	-120	0	2500	5000	7500	10000	10119

그림 11.8a 아날로그 입력 값(0~5 V)에 대한 디지털 출력 값의 변환

3) 입력 전압이 DC 0~10 V인 경우

❶ XG5000의 [I/O 파라미터 설정]에서 [입력 범위]를 "0~10 V"로 설정한다(그림 11.9 참조).

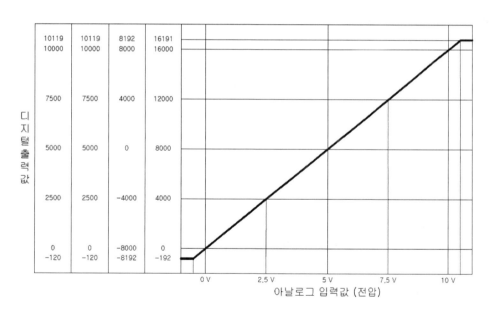

파라미터	채널0	채널1	채널2	채널3	채널4	채널5	채널6	채널7
☐ 운전 채널	운전	정지	정지	정지	정지	정지	정지	정지
☐ 입력 전압(전류) 범위	0~10V	1~5V	1~5V	1~5V	1~5V	1~5V	1~5V	1~5V
출력 데이터 타입	0~16000	0~16000	0~16000	0~16000	0~16000	0~16000	0~16000	0~16000
☐ 필터 처리	금지	금지	금지	금지	금지	금지	금지	금지
필터 상수	1	1	1	1	1	1	1	1
☐ 평균 처리	금지	금지	금지	금지	금지	금지	금지	금지
☐ 평균 방법	횟수평균	횟수평균	횟수평균	횟수평균	횟수평균	횟수평균	횟수평균	횟수평균
평균값	2	2	2	2	2	2	2	2

그림 11.9 XGF-AV8A의 운전설정 테이블

❷ 출력 데이터의 범위에 따른 디지털 값의 변환은 다음 그림 11.10과 같다.

그림 11.10 아날로그 입력 값(0~10 V)에 대한 디지털 출력 값의 변환

❸ 전압 입력특성에 대한 디지털 출력 값은 다음과 같다.

분해능(1/16000 기준) : 0.625 mV

디지털 출력 범위	아날로그 입력 전압(V)						
	−0.12	0	2.5	5	7.5	10	10.11
부호 없는 값 (−192~16191)	−192	0	4000	8000	12000	16000	16191
부호 있는 값 (−8192~8191)	−8192	−8000	−4000	0	4000	8000	8191
정규 값 (−60~5059)	−120	0	2500	5000	7500	10000	10119
백분위 값 (−120~10119)	−120	0	2500	5000	7500	10000	10119

그림 11.10a   아날로그 입력 값(0~10 V)에 대한 디지털 출력 값의 변환

4) 입력 전압이 DC −10~10 V인 경우

❶ XG5000의 [I/O 파라미터 설정]에서 [입력 범위]를 "−10~10 V"로 설정한다(그림 11.11 참조).

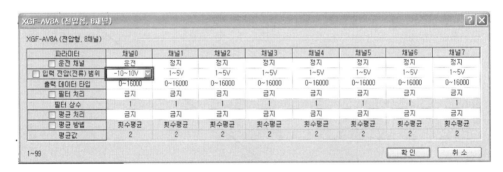

그림 11.11   XGF−AV8A의 운전설정 테이블

❷ 출력 데이터의 범위에 따른 디지털 값의 변환은 그림 11.12와 같다.

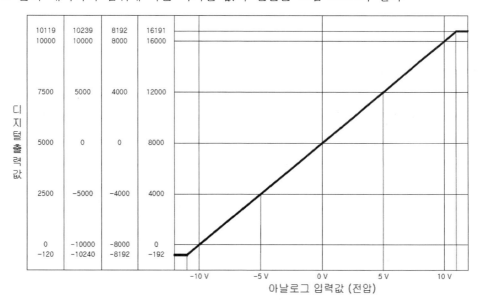

그림 11.12 아날로그 입력 값(−10~10 V)에 대한 디지털 출력 값의 변환

❸ 전압 입력특성에 대한 디지털 출력 값은 다음과 같다.

분해능(1/16000 기준) : 1.25 mV

디지털 출력 범위	아날로그 입력 전압(V)						
	−10.24	−10	−5	0	5	10	10.23
부호 없는 값 (−192~16191)	−192	0	4000	8000	12000	16000	16191
부호 있는 값 (−8192~8191)	−8192	−8000	−4000	0	4000	8000	8191
정규 값 (−10240~10238)	−10240	−10000	−5000	0	5000	10000	10239
백분위 값 (−120~10119)	−120	0	2500	5000	7500	10000	10119

그림 11.12a 아날로그 입력 값(−10~10 V)에 대한 디지털 출력 값의 변환

(2) XGF−AC8A의 입·출력 특성

전류 입력범위는 사용자 프로그램 또는 특수모듈 패키지를 이용하여 채널별 설정이 가능하며, 디지털 데이터의 출력형태는 다음과 같이 정의된다.

❶ 부호 없는 값(Unsigned Value)

❷ 부호 있는 값(Signed Value)

❸ 정규 값(Precise Value)

❹ 백분위 값(Percentile Value)

1) 입력 전류가 4~20 mA인 경우

❶ XG5000의 [I/O 파라미터 설정]에서 [입력 범위]를 "4~20 mA"로 설정한다(그림 11.13 참조).

파라미터	채널0	채널1	채널2	채널3	채널4	채널5	채널6	채널7
□ 운전 채널	운전	정지	정지	정지	정지	정지	정지	정지
□ 입력 전압(전류) 범위	4~20mA	4~20mA	4~20mA	4~20mA	4~20mA	4~20mA	4~20mA	4~20mA
출력 데이터 타입	0~16000	0~16000	0~16000	0~16000	0~16000	0~16000	0~16000	0~16000
□ 필터 처리	금지	금지	금지	금지	금지	금지	금지	금지
필터 상수	1	1	1	1	1	1	1	1
□ 평균 처리	금지	금지	금지	금지	금지	금지	금지	금지
□ 평균 방법	횟수평균	횟수평균	횟수평균	횟수평균	횟수평균	횟수평균	횟수평균	횟수평균
평균값	2	2	2	2	2	2	2	2
□ 유효변환값 유지	금지	금지	금지	금지	금지	금지	금지	금지

그림 11.13 XGF−AC8A의 운전설정 테이블

❷ 출력 데이터의 범위에 따른 디지털 값의 변환은 그림 11.14와 같다.

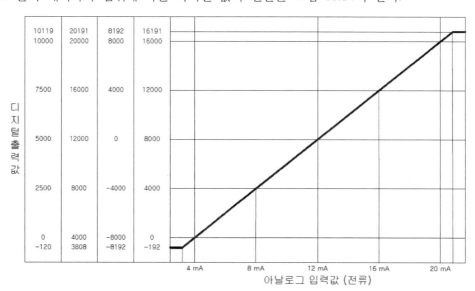

그림 11.14 아날로그 입력 값(4~20 mA)에 대한 디지털 출력 값의 변환

❸ 전류 입력특성에 대한 디지털 출력 값은 다음과 같다.

분해능(1/16000 기준) : 1 ㎂

디지털 출력 범위	아날로그 입력 전류(mA)						
	3.808	4	8	12	16	20	20.191
부호 없는 값 (−192~16191)	−192	0	4000	8000	12000	16000	16191
부호 있는 값 (−8192~8191)	−8192	−8000	−4000	0	4000	8000	8191
정규 값 (3808~20191)	3808	4000	8000	12000	16000	20000	20191
백분위 값 (−120~10119)	−120	0	2500	5000	7500	10000	10119

그림 11.14a 아날로그 입력 값(4~20 mA)에 대한 디지털 출력 값의 변환

2) 입력 전류가 0~20 mA인 경우

❶ XG5000의 [I/O 파라미터 설정]에서 [입력 범위]를 "0~20 mA"로 설정한다(그림 11.15 참조).

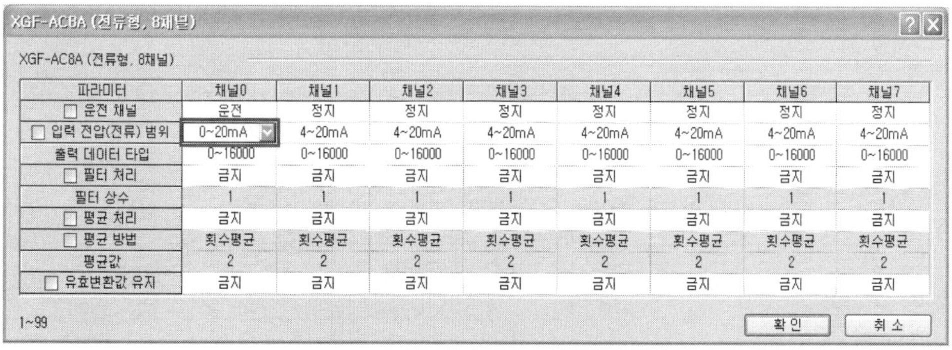

그림 11.15 XGF−AC8A의 운전설정 테이블

❷ 출력 데이터의 범위에 따른 디지털 값의 변환은 그림 11.16과 같다.

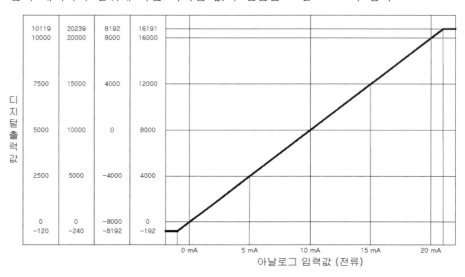

그림 11.16 아날로그 입력 값(0∼20 mA)에 대한 디지털 출력 값의 변환

❸ 전류 입력특성에 대한 디지털 출력 값은 다음과 같다.

분해능(1/16000 기준) : 1.25 µA

디지털 출력 범위	아날로그 입력 전류(mA)						
	−0.24	0	5	10	15	20	20.23
부호 없는 값 (−192∼16191)	−192	0	4000	8000	12000	16000	16191
부호 있는 값 (−8192∼8191)	−8192	−8000	−4000	0	4000	8000	8191
정규 값 (−240∼20239)	−240	0	5000	10000	15000	20000	20239
백분위 값 (−120∼10119)	−120	0	2500	5000	7500	10000	10119

그림 11.16a 아날로그 입력 값(0∼20 mA)에 대한 디지털 출력 값의 변환

• 아날로그 입력 값이 디지털 출력범위를 벗어나는 값으로 입력된 경우 디지털 출력 값은 설정된 출력범위에 해당하는 최대 또는 최소값으로 유지된다. 예를 들어 디지털 출력범위를 부호 없는 값(−192∼16191)으로 지정한 경우, 디지털 출력 값이 16191 또는 −192를 초과하는 아날로그 값이 입력되었다면 디지털 출력 값은 16191 또는 −192로 고정된다.

- 전압은 ±15 V, 전류는 ±30 mA 이상 입력하지 않아야 한다. 열 상승에 의해 불량의 원인이 된다.
- XGF－AV8A/AC8A 모듈의 오프셋/게인 설정은 사용자가 할 수 없다.

11.1.5 아날로그 입력모듈의 기능

A/D 변환모듈의 기능을 간단히 서술한다.

① 채널 "운전/정지" 설정

A/D변환을 수행할 채널의 "운전/정지"를 지정할 수 있으며, 사용하지 않는 채널은 "정지"로 설정함으로써 전체 운전시간을 단축할 수 있다.

② 입력 전압/전류범위 설정

사용하고자 하는 아날로그 입력범위를 지정할 수 있으며, 전압형 모듈의 경우 4가지, 전류형 모듈의 경우 2가지 입력범위의 지정이 가능하다.

③ 출력 데이터 타입 설정

디지털 출력형태를 지정할 수 있으며, 이 모듈에서는 4가지 출력 데이터 타입의 지정이 가능하다.

④ A/D변환 방식

1) 샘플링 처리(A/D변환 방식을 지정하지 않은 경우), 2) 필터처리(입력 값의 급격한 변동을 지연시켜 줌), 3) 평균처리(횟수 또는 시간을 기준으로 평균한 A/D변환 값을 출력함)

⑤ 입력 단선 검출기능

1～5 V(4～20 mA) 범위의 아날로그 입력이 단선된 경우 사용자 프로그램에서 이를 검출할 수 있다.

⑥ 유효변환 값 유지기능

이 기능을 "허용"으로 설정한 채널에는 입력신호가 유효한 범위를 벗어났을 때, 가장 마지막에 변환된 유효한 입력 값을 유지하며, 이 기능은 전류형 모듈(XGF－AC8A)에서만 제공된다.

⑦ 경보 기능

입력신호가 유효한 입력범위를 벗어났을 때, 해당 채널의 알람 플래그를 통해 알려준다.

11.1.6 A/D변환 방식

A/D변환 방식 ┬ 샘플링 처리
　　　　　　 ├ 필터 처리
　　　　　　 └ 평균 처리 ┬ 횟수에 의한 평균 처리
　　　　　　　　　　　　 └ 시간에 의한 평균 처리

(1) 샘플링 처리

연속적인 아날로그 입력신호를 일정한 시간간격으로 수집하여 A/D변환한다. 아날로그 입력신호가 A/D변환되어 메모리에 저장될 때까지 걸리는 시간은 사용 채널 수에 따라 달라진다.

(처리 시간) = (사용 채널 수) × (변환속도)

예 사용 채널 수가 3인 경우의 처리 시간 : 3×250 ㎲ = 750 ㎲

(2) 필터 처리

필터 처리 기능으로 노이즈 또는 입력 값의 급격한 변동을 필터(지연) 처리함으로써 안정된 디지털 출력 값을 얻을 수 있다. 필터상수는 사용자 프로그램 또는 "I/O 파라미터" 설정에 의해 채널마다 지정할 수 있다.

필터 처리 기능은 '현재의 A/D변환 값'과 '이전 A/D변환 값' 사이에 가중치를 두어 데이터를 취하는 방법으로 가중치는 필터상수로 결정할 수 있다. 출력 데이터의 흔들림이 심할 경우 필터상수 값을 크게 설정하여 사용하는 것이 좋다. 설정범위는 1~99%이며, 필터 처리 기능을 사용하지 않으면 현재의 A/D변환 값이 그대로 출력된다.

(3) 평균 처리

지정된 채널의 A/D변환을 설정횟수 또는 설정시간 동안 실행하여 누적된 합에 대한 평균 값을 메모리에 저장한다. 평균 처리 여부 및 시간/횟수 값 지정은 사용자 프로그램 또는 "I/O 파라미터" 설정에 의해 채널마다 지정할 수 있다.

평균 처리 방법을 사용하는 이유는 노이즈와 같은 비정상적인 아날로그 입력신호를 정상적인 아날로그 입력신호에 가까운 값으로 A/D변환하기 위해서이다.

1) 시간평균 처리

① 설정 범위 : 4~16000(ms)

② 시간평균 사용 시 사용 채널 수에 따라 설정시간 내의 평균 처리 횟수가 정해진다.

$$평균 처리 횟수 = \frac{설정시간}{사용채널 수 \times 변환속도}$$

예 1 사용 채널 수 : 1, 설정시간 : 16000 ms

$$평균 처리 횟수 = \frac{16000 \text{ ms}}{1 \times 0.25 \text{ ms}} = 64000 회$$

예 2 사용 채널 수 : 8, 설정시간 : 4 ms

$$평균처리 횟수 = \frac{4 \text{ ms}}{8 \times 0.25 \text{ ms}} = 2회$$

③ 시간평균은 A/D 변환모듈 내부에서 횟수평균으로 변환되어 처리된다. 이 경우 설정 시간을 (사용 채널 수 × 변환속도)로 나누는 과정에서 나머지가 발생할 수 있으며, 그 나머지는 버린다.

2) 횟수평균 처리

① **설정범위 : 2~64000회**

② 횟수평균 사용 시 평균값이 메모리에 저장되는 시간은 사용 채널 수에 따라 달라진다.

$$처리시간 = 설정횟수 \times 사용 채널 수 \times 변환속도$$

예 사용 채널 수 4, 평균 처리 횟수가 50회인 경우

$$50 \times 4 \times (0.25 \text{ ms}) = 50 \text{ ms}$$

11.1.7 입력단선 검출기능

1~5 V(4~20 mA)의 입력신호 범위를 사용할 때 입력회로의 단선을 검출할 수 있으며, 각 입력채널에 대한 단선 검출신호는 UXY.10(X : 베이스번호, Y : 슬롯번호)에 저장된다. 따라서 0번 베이스, 0번 슬롯에 A/D 변환모듈이 장착된 경우에는 U00.10에 단선검출 신호가 저장된다. 각 비트는 할당된 채널에 단선이 검출되었을 때 1로 설정되며 단선이 복원되면 0으로 복귀한다.

11.1.8 아날로그 입력모듈 운전설정

(1) 운전설정 순서

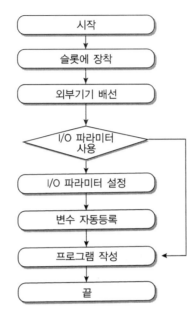

그림 11.17 아날로그 입력모듈의 운전설정 순서

(2) I/O 파라미터를 이용한 운전설정

1) I/O 파라미터의 수동등록

❶ XG5000 프로젝트 창에서 I/O 파라미터를 더블클릭한다.

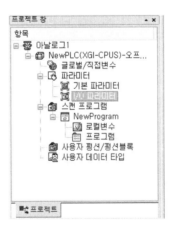

그림 11.18 프로젝트 창

❷ I/O 파라미터 설정 창에서 모듈이 장착된 슬롯의 모듈 열을 선택하고 특수모듈의 아
날로그 입력모듈을 연 후 장착된 모듈의 형명을 선택한다(그림 11.19 참조).

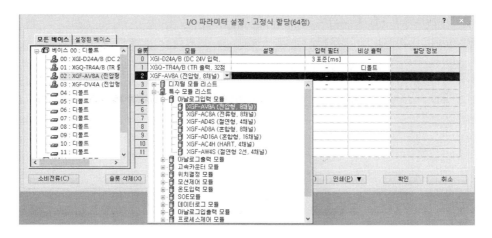

그림 11.19 I/O 파라미터 창

2) 온라인 기능을 이용한 I/O 파라미터 자동등록

❶ XG5000 온라인 메뉴에서 접속을 눌러 XG5000과 PLC를 접속한다.

❷ 온라인 메뉴의 모드전환을 눌러 PLC를 STOP모드로 전환한다.

❸ XG5000 온라인 메뉴에서 I/O정보를 선택한다.

❹ I/O정보 창에서 I/O동기화 버튼을 선택한다. 그러면 XG5000에서 읽어온 I/O정보를
I/O 파라미터에 저장하게 된다. 이때 I/O동기화 메시지가 나타난다.

❺ I/O 파라미터를 클릭해 보면 모듈이 등록되어 있다(그림 11.20).

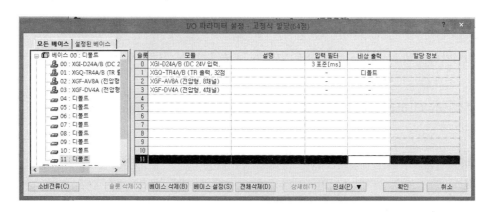

그림 11.20 I/O 파라미터 창

3) 운전 파라미터의 설정

❶ I/O 파라미터에서 등록된 모듈을 더블클릭하면(그림 11.21) 모듈 운전 파라미터 설정
창이 나타난다(그림 11.22).

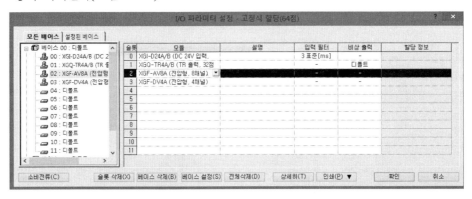

그림 11.21 I/O 파라미터 창

파라미터	채널0	채널1	채널2	채널3	채널4	채널5	채널6	채널7
☐ 운전 채널	정지	정지	정지	정지	정지	정지	정지	정지
☐ 입력 전압(전류) 범위	1~5V	1~5V	1~5V	1~5V	1~5V	1~5V	1~5V	1~5V
출력 데이터 타입	0~16000	0~16000	0~16000	0~16000	0~16000	0~16000	0~16000	0~16000
☐ 필터 처리	금지	금지	금지	금지	금지	금지	금지	금지
필터 상수	1	1	1	1	1	1	1	1
☐ 평균 처리	금지	금지	금지	금지	금지	금지	금지	금지
☐ 평균 방법	횟수평균	횟수평균	횟수평균	횟수평균	횟수평균	횟수평균	횟수평균	횟수평균
평균값	2	2	2	2	2	2	2	2

그림 11.22 XGF-AV8A의 운전설정 테이블

- **운전채널** : 각 채널별로 운전 및 정지를 선택할 수 있다.
- **입력범위 선택** : 각 채널별로 전압입력의 경우 $1\sim5$ V, $0\sim5$ V, $0\sim10$ V, $-10\sim10$ V
  를 선택할 수 있다.
- **출력 데이터 타입** : 각 채널별로 $0\sim16000$, $-8000\sim8000$, 정규값, $0\sim10000$을 선택
  할 수 있다.
- **필터 처리** : 필터 처리 여부를 선택할 수 있다. 필터 처리 기능은 노이즈 또는 입력 값
  의 급격한 변동을 필터(지연) 처리하여 안정된 디지털 출력 값을 얻을 수 있다.
- **필터상수** : $1\sim99\%$까지 설정이 가능하다.
- **평균 처리** : 평균 처리 허용여부를 선택한다. 평균 처리를 허용하면 설정횟수 또는 설

정시간 동안 A/D변환을 실행하여 누적된 합에 대한 평균값을 CPU에 저장한다.

- **평균방법** : 횟수 또는 시간평균을 선택할 수 있다. 횟수평균은 평균값에 설정된 횟수 동안 A/D변환을 실행한 후 평균값을 계산하여 CPU에 저장한다. 시간평균은 평균값에 설정된 시간 동안 A/D변환을 실행한 후 평균값을 계산하여 CPU에 저장한다.
- **평균값** : 횟수평균 처리를 할 경우, 샘플링 횟수(2~64000)를 입력하고, 시간평균 처리를 할 경우 샘플링 시간(4~16000 ms)을 입력한다.

❷ 특수모듈 변수 자동등록

XGT PLC에서 특수모듈은 데이터 메모리 중 U 또는 L 영역을 이용하여 CPU와 데이터 교환이 이루어진다. 특수모듈은 그 종류에 따라 사용하는 영역이 정해져 있으며, 동일한 특수모듈이 여러 개 사용되더라도 특수모듈이 장착된 베이스번호와 슬롯번호로 모듈이 구분된다.

- "편집" 메뉴에서 **"모듈변수 자동등록"**을 선택하여 나타나는 메시지 창에서 "예"를 선택하면 I/O 파라미터에 등록된 특수모듈에 따라 U 디바이스에 변수 및 설명문이 자동으로 등록된다.
- 그 후 프로젝트 창에서 "글로벌/직접변수"를 선택하고 글로벌/직접변수 창에서 글로벌 변수를 선택하면 등록된 변수 및 설명문을 확인할 수 있다(그림 11.23). 프로그램에서 이 변수를 사용하기 위해서는 로컬변수로 전달한 후 사용해야 한다.

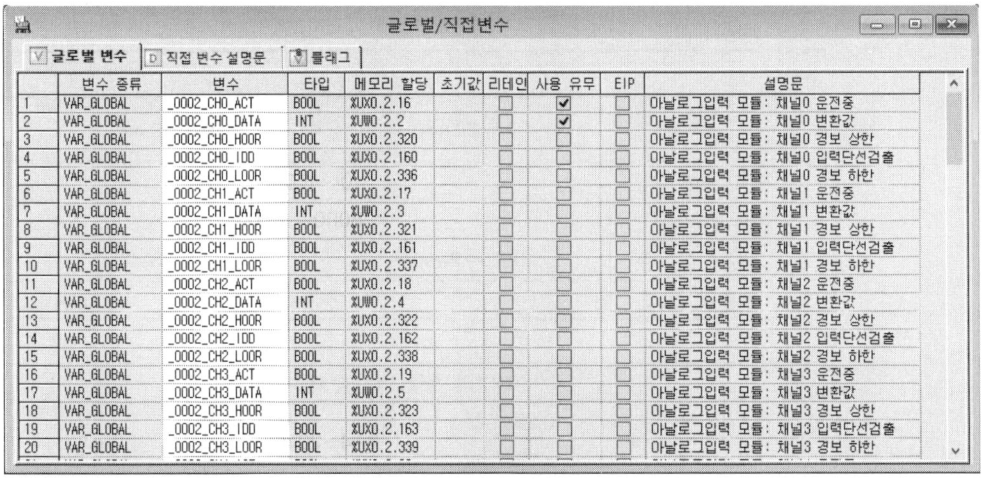

	변수 종류	변수	타입	메모리 할당	초기값	리테인	사용 유무	EIP	설명문
1	VAR_GLOBAL	_0002_CH0_ACT	BOOL	%UX0.2.16			☑		아날로그입력 모듈: 채널0 운전중
2	VAR_GLOBAL	_0002_CH0_DATA	INT	%UW0.2.2			☑		아날로그입력 모듈: 채널0 변환값
3	VAR_GLOBAL	_0002_CH0_HOOR	BOOL	%UX0.2.320					아날로그입력 모듈: 채널0 경보 상한
4	VAR_GLOBAL	_0002_CH0_IDD	BOOL	%UX0.2.160					아날로그입력 모듈: 채널0 입력단선검출
5	VAR_GLOBAL	_0002_CH0_LOOR	BOOL	%UX0.2.336					아날로그입력 모듈: 채널0 경보 하한
6	VAR_GLOBAL	_0002_CH1_ACT	BOOL	%UX0.2.17					아날로그입력 모듈: 채널1 운전중
7	VAR_GLOBAL	_0002_CH1_DATA	INT	%UW0.2.3					아날로그입력 모듈: 채널1 변환값
8	VAR_GLOBAL	_0002_CH1_HOOR	BOOL	%UX0.2.321					아날로그입력 모듈: 채널1 경보 상한
9	VAR_GLOBAL	_0002_CH1_IDD	BOOL	%UX0.2.161					아날로그입력 모듈: 채널1 입력단선검출
10	VAR_GLOBAL	_0002_CH1_LOOR	BOOL	%UX0.2.337					아날로그입력 모듈: 채널1 경보 하한
11	VAR_GLOBAL	_0002_CH2_ACT	BOOL	%UX0.2.18					아날로그입력 모듈: 채널2 운전중
12	VAR_GLOBAL	_0002_CH2_DATA	INT	%UW0.2.4					아날로그입력 모듈: 채널2 변환값
13	VAR_GLOBAL	_0002_CH2_HOOR	BOOL	%UX0.2.322					아날로그입력 모듈: 채널2 경보 상한
14	VAR_GLOBAL	_0002_CH2_IDD	BOOL	%UX0.2.162					아날로그입력 모듈: 채널2 입력단선검출
15	VAR_GLOBAL	_0002_CH2_LOOR	BOOL	%UX0.2.338					아날로그입력 모듈: 채널2 경보 하한
16	VAR_GLOBAL	_0002_CH3_ACT	BOOL	%UX0.2.19					아날로그입력 모듈: 채널3 운전중
17	VAR_GLOBAL	_0002_CH3_DATA	INT	%UW0.2.5					아날로그입력 모듈: 채널3 변환값
18	VAR_GLOBAL	_0002_CH3_HOOR	BOOL	%UX0.2.323					아날로그입력 모듈: 채널3 경보 상한
19	VAR_GLOBAL	_0002_CH3_IDD	BOOL	%UX0.2.163					아날로그입력 모듈: 채널3 입력단선검출
20	VAR_GLOBAL	_0002_CH3_LOOR	BOOL	%UX0.2.339					아날로그입력 모듈: 채널3 경보 하한

그림 11.23 글로벌/직접변수 창

11.2 | 아날로그 출력모듈(D/A 변환모듈)

11.2.1 XGF – DV4A와 XGF – DC4A 성능규격

아날로그 출력모듈의 성능 규격을 표 11.2에 나타내었다.

표 11.2 아날로그 출력모듈의 성능 규격

항목	규격			
	XGF–DV4A (전압 출력형)	XGF–DV8A (전압 출력형)	XGF–DC4A (전류 출력형)	XGF–DC8A (전류 출력형)
아날로그 출력범위	DC 1~5 V DC 0~5 V DC 0~10 V DC –10~10 V 부하저항 : 1 kΩ 이상		DC 4~20 mA, DC 0~20 mA	
			부하저항 : 600 Ω 이하	부하저항 : 550 Ω 이하
	출력범위 선택은 프로그램 또는 파라미터에서 설정(채널별 설정 가능)			
디지털 입력	부호 있는 16비트 바이너리 값(데이터 : 14비트) : 입력형태 선택은 프로그램 또는 파라미터에 의해 설정(채널별 설정 가능)			
	디지털 입력 \ 아날로그 출력	1~5 V	0~5 V	0~10 V	–10~10 V
	부호 없는 값	0~16000			
	부호 있는 값	–8000~8000			
	정규 값	1000~5000	0~5000	0~10000	–10000~10000
	백분위 값	0~10000			
	디지털 입력 \ 아날로그 출력	4~20 mA		0~20 mA	
	부호 없는 값	0~16000			
	부호 있는 값	–8000~8000			
	정규 값	4000~20000		0~20000	
	백분위 값	0~10000			
최대 분해능	1/16000(각 출력 범위에 대하여)			
	1~5 V	0.250 mV	4~20 mA	1.0 μA
	0~5 V	0.3125 mV		
	0~10 V	0.625 mV	0~20 mA	1.25 μA
	±10 V	1.250 mV		

항목	규격			
	XGF-DV4A (전압 출력형)	XGF-DV8A (전압 출력형)	XGF-DC4A (전류 출력형)	XGF-DC8A (전류 출력형)
정밀도	±0.2 %이하(주위 온도 25 ℃일 때) ±0.3 %이하(동작온도 범위일 때)			
최대 변환 속도	250 μs / 채널			
절대 최대 출력	±15 V		±24 mA	
출력 채널 수	4채널/1모듈	8채널/1모듈	4채널/1모듈	8채널/1모듈
절연방식	출력단자와 PLC 전원간 Photo-Coupler 절연(채널간 비절연)			
접속 단자	18점 단자대			
입·출력 점유점수	가변식 : 16점, 고정식 : 64점			
소비 전류 DC5V	190 mA	190 mA	190 mA	190 mA
DC24V	140 mA	180 mA	210 mA	300 mA
중량(g)	150 g			

11.2.2 입·출력 변환특성

입·출력 변환특성은 PLC에서 설정된 **디지털 신호**를 **아날로그 신호**(전압 또는 전류)로 변환하여 그림 11.24와 같은 기울기를 갖는 직선으로 나타낸다. 디지털 입력형태는 부호 없는 값, 부호 있는 값, 정규값, 백분위 값의 4가지 형태로 표현되며, 전압 또는 전류의 출력 범위는 사용자 프로그램 또는 특수모듈 파라미터 설정에 의해 채널마다 선택할 수 있다.

각 디지털 입력의 범위에 따른 입·출력 변환특성에 대하여 고찰한다.

(1) 전압 출력특성

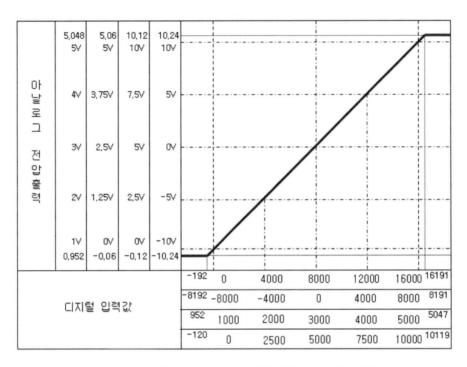

그림 11.24 디지털 입력 값에 따른 아날로그 전압 출력

1) 1~5 V 전압 출력의 범위인 경우

디지털 입력	아날로그 전압 출력							최대 분해능
	0.952	1.0	2.0	3.0	4.0	5.0	5.048	
부호없는 값	−192	0	4000	8000	12000	16000	16191	
부호있는 값	−8192	−8000	−4000	0	4000	8000	8191	0.25 mV
정규값	952	1000	2000	3000	4000	5000	5047	
백분위 값	−120	0	2500	5000	7500	10000	10119	

[주] 1~5 V 전압 출력의 경우 디지털 값 '1'에 대한 아날로그 전압 출력 값은 0.25 mV에 해당된다.

그림 11.25 디지털 입력 값에 대한 아날로그 전압 출력 값(1~5 V)의 변환

2) 0~5 V 전압 출력의 범위인 경우

디지털 입력	아날로그 전압 출력							최대 분해능
	−0.06	0.0	1.25	2.5	3.75	5.0	5.06	
부호 없는 값	−192	0	4000	8000	12000	16000	16191	0.3125 mV
부호 있는 값	−8192	−8000	−4000	0	4000	8000	8191	
정규 값	−60	0	1250	2500	3750	5000	5059	
백분위 값	−120	0	2500	5000	7500	10000	10119	

[주] 0~5 V 전압 출력의 경우 디지털 값 "1"에 대한 아날로그 전압 출력 값은 0.3125 mV에 해당된다.

그림 11.26 디지털 입력 값에 대한 아날로그 전압 출력 값(0~5 V)의 변환

3) 0~10 V 전압 출력의 범위인 경우

디지털 입력	아날로그 전압 출력							최대 분해능
	−0.12	0.0	2.5	5.0	7.5	10.0	10.12	
부호 없는 값	−192	0	4000	8000	12000	16000	16191	0.625 mV
부호 있는 값	−8192	−8000	−4000	0	4000	8000	8191	
정규 값	−120	0	2500	5000	7500	10000	10119	
백분위 값	−120	0	2500	5000	7500	10000	10119	

[주] 0~10 V 전압 출력의 경우 디지털 값 "1"에 대한 아날로그 전압 출력 값은 0.625 mV에 해당된다.

그림 11.27 디지털 입력 값에 대한 아날로그 전압 출력 값(0~10 V)의 변환

4) −10~10 V 전압 출력의 범위인 경우

디지털 입력	아날로그 전압 출력							최대 분해능
	−10.24	−10.0	−5.0	0.0	5.0	10.0	10.24	
부호 없는 값	−192	0	4000	8000	12000	16000	16191	1.25 mV
부호 있는 값	−8192	−8000	−4000	0	4000	8000	8191	
정규 값	−10240	−10000	−5000	0	5000	10000	10238	
백분위 값	−120	0	2500	5000	7500	10000	10119	

[주] −10~10 V 전압 출력의 경우 디지털 값 "1"에 대한 아날로그 전압 출력 값은 1.25 mV에 해당된다.

그림 11.28 디지털 입력 값에 대한 아날로그 전압 출력 값(−10~10 V)의 변환

(2) 전류 출력 특성

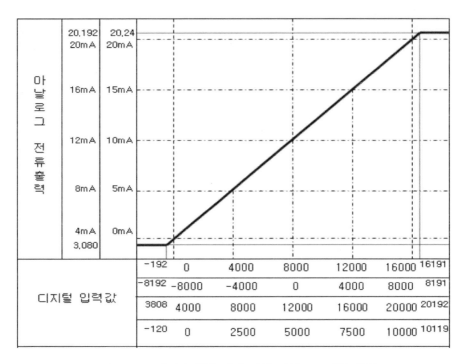

그림 11.29 디지털 입력 값에 따른 아날로그 전류 출력

1) 4~20 mA 전류 출력의 범위인 경우

디지털 입력	아날로그 전류 출력							최대 분해능
	3.808	4	8	12	16	20	20.192	
부호 없는 값	−192	0	4000	8000	12000	16000	16191	
부호 있는 값	−8192	−8000	−4000	0	4000	8000	8191	1.0 μA
정규 값	3808	4000	8000	12000	16000	20000	20192	
백분위 값	−120	0	2500	5000	7500	10000	10119	

[주] 4~20 mA 전류 출력의 경우 디지털 값 "1"에 대한 아날로그 전류 출력 값은 1.0 μA에 해당된다.

그림 11.30 디지털 입력 값에 대한 아날로그 전류 출력 값(4~20 mA)의 변환

2) 0~20 mA 전류 출력의 범위인 경우

디지털 입력	아날로그 전류 출력							최대 분해능
	−	0	5	10	15	20	20.24	
부호 없는 값	−	0	4000	8000	12000	16000	16191	
부호 있는 값	−	−8000	−4000	0	4000	8000	8191	1.25 μA
정규 값	−	0	5000	10000	15000	20000	20192	
백분위 값	−	0	2500	5000	7500	10000	10119	

[주] 0~20 mA 전류 출력의 경우 디지털 값 "1"에 대한 아날로그 전류 출력 값은 1.25 μA에 해당된다.

그림 11.31 디지털 입력 값에 대한 아날로그 전류 출력 값(0~20 mA)의 변환

11.2.3 아날로그 출력모듈 운전설정

(1) I/O 파라미터를 이용한 운전설정

1) I/O 파라미터의 수동등록

❶ XG5000 프로젝트 창(그림 11.32)에서 I/O 파라미터를 더블클릭한다.

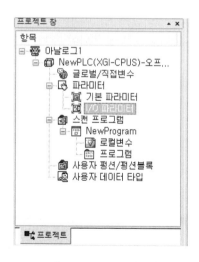

그림 11.32 프로젝트 창

❷ I/O 파라미터 설정 창(그림 11.33)에서 모듈이 장착된 슬롯의 모듈 열을 선택하고 특수모듈의 아날로그 출력모듈을 연 후 장착된 모듈의 형명을 선택한다.

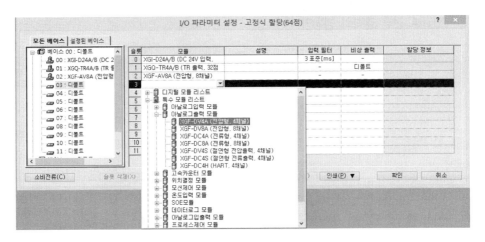

그림 11.33 I/O 파라미터 설정 창

2) 온라인 기능을 이용한 I/O 파라미터 자동등록

❶ XG5000 온라인 메뉴에서 접속을 눌러 XG5000과 PLC를 접속한다.

❷ 온라인 메뉴의 모드전환을 눌러 PLC를 STOP모드로 전환한다.

❸ XG5000 온라인 메뉴에서 I/O정보를 선택한다.

❹ I/O정보 창에서 I/O동기화 버튼을 선택한다. 그러면 XG5000에서 읽어온 I/O정보를 I/O 파라미터에 저장하게 된다. 이때 I/O동기화 메시지가 나타난다.

❺ I/O 파라미터를 클릭해 보면 모듈이 등록되어 있다(그림 11.34).

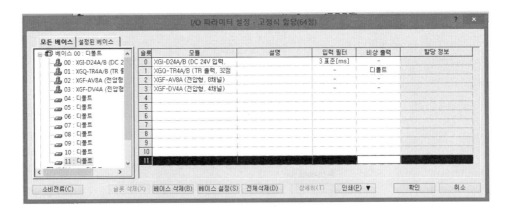

그림 11.34 I/O 파라미터 설정 창

3) 운전 파라미터의 설정

❶ I/O 파라미터(그림 11.35)에서 등록된 모듈을 더블클릭하면 모듈 운전 파라미터 설정

창(그림 11.36)이 나타난다.

- **운전채널** : 각 채널별로 운전 및 정지를 선택할 수 있다.
- **출력범위 선택** : 각 채널별로 전압출력의 경우 1~5 V, 0~5 V, 0~10 V, −10~10 V 를 선택할 수 있다.
- **입력 데이터 타입** : 각 채널별로 0~16000, −8000~8000, 정규값, 0~10000을 선택할 수 있다.
- **채널 출력상태 설정** : 아날로그 출력은 CPU에서 모듈로 출력 데이터를 전송한 후 출력 상태 설정비트를 On시켜 주어야 아날로그 신호를 출력한다. 채널 출력상태는 출력설정 상태 설정비트가 Off되었을 때 출력데이터를 설정한다.

  - **이전 값** : 채널 출력상태 설정비트가 On되었을 때 마지막으로 출력했던 값을 설정한다.
  - **최소값** : 출력범위의 최소값을 출력한다.
  - **중간값** : 출력범위의 중간값을 출력한다.
  - **최대값** : 출력범위의 최대값을 출력한다.

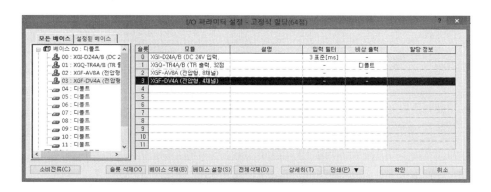

그림 11.35 I/O 파라미터 설정 창

파라미터	채널0	채널1	채널2	채널3
☐ 운전 채널	정지	정지	정지	정지
☐ 출력 전압(전류) 범위	1~5V	1~5V	1~5V	1~5V
입력 데이터 타입	0~16000	0~16000	0~16000	0~16000
☐ 채널 출력상태	이전값	이전값	이전값	이전값

그림 11.36 모듈운전 파라미터 설정 창

❷ 특수모듈 변수 자동등록

XGT PLC에서 특수모듈은 데이터 메모리 중 U 또는 L 영역을 이용하여 CPU와 데이터 교환이 이루어진다. 특수모듈은 그 종류에 따라 사용하는 영역이 정해져 있으며, 동일한 특수모듈이 여러 개 사용되더라도 특수모듈이 장착된 베이스번호와 슬롯번호로 모듈이 구분된다.

- "편집" 메뉴에서 "모듈변수 자동등록"을 선택하여 나타나는 메시지 창에서 "예"를 선택하면 I/O 파라미터에 등록된 특수모듈에 따라 U 디바이스에 변수 및 설명문이 자동으로 등록된다.
- 그 후 프로젝트 창에서 "글로벌/직접변수"를 선택하고 글로벌/직접변수 창(그림 11.37)에서 글로벌 변수를 선택하면 등록된 변수 및 설명문을 확인할 수 있다. 프로그램에서 이 변수를 사용하기 위해서는 로컬변수로 전달한 후 사용해야 한다.

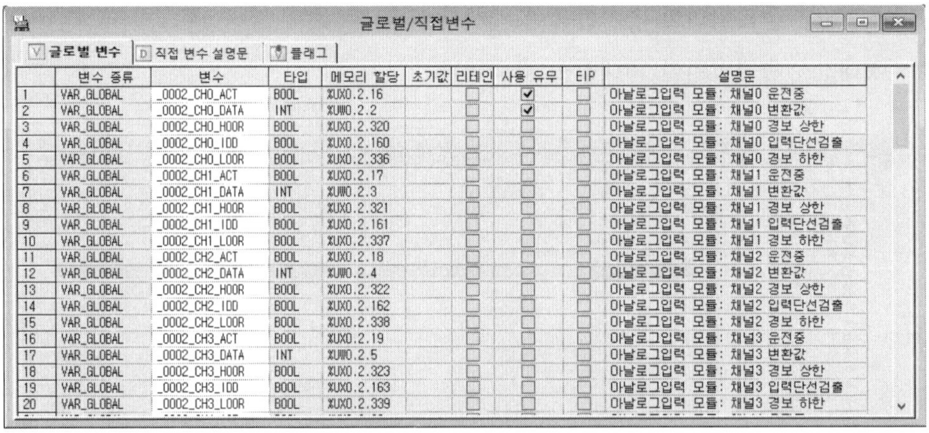

	변수 종류	변수	타입	메모리 할당	초기값	리테인	사용 유무	EIP	설명문
1	VAR_GLOBAL	_0002_CH0_ACT	BOOL	%UX0.2.16			✓		아날로그입력 모듈: 채널0 운전중
2	VAR_GLOBAL	_0002_CH0_DATA	INT	%UW0.2.2			✓		아날로그입력 모듈: 채널0 변환값
3	VAR_GLOBAL	_0002_CH0_HOOR	BOOL	%UX0.2.320					아날로그입력 모듈: 채널0 경보 상한
4	VAR_GLOBAL	_0002_CH0_IDD	BOOL	%UX0.2.160					아날로그입력 모듈: 채널0 입력단선검출
5	VAR_GLOBAL	_0002_CH0_LOOR	BOOL	%UX0.2.336					아날로그입력 모듈: 채널0 경보 하한
6	VAR_GLOBAL	_0002_CH1_ACT	BOOL	%UX0.2.17					아날로그입력 모듈: 채널1 운전중
7	VAR_GLOBAL	_0002_CH1_DATA	INT	%UW0.2.3					아날로그입력 모듈: 채널1 변환값
8	VAR_GLOBAL	_0002_CH1_HOOR	BOOL	%UX0.2.321					아날로그입력 모듈: 채널1 경보 상한
9	VAR_GLOBAL	_0002_CH1_IDD	BOOL	%UX0.2.161					아날로그입력 모듈: 채널1 입력단선검출
10	VAR_GLOBAL	_0002_CH1_LOOR	BOOL	%UX0.2.337					아날로그입력 모듈: 채널1 경보 하한
11	VAR_GLOBAL	_0002_CH2_ACT	BOOL	%UX0.2.18					아날로그입력 모듈: 채널2 운전중
12	VAR_GLOBAL	_0002_CH2_DATA	INT	%UW0.2.4					아날로그입력 모듈: 채널2 변환값
13	VAR_GLOBAL	_0002_CH2_HOOR	BOOL	%UX0.2.322					아날로그입력 모듈: 채널2 경보 상한
14	VAR_GLOBAL	_0002_CH2_IDD	BOOL	%UX0.2.162					아날로그입력 모듈: 채널2 입력단선검출
15	VAR_GLOBAL	_0002_CH2_LOOR	BOOL	%UX0.2.338					아날로그입력 모듈: 채널2 경보 하한
16	VAR_GLOBAL	_0002_CH3_ACT	BOOL	%UX0.2.19					아날로그입력 모듈: 채널3 운전중
17	VAR_GLOBAL	_0002_CH3_DATA	INT	%UW0.2.5					아날로그입력 모듈: 채널3 변환값
18	VAR_GLOBAL	_0002_CH3_HOOR	BOOL	%UX0.2.323					아날로그입력 모듈: 채널3 경보 상한
19	VAR_GLOBAL	_0002_CH3_IDD	BOOL	%UX0.2.163					아날로그입력 모듈: 채널3 입력단선검출
20	VAR_GLOBAL	_0002_CH3_LOOR	BOOL	%UX0.2.339					아날로그입력 모듈: 채널3 경보 하한

그림 11.37 글로벌/직접변수 창

11.3 | 아날로그 프로그램

11.3.1 아날로그 입력 프로그램

(1) 아날로그 입력 프로그램1

- 제어조건 : 슬롯2에 아날로그 입력모듈을 장착하여 입력전압 범위 0~10 V, 아날로그

출력 데이터 타입 0~16000으로 설정한 상태에서 아날로그 입력 값 5 V를 입력하여 %MW10에 입력 값이 디지털 값으로 표시되는 프로그램을 작성한다.

❶ I/O 파라미터 및 운전 파라미터 설정

프로젝트 창에서 [I/O 파라미터]를 선택하여 모듈을 설정하고(그림 11.38) 아날로그 입력모듈(XGF-AV8A)을 더블클릭하면 그림 11.39의 입력 운전 파라미터 설정 창이 나타나며 운전조건을 설정한다.

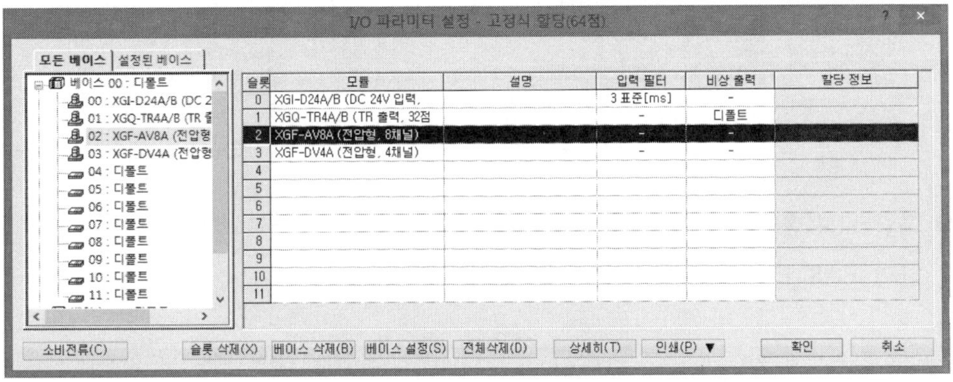

그림 11.38 I/O 파라미터 설정 창

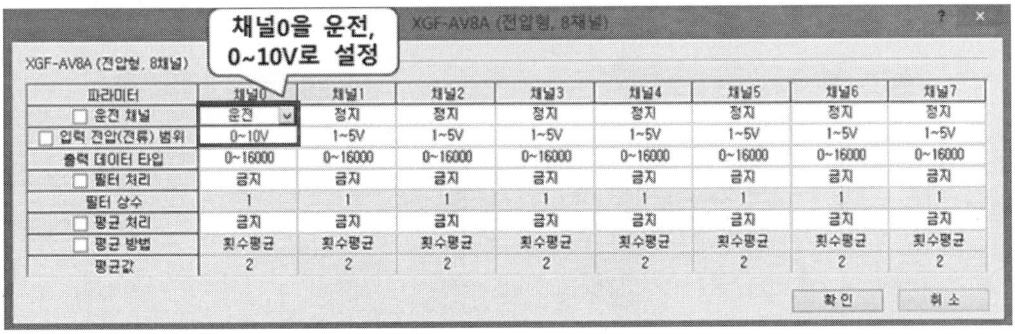

그림 11.39 아날로그 입력 운전 파라미터 설정 창

❷ 메뉴 편집/모듈변수 자동등록을 한 상태에서 프로젝트 창의 글로벌/직접변수를 더블클릭하면 다음의 글로벌/직접변수 창(그림 11.40)이 나타나며 이 변수들과 필요한 로컬변수를 이용하여 프로그램을 작성한다.

글로벌/직접변수

	변수 종류	변수	타입	메모리	초기값	리테인	사용 유무	EIP	설명문
15	VAR_GLOBAL	_0002_CH2_LOOR	BOOL	%UX0.2.3					아날로그입력 모듈: 채널2 경보 하한
16	VAR_GLOBAL	_0002_CH3_ACT	BOOL	%UX0.2.1					아날로그입력 모듈: 채널3 운전중
17	VAR_GLOBAL	_0002_CH3_DATA	INT	%UW0.2.5					아날로그입력 모듈: 채널3 변환값
18	VAR_GLOBAL	_0002_CH3_HOOR	BOOL	%UX0.2.3					아날로그입력 모듈: 채널3 경보 상한
19	VAR_GLOBAL	_0002_CH3_IDD	BOOL	%UX0.2.1					아날로그입력 모듈: 채널3 입력단선검출
20	VAR_GLOBAL	_0002_CH3_LOOR	BOOL	%UX0.2.3					아날로그입력 모듈: 채널3 경보 하한
21	VAR_GLOBAL	_0002_CH4_ACT	BOOL	%UX0.2.2					아날로그입력 모듈: 채널4 운전중
22	VAR_GLOBAL	_0002_CH4_DATA	INT	%UW0.2.6					아날로그입력 모듈: 채널4 변환값
23	VAR_GLOBAL	_0002_CH4_HOOR	BOOL	%UX0.2.3					아날로그입력 모듈: 채널4 경보 상한
24	VAR_GLOBAL	_0002_CH4_IDD	BOOL	%UX0.2.1					아날로그입력 모듈: 채널4 입력단선검출
25	VAR_GLOBAL	_0002_CH4_LOOR	BOOL	%UX0.2.3					아날로그입력 모듈: 채널4 경보 하한
26	VAR_GLOBAL	_0002_CH5_ACT	BOOL	%UX0.2.2					아날로그입력 모듈: 채널5 운전중
27	VAR_GLOBAL	_0002_CH5_DATA	INT	%UW0.2.7					아날로그입력 모듈: 채널5 변환값
28	VAR_GLOBAL	_0002_CH5_HOOR	BOOL	%UX0.2.3					아날로그입력 모듈: 채널5 경보 상한
29	VAR_GLOBAL	_0002_CH5_IDD	BOOL	%UX0.2.1					아날로그입력 모듈: 채널5 입력단선검출
30	VAR_GLOBAL	_0002_CH5_LOOR	BOOL	%UX0.2.3					아날로그입력 모듈: 채널5 경보 하한
31	VAR_GLOBAL	_0002_CH6_ACT	BOOL	%UX0.2.2					아날로그입력 모듈: 채널6 운전중
32	VAR_GLOBAL	_0002_CH6_DATA	INT	%UW0.2.8					아날로그입력 모듈: 채널6 변환값
33	VAR_GLOBAL	_0002_CH6_HOOR	BOOL	%UX0.2.3					아날로그입력 모듈: 채널6 경보 상한
34	VAR_GLOBAL	_0002_CH6_IDD	BOOL	%UX0.2.1					아날로그입력 모듈: 채널6 입력단선검출
35	VAR_GLOBAL	_0002_CH6_LOOR	BOOL	%UX0.2.3					아날로그입력 모듈: 채널6 경보 하한
36	VAR_GLOBAL	_0002_CH7_ACT	BOOL	%UX0.2.2					아날로그입력 모듈: 채널7 운전중

그림 11.40 글로벌/직접변수 창

❸ 그림 11.41은 로컬변수 목록과 프로그램이며, 변수들을 글로벌/직접변수 창에서 선택하면 VAR_EXTERNAL의 변수속성으로 나타난다.

NewProgram[로컬변수]

	변수 종류	변수	타입	메모리 할당	초기값	리테인	사용 유무	설명문
1	VAR_EXTERNAL	_0002_CH0_ACT	BOOL	%UX0.2.16			✔	아날로그입력 모듈: 채널0 운전중
2	VAR_EXTERNAL	_0002_CH0_DATA	INT	%UW0.2.2			✔	아날로그입력 모듈: 채널0 변환값
3	VAR_EXTERNAL	_0002_ERR	BOOL	%UX0.2.0			✔	아날로그입력 모듈: 모듈 에러
4	VAR_EXTERNAL	_0002_RDY	BOOL	%UX0.2.15			✔	아날로그입력 모듈: 모듈 Ready

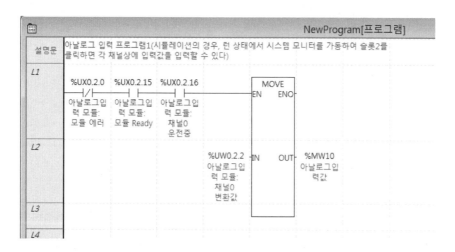

그림 11.41 로컬변수 목록 및 아날로그 입력 프로그램1

❹ 프로그램1 시뮬레이션

메뉴 도구/시뮬레이션 시작을 실행하여 런 모드로 하면 그림 11.41a와 같이 되며 메뉴 [모니터]-[시스템 모니터]를 실행시켜 제2슬롯의 아날로그 입력모듈(그림 11.41b)에서 더블클릭하면 채널 값 변경 창(그림 11.41c)이 나타나고 채널마다 변경 값을 볼트 값(예 : 5 V)으로 입력(그림 11.41d)하면 프로그램상에 아날로그 입력 값(%MW10)이 디지털 값으로서 8000이 디스플레이된다(그림 11.41e).

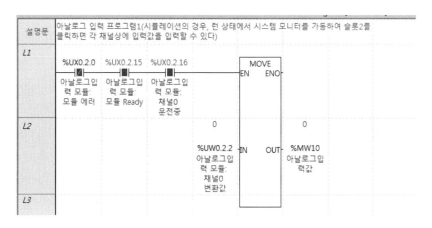

그림 11.41a

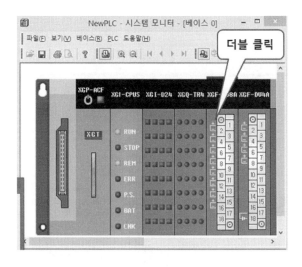

그림 11.41b

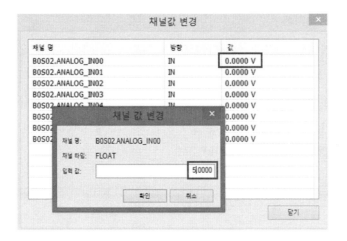

그림 11.41c

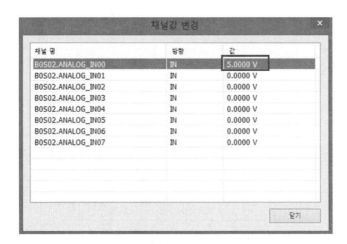

그림 11,41d

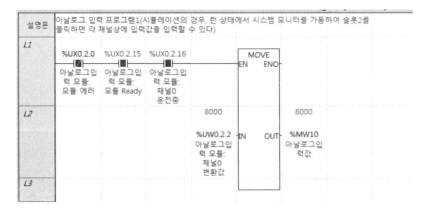

그림 11,41e

(2) 아날로그 입력 프로그램2

아날로그 입력모듈(슬롯2)에서 채널0~3을 운전할 때 채널0에 10 V, 채널1에 8 V, 채널
2에 5 V, 채널3에 2 V를 입력하면 각 채널에 입력되는 디지털 값을 구하는 프로그램.

1) 운전 파라미터 설정

파라미터	채널0	채널1	채널2	채널3	채널4	채널5	채널6	채널7
□ 운전 채널	운전	운전	운전	운전	정지	정지	정지	정지
□ 입력 전압(전류) 범위	0~10V	0~10V	0~10V	0~10V	1~5V	1~5V	1~5V	1~5V
출력 데이터 타입	0~16000	0~16000	0~16000	0~16000	0~16000	0~16000	0~16000	0~16000
□ 필터 처리	금지	금지	금지	금지	금지	금지	금지	금지
필터 상수	1	1	1	1	1	1	1	1
□ 평균 처리	금지	금지	금지	금지	금지	금지	금지	금지
□ 평균 방법	횟수평균	횟수평균	횟수평균	횟수평균	횟수평균	횟수평균	횟수평균	횟수평균
평균값	2	2	2	2	2	2	2	2

그림 11.42 아날로그 입력 운전 파라미터 설정 창

2) 프로그램 작성

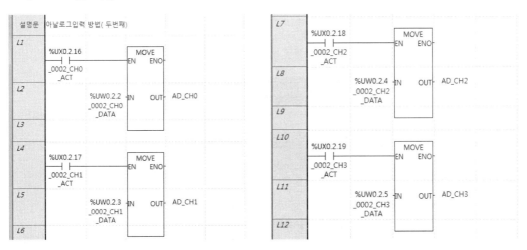

그림 11.43 아날로그 입력 프로그램2

3) 로컬변수 목록

	변수 종류	변수	타입	메모리 할당	초기값	리테인	사용 유무	설명문
1	VAR	AD_CH0	INT			☐	☑	
2	VAR	AD_CH1	INT			☐	☑	
3	VAR	AD_CH2	INT			☐	☑	
4	VAR	AD_CH3	INT			☐	☑	
5	VAR_EXTERNAL	_0002_CH0_ACT	BOOL	%UX0.2.16		☐	☑	아날로그입력 모듈: 채널0 운전중
6	VAR_EXTERNAL	_0002_CH0_DATA	INT	%UW0.2.2		☐	☑	아날로그입력 모듈: 채널0 변환값
7	VAR_EXTERNAL	_0002_CH1_ACT	BOOL	%UX0.2.17		☐	☑	아날로그입력 모듈: 채널1 운전중
8	VAR_EXTERNAL	_0002_CH1_DATA	INT	%UW0.2.3		☐	☑	아날로그입력 모듈: 채널1 변환값
9	VAR_EXTERNAL	_0002_CH2_ACT	BOOL	%UX0.2.18		☐	☑	아날로그입력 모듈: 채널2 운전중
10	VAR_EXTERNAL	_0002_CH2_DATA	INT	%UW0.2.4		☐	☑	아날로그입력 모듈: 채널2 변환값
11	VAR_EXTERNAL	_0002_CH3_ACT	BOOL	%UX0.2.19		☐	☑	아날로그입력 모듈: 채널3 운전중
12	VAR_EXTERNAL	_0002_CH3_DATA	INT	%UW0.2.5		☐	☑	아날로그입력 모듈: 채널3 변환값

그림 11.43a

4) 시뮬레이션하는 상태에서 각 채널에 아날로그 변경 값 입력(시스템 모니터의 2슬롯 인 아날로그 입력모듈을 더블클릭하여 각 채널마다 아날로그 변경 값을 입력(채널0 에 10 V, 채널1에 8 V, 채널2에 5 V, 채널3에 2 V)하면(그림 11.43b) 프로그램에 각 채널마다 아날로그 입력 값이 디지털 값으로 디스플레이된다(그림 11.43c에서 채널0 에 16000, 채널1에 12800, 채널2에 8000, 채널3에 3200이 표시됨).

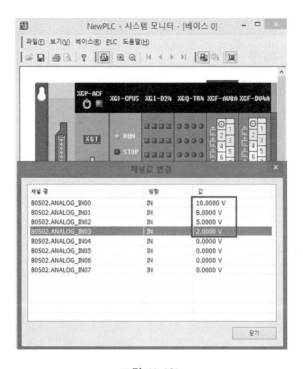

그림 11.43b

5) 시뮬레이션 결과

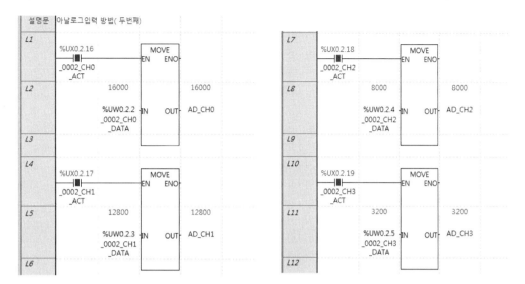

그림 11.43c

(3) 아날로그 입력 프로그램3

아날로그 입력모듈(슬롯2)의 채널0에 온도변화(트랜스듀서) 0~1300도를 전압 0~10 V 의 값으로 변환시켜 입력하면 그 채널에 입력되는 디지털 입력 값과 상당하는 온도의 값으로 표시하는 프로그램이다.

1) 운전 파라미터 설정

XGF-AV8A (전압형, 8채널)								
파라미터	채널0	채널1	채널2	채널3	채널4	채널5	채널6	채널7
□ 운전 채널	운전	정지	정지	정지	정지	정지	정지	정지
□ 입력 전압(전류) 범위	0~10V	1~5V	1~5V	1~5V	1~5V	1~5V	1~5V	1~5V
출력 데이터 타입	0~16000	0~16000	0~16000	0~16000	0~16000	0~16000	0~16000	0~16000
□ 필터 처리	금지	금지	금지	금지	금지	금지	금지	금지
필터 상수	1	1	1	1	1	1	1	1
□ 평균 처리	금지	금지	금지	금지	금지	금지	금지	금지
□ 평균 방법	횟수평균	횟수평균	횟수평균	횟수평균	횟수평균	횟수평균	횟수평균	횟수평균
평균값	2	2	2	2	2	2	2	2

그림 11.44 아날로그 입력 운전파라미터 설정 창

2) 프로그램 작성

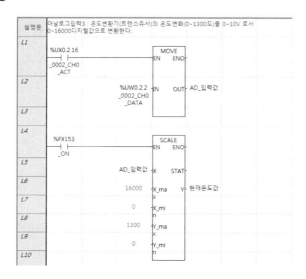

설명문	아날로그입력3 : 온도변환기(트랜스듀서)의 온도변화(0~1300도)를 0~10V 로서 0~16000디지털값으로 변환한다.

그림 11.45 아날로그 입력 프로그램3

3) 글로벌/직접변수 목록

글로벌/직접변수

☑ 글로벌 변수 | D 직접 변수 설명문 | 🖼 플래그

	변수 종류	변수	타입	메모리 할당	초기값	리테인	사용 유무	EIP	설명문
1	VAR_GLOBAL	_0002_CH0_ACT	BOOL	%UX0.2.16			☑		아날로그입력 모듈: 채널0 운전중
2	VAR_GLOBAL	_0002_CH0_DATA	INT	%UW0.2.2			☑		아날로그입력 모듈: 채널0 변환값
3	VAR_GLOBAL	_0002_CH0_HOOR	BOOL	%UX0.2.320					아날로그입력 모듈: 채널0 경보 상한
4	VAR_GLOBAL	_0002_CH0_IDD	BOOL	%UX0.2.160					아날로그입력 모듈: 채널0 입력단선검출
5	VAR_GLOBAL	_0002_CH0_LOOR	BOOL	%UX0.2.336					아날로그입력 모듈: 채널0 경보 하한
6	VAR_GLOBAL	_0002_CH1_ACT	BOOL	%UX0.2.17					아날로그입력 모듈: 채널1 운전중
7	VAR_GLOBAL	_0002_CH1_DATA	INT	%UW0.2.3					아날로그입력 모듈: 채널1 변환값
8	VAR_GLOBAL	_0002_CH1_HOOR	BOOL	%UX0.2.321					아날로그입력 모듈: 채널1 경보 상한
9	VAR_GLOBAL	_0002_CH1_IDD	BOOL	%UX0.2.161					아날로그입력 모듈: 채널1 입력단선검출
10	VAR_GLOBAL	_0002_CH1_LOOR	BOOL	%UX0.2.337					아날로그입력 모듈: 채널1 경보 하한
11	VAR_GLOBAL	_0002_CH2_ACT	BOOL	%UX0.2.18					아날로그입력 모듈: 채널2 운전중
12	VAR_GLOBAL	_0002_CH2_DATA	INT	%UW0.2.4					아날로그입력 모듈: 채널2 변환값
13	VAR_GLOBAL	_0002_CH2_HOOR	BOOL	%UX0.2.322					아날로그입력 모듈: 채널2 경보 상한
14	VAR_GLOBAL	_0002_CH2_IDD	BOOL	%UX0.2.162					아날로그입력 모듈: 채널2 입력단선검출
15	VAR_GLOBAL	_0002_CH2_LOOR	BOOL	%UX0.2.338					아날로그입력 모듈: 채널2 경보 하한
16	VAR_GLOBAL	_0002_CH3_ACT	BOOL	%UX0.2.19					아날로그입력 모듈: 채널3 운전중
17	VAR_GLOBAL	_0002_CH3_DATA	INT	%UW0.2.5					아날로그입력 모듈: 채널3 변환값
18	VAR_GLOBAL	_0002_CH3_HOOR	BOOL	%UX0.2.323					아날로그입력 모듈: 채널3 경보 상한
19	VAR_GLOBAL	_0002_CH3_IDD	BOOL	%UX0.2.163					아날로그입력 모듈: 채널3 입력단선검출
20	VAR_GLOBAL	_0002_CH3_LOOR	BOOL	%UX0.2.339					아날로그입력 모듈: 채널3 경보 하한

그림 11.45a

4) 로컬변수 목록

NewProgram[로컬변수]

	변수 종류	변수	타입	메모리 할당	초기값	리테인	사용 유무	설명문
1	VAR	AD_입력값	INT				☑	
2	VAR_EXTERNAL	_0002_CH0_ACT	BOOL	%UX0.2.16			☑	아날로그입력 모듈: 채널0 운전중
3	VAR_EXTERNAL	_0002_CH0_DATA	INT	%UW0.2.2			☑	아날로그입력 모듈: 채널0 변환값
4	VAR	현재온도값	INT				☑	

그림 11.45b

5) 아날로그 변경 값 입력

프로그램의 시뮬레이션을 실행하여 런 모드로 한 후 시스템 모니터의 슬롯2(아날로그 입력모듈)에서 더블클릭하여 채널0에 5 V를 입력하면(그림 11.45c) 프로그램상(그림 11.45d)에 아날로그 입력 값이 디지털 값(8000)으로, 그리고 현재 온도 값에는 해당하는 온도의 값(650도)이 디스플레이된다.

그림 11.45c

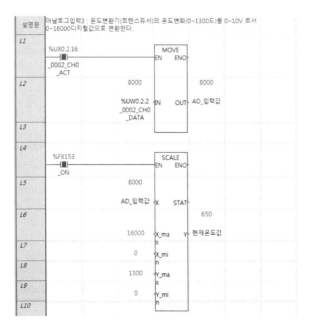

그림 11.45d

11.3.2 아날로그 출력 프로그램

(1) 아날로그 출력 프로그램1

슬롯2에 아날로그 입력모듈(채널0 : 운전, 입력 전압 범위 : 0~10 V, 출력 데이터 타입 : 0~16000), 슬롯3에 아날로그 출력모듈(채널 0 : 운전, 출력 전압 범위 0~10 V, 입력 데이터 타입 : 0~16000)을 설치하고 입력전압 4 V를 인가하면 출력 전압도 4 V가 나오는 프로그램.

1) 운전 파라미터 설정

프로젝트 창의 [I/O 파라미터]를 선택하여 아날로그 입력모듈과 아날로그 출력모듈을 각각 더블클릭하여 각각의 운전 파라미터를 설정한다(그림 11.46, 그림 11.47).

❶ 아날로그 입력모듈

파라미터	채널0	채널1	채널2	채널3	채널4	채널5	채널6	채널7
운전 채널	운전	정지	정지	정지	정지	정지	정지	정지
입력 전압(전류) 범위	0~10V	1~5V	1~5V	1~5V	1~5V	1~5V	1~5V	1~5V
출력 데이터 타입	0~16000	0~16000	0~16000	0~16000	0~16000	0~16000	0~16000	0~16000
필터 처리	금지	금지	금지	금지	금지	금지	금지	금지
필터 상수	1	1	1	1	1	1	1	1
평균 처리	금지	금지	금지	금지	금지	금지	금지	금지
평균 방법	횟수평균	횟수평균	횟수평균	횟수평균	횟수평균	횟수평균	횟수평균	횟수평균
평균값	2	2	2	2	2	2	2	2

그림 11.46   아날로그 입력 운전파라미터 설정 창

❷ 아날로그 출력모듈

파라미터	채널0	채널1	채널2	채널3
운전 채널	운전	정지	정지	정지
출력 전압(전류) 범위	0~10V	1~5V	1~5V	1~5V
입력 데이터 타입	0~16000	0~16000	0~16000	0~16000
채널 출력상태	이전값	이전값	이전값	이전값

그림 11.47 아날로그 출력 운전파라미터 설정 창

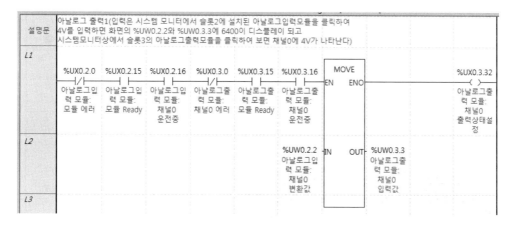

	변수 종류	변수	타입	메모리 할당	초기값	리테인	사용 유무	EIP	설명문
31	VAR_GLOBAL	_0002_CH6_ACT	BOOL	%UX0.2.22					아날로그입력 모듈: 채널6 운전중
32	VAR_GLOBAL	_0002_CH6_DATA	INT	%UW0.2.8					아날로그입력 모듈: 채널6 변환값
33	VAR_GLOBAL	_0002_CH6_H00R	BOOL	%UX0.2.326					아날로그입력 모듈: 채널6 경보 상한
34	VAR_GLOBAL	_0002_CH6_IDD	BOOL	%UX0.2.166					아날로그입력 모듈: 채널6 입력단선검출
35	VAR_GLOBAL	_0002_CH6_L00R	BOOL	%UX0.2.342					아날로그입력 모듈: 채널6 경보 하한
36	VAR_GLOBAL	_0002_CH7_ACT	BOOL	%UX0.2.23					아날로그입력 모듈: 채널7 운전중
37	VAR_GLOBAL	_0002_CH7_DATA	INT	%UW0.2.9					아날로그입력 모듈: 채널7 변환값
38	VAR_GLOBAL	_0002_CH7_H00R	BOOL	%UX0.2.327					아날로그입력 모듈: 채널7 경보 상한
39	VAR_GLOBAL	_0002_CH7_IDD	BOOL	%UX0.2.167					아날로그입력 모듈: 채널7 입력단선검출
40	VAR_GLOBAL	_0002_CH7_L00R	BOOL	%UX0.2.343					아날로그입력 모듈: 채널7 경보 하한
41	VAR_GLOBAL	_0002_ERR	BOOL	%UX0.2.0			☑		아날로그입력 모듈: 모듈 에러
42	VAR_GLOBAL	_0002_ERR_CLR	BOOL	%UX0.2.176					아날로그입력 모듈: 에러클리어요청
43	VAR_GLOBAL	_0002_RDV	BOOL	%UX0.2.15			☑		아날로그입력 모듈: 모듈 Ready
44	VAR_GLOBAL	_0003_CH0_ACT	BOOL	%UX0.3.16			☑		아날로그출력 모듈: 채널0 운전중
45	VAR_GLOBAL	_0003_CH0_DATA	INT	%UW0.3.3			☑		아날로그출력 모듈: 채널0 입력값
46	VAR_GLOBAL	_0003_CH0_ERR	BOOL	%UX0.3.0			☑		아날로그출력 모듈: 채널0 에러
47	VAR_GLOBAL	_0003_CH0_OUTEN	BOOL	%UX0.3.32			☑		아날로그출력 모듈: 채널0 출력상태설정
48	VAR_GLOBAL	_0003_CH1_ACT	BOOL	%UX0.3.17					아날로그출력 모듈: 채널1 운전중
49	VAR_GLOBAL	_0003_CH1_DATA	INT	%UW0.3.4					아날로그출력 모듈: 채널1 입력값
50	VAR_GLOBAL	_0003_CH1_ERR	BOOL	%UX0.3.1					아날로그출력 모듈: 채널1 에러
51	VAR_GLOBAL	_0003_CH1_OUTEN	BOOL	%UX0.3.33					아날로그출력 모듈: 채널1 출력상태설정
52	VAR_GLOBAL	_0003_CH2_ACT	BOOL	%UX0.3.18					아날로그출력 모듈: 채널2 운전중
53	VAR_GLOBAL	_0003_CH2_DATA	INT	%UW0.3.5					아날로그출력 모듈: 채널2 입력값
54	VAR_GLOBAL	_0003_CH2_ERR	BOOL	%UX0.3.2					아날로그출력 모듈: 채널2 에러
55	VAR_GLOBAL	_0003_CH2_OUTEN	BOOL	%UX0.3.34					아날로그출력 모듈: 채널2 출력상태설정
56	VAR_GLOBAL	_0003_CH3_ACT	BOOL	%UX0.3.19					아날로그출력 모듈: 채널3 운전중
57	VAR_GLOBAL	_0003_CH3_DATA	INT	%UW0.3.6					아날로그출력 모듈: 채널3 입력값
58	VAR_GLOBAL	_0003_CH3_ERR	BOOL	%UX0.3.3					아날로그출력 모듈: 채널3 에러
59	VAR_GLOBAL	_0003_CH3_OUTEN	BOOL	%UX0.3.35					아날로그출력 모듈: 채널3 출력상태설정

그림 11.48 글로벌/직접변수 창

3) 프로그램 작성

설명문	아날로그 출력1(입력은 시스템 모니터에서 슬롯2에 설치된 아날로그입력모듈을 클릭하여 4V를 입력하면 화면의 %UW0.2.2와 %UW0.3.3에 6400이 디스플레이 되고 시스템모니터상에서 슬롯3의 아날로그출력모듈을 클릭하여 보면 채널0에 4V가 나타난다)

L1

%UX0.2.0 ─|/|─ 아날로그입력 모듈: 모듈 에러
%UX0.2.15 ─| |─ 아날로그입력 모듈: 모듈 Ready
%UX0.2.16 ─| |─ 아날로그입력 모듈: 채널0 운전중
%UX0.3.0 ─|/|─ 아날로그출력 모듈: 채널0 에러
%UX0.3.15 ─| |─ 아날로그출력 모듈: 모듈 Ready
%UX0.3.16 ─| |─ 아날로그출력 모듈: 채널0 운전중

MOVE
EN   ENO

%UX0.3.32 ─( )─ 아날로그출력 모듈: 채널0 출력상태설정

L2

%UW0.2.2 ─IN   OUT─ %UW0.3.3
아날로그입력 모듈: 채널0 변환값   아날로그출력 모듈: 채널0 입력값

L3

그림 11.49 아날로그 출력 프로그램1

4) 로컬변수 목록

	변수 종류	변수	타입	메모리 할당	초기값	리테인	사용 유무	설명문
1	VAR_EXTERNAL	_0002_CH0_ACT	BOOL	%UX0.2.16		□	☑	아날로그입력 모듈: 채널0 운전중
2	VAR_EXTERNAL	_0002_CH0_DATA	INT	%UW0.2.2		□	☑	아날로그입력 모듈: 채널0 변환값
3	VAR_EXTERNAL	_0002_ERR	BOOL	%UX0.2.0		□	☑	아날로그입력 모듈: 모듈 에러
4	VAR_EXTERNAL	_0002_RDY	BOOL	%UX0.2.15		□	☑	아날로그입력 모듈: 모듈 Ready
5	VAR_EXTERNAL	_0003_CH0_ACT	BOOL	%UX0.3.16		□	☑	아날로그출력 모듈: 채널0 운전중
6	VAR_EXTERNAL	_0003_CH0_DATA	INT	%UW0.3.3		□	☑	아날로그출력 모듈: 채널0 입력값
7	VAR_EXTERNAL	_0003_CH0_ERR	BOOL	%UX0.3.0		□	☑	아날로그출력 모듈: 채널0 에러
8	VAR_EXTERNAL	_0003_CH0_OUTEN	BOOL	%UX0.3.32		□	☑	아날로그출력 모듈: 채널0 출력상태설정
9	VAR_EXTERNAL	_0003_RDY	BOOL	%UX0.3.15		□	☑	아날로그출력 모듈: 모듈 Ready

그림 11.49a

5) 프로그램 시뮬레이션

시뮬레이션을 실행하고 런 모드로 한 후 시스템 모니터에서 슬롯2의 아날로그 입력모듈을 더블클릭하여 채널 값 변경 창에서 채널0의 값을 4 V로 입력하면 아날로그 출력모듈 채널0 입력 값에 6400의 디지털 값이 나타나고(그림 11.49b), 시스템 모니터의 슬롯3(아날로그 출력모듈)을 더블클릭해보면(그림 11.49c) 채널 값 변경창이 나타나며 채널0의 값이 4 V로 디스플레이(그림 11.49d)된다.

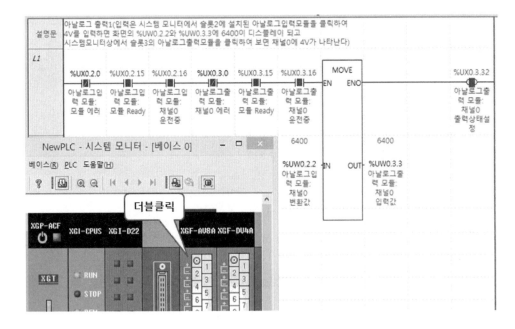

그림 11.49b

그림 11.49c

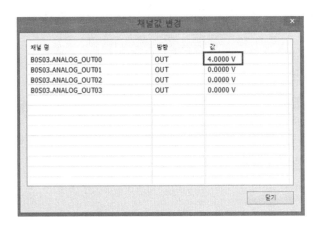

그림 11.49d

(2) 아날로그 출력 프로그램2

슬롯2에 아날로그 입력모듈(채널0~3 : 운전, 입력 전압 범위 : 0~10 V, 출력 데이터 타입 : 0~16000), 슬롯3에 아날로그 출력모듈(채널 0~3 : 운전, 출력 전압 범위 0~10 V, 입력 데이터 타입 : 0~16000)을 설치하고 입력 전압을 아날로그 입력모듈의 각 채널에 전압을 각각 인가(채널0에 3V, 채널1에 5 V, 채널2에 7 V, 채널3에 9 V)하여 아날로그 출력모듈의 채널0~3에 각각 3 V, 5 V, 7 V, 9 V가 출력 전압으로 디스플레이되는 프로그램 이다.

1) 운전 파라미터 설정

❶ 아날로그 입력모듈

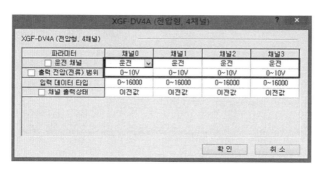

XGF-AV8A (전압형, 8채널)

파라미터	채널0	채널1	채널2	채널3	채널4	채널5	채널6	채널7
☐ 운전 채널	운전	운전	운전	운전	정지	정지	정지	정지
☐ 입력 전압(전류) 범위	0~10V	0~10V	0~10V	0~10V	1~5V	1~5V	1~5V	1~5V
출력 데이터 타입	0~16000	0~16000	0~16000	0~16000	0~16000	0~16000	0~16000	0~16000
☐ 필터 처리	금지	금지	금지	금지	금지	금지	금지	금지
필터 상수	1	1	1	1	1	1	1	1
☐ 평균 처리	금지	금지	금지	금지	금지	금지	금지	금지
☐ 평균 방법	횟수평균	횟수평균	횟수평균	횟수평균	횟수평균	횟수평균	횟수평균	횟수평균
평균값	2	2	2	2	2	2	2	2

확인   취소

그림 11.50 아날로그 입력 운전파라미터 설정 창

❷ 아날로그 출력모듈

XGF-DV4A (전압형, 4채널)

파라미터	채널0	채널1	채널2	채널3
☐ 운전 채널	운전	운전	운전	운전
☐ 출력 전압(전류) 범위	0~10V	0~10V	0~10V	0~10V
입력 데이터 타입	0~16000	0~16000	0~16000	0~16000
☐ 채널 출력상태	이전값	이전값	이전값	이전값

확인   취소

그림 11.51 아날로그 출력 운전파라미터 설정 창

2) 글로벌/직접변수 목록

글로벌/직접변수

☑글로벌 변수 □직접 변수 설명문 □플래그

	변수 종류	변수	타입	메모리 할당	초기값	리테인	사용 유무	EIP	설명문
37	VAR_GLOBAL	_0002_CH7_DATA	INT	%IW0.2.9		☐	☐	☐	아날로그입력 모듈: 채널7 변환값
38	VAR_GLOBAL	_0002_CH7_HOOR	BOOL	%IX0.2.3		☐	☐	☐	아날로그입력 모듈: 채널7 경보 상한
39	VAR_GLOBAL	_0002_CH7_IDD	BOOL	%IX0.2.1		☐	☐	☐	아날로그입력 모듈: 채널7 입력단선검출
40	VAR_GLOBAL	_0002_CH7_LOOR	BOOL	%IX0.2.3		☐	☐	☐	아날로그입력 모듈: 채널7 경보 하한
41	VAR_GLOBAL	_0002_ERR	BOOL	%IX0.2.0		☐	☐	☐	아날로그입력 모듈: 모듈 에러
42	VAR_GLOBAL	_0002_ERR_CLR	BOOL	%IX0.2.1		☐	☐	☐	아날로그입력 모듈: 에러클리어요청
43	VAR_GLOBAL	_0002_RDY	BOOL	%IX0.2.1		☐	☐	☐	아날로그입력 모듈: 모듈 Ready
44	VAR_GLOBAL	_0003_CH0_ACT	BOOL	%IX0.3.1		☐	☑	☐	아날로그출력 모듈: 채널0 운전중
45	VAR_GLOBAL	_0003_CH0_DATA	INT	%IW0.3.3		☐	☑	☐	아날로그출력 모듈: 채널0 입력값
46	VAR_GLOBAL	_0003_CH0_ERR	BOOL	%IX0.3.0		☐	☐	☐	아날로그출력 모듈: 채널0 에러
47	VAR_GLOBAL	_0003_CH0_OUTEN	BOOL	%IX0.3.3		☐	☑	☐	아날로그출력 모듈: 채널0 출력상태설정
48	VAR_GLOBAL	_0003_CH1_ACT	BOOL	%IX0.3.1		☐	☑	☐	아날로그출력 모듈: 채널1 운전중
49	VAR_GLOBAL	_0003_CH1_DATA	INT	%IW0.3.4		☐	☑	☐	아날로그출력 모듈: 채널1 입력값
50	VAR_GLOBAL	_0003_CH1_ERR	BOOL	%IX0.3.1		☐	☐	☐	아날로그출력 모듈: 채널1 에러
51	VAR_GLOBAL	_0003_CH1_OUTEN	BOOL	%IX0.3.3		☐	☑	☐	아날로그출력 모듈: 채널1 출력상태설정
52	VAR_GLOBAL	_0003_CH2_ACT	BOOL	%IX0.3.1		☐	☐	☐	아날로그출력 모듈: 채널2 운전중
53	VAR_GLOBAL	_0003_CH2_DATA	INT	%IW0.3.5		☐	☑	☐	아날로그출력 모듈: 채널2 입력값
54	VAR_GLOBAL	_0003_CH2_ERR	BOOL	%IX0.3.2		☐	☐	☐	아날로그출력 모듈: 채널2 에러
55	VAR_GLOBAL	_0003_CH2_OUTEN	BOOL	%IX0.3.3		☐	☑	☐	아날로그출력 모듈: 채널2 출력상태설정
56	VAR_GLOBAL	_0003_CH3_ACT	BOOL	%IX0.3.1		☐	☐	☐	아날로그출력 모듈: 채널3 운전중

그림 11.52 글로벌/직접변수 창

3) 프로그램 작성

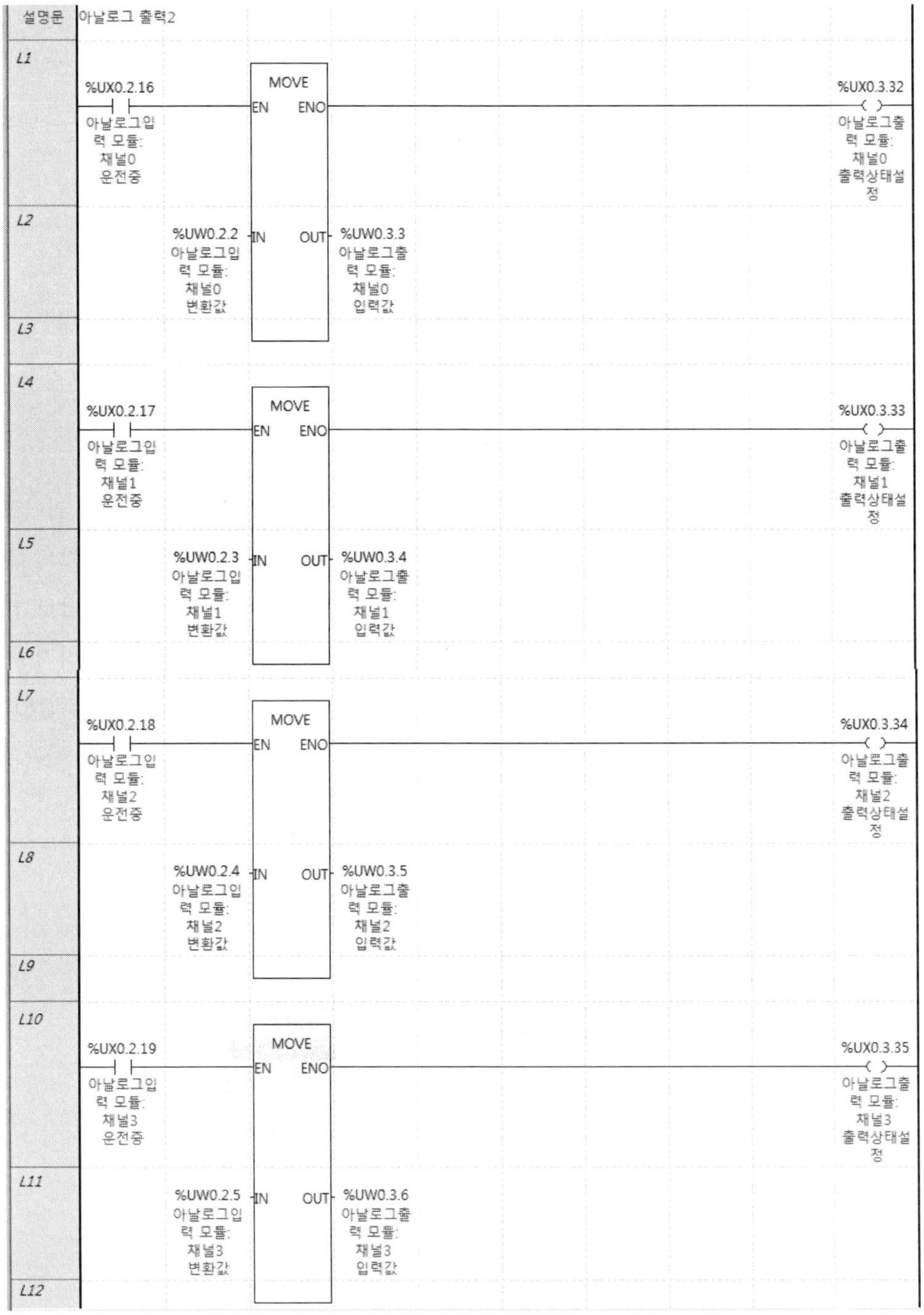

설명문	아날로그 출력2

L1

%UX0.2.16
아날로그입
력 모듈:
채널0
운전중

```
      MOVE
 ─EN      ENO─
```

%UX0.3.32
──( )──
아날로그출
력 모듈:
채널0
출력상태설
정

L2

%UW0.2.2 ─IN   OUT─ %UW0.3.3
아날로그입   아날로그출
력 모듈: 력 모듈:
채널0   채널0
변환값   입력값

L3

L4

%UX0.2.17
아날로그입
력 모듈:
채널1
운전중

```
      MOVE
 ─EN      ENO─
```

%UX0.3.33
──( )──
아날로그출
력 모듈:
채널1
출력상태설
정

L5

%UW0.2.3 ─IN   OUT─ %UW0.3.4
아날로그입   아날로그출
력 모듈: 력 모듈:
채널1   채널1
변환값   입력값

L6

L7

%UX0.2.18
아날로그입
력 모듈:
채널2
운전중

```
      MOVE
 ─EN      ENO─
```

%UX0.3.34
──( )──
아날로그출
력 모듈:
채널2
출력상태설
정

L8

%UW0.2.4 ─IN   OUT─ %UW0.3.5
아날로그입   아날로그출
력 모듈: 력 모듈:
채널2   채널2
변환값   입력값

L9

L10

%UX0.2.19
아날로그입
력 모듈:
채널3
운전중

```
      MOVE
 ─EN      ENO─
```

%UX0.3.35
──( )──
아날로그출
력 모듈:
채널3
출력상태설
정

L11

%UW0.2.5 ─IN   OUT─ %UW0.3.6
아날로그입   아날로그출
력 모듈: 력 모듈:
채널3   채널3
변환값   입력값

L12

그림 11.53 아날로그 출력 프로그램2

4) 로컬변수 목록

	변수 종류	변수	타입	메모리 할당	초기값	리테인	사용 유무	설명문
1	VAR_EXTERNAL	_0002_CH0_DATA	INT	%UW0.2.2			✔	아날로그입력 모듈: 채널0 변환값
2	VAR_EXTERNAL	_0002_CH1_DATA	INT	%UW0.2.3			✔	아날로그입력 모듈: 채널1 변환값
3	VAR_EXTERNAL	_0002_CH2_ACT	BOOL	%UX0.2.18			✔	아날로그입력 모듈: 채널2 운전중
4	VAR_EXTERNAL	_0002_CH2_DATA	INT	%UW0.2.4			✔	아날로그입력 모듈: 채널2 변환값
5	VAR_EXTERNAL	_0002_CH3_ACT	BOOL	%UX0.2.19			✔	아날로그입력 모듈: 채널3 운전중
6	VAR_EXTERNAL	_0002_CH3_DATA	INT	%UW0.2.5			✔	아날로그입력 모듈: 채널3 변환값
7	VAR_EXTERNAL	_0003_CH0_ACT	BOOL	%UX0.3.16			✔	아날로그출력 모듈: 채널0 운전중
8	VAR_EXTERNAL	_0003_CH0_DATA	INT	%UW0.3.3			✔	아날로그출력 모듈: 채널0 입력값
9	VAR_EXTERNAL	_0003_CH0_OUTEN	BOOL	%UX0.3.32			✔	아날로그출력 모듈: 채널0 출력상태설정
10	VAR_EXTERNAL	_0003_CH1_ACT	BOOL	%UX0.3.17			✔	아날로그출력 모듈: 채널1 운전중
11	VAR_EXTERNAL	_0003_CH1_DATA	INT	%UW0.3.4			✔	아날로그출력 모듈: 채널1 입력값
12	VAR_EXTERNAL	_0003_CH1_OUTEN	BOOL	%UX0.3.33			✔	아날로그출력 모듈: 채널1 출력상태설정
13	VAR_EXTERNAL	_0003_CH2_DATA	INT	%UW0.3.5			✔	아날로그출력 모듈: 채널2 입력값
14	VAR_EXTERNAL	_0003_CH2_OUTEN	BOOL	%UX0.3.34			✔	아날로그출력 모듈: 채널2 출력상태설정
15	VAR_EXTERNAL	_0003_CH3_DATA	INT	%UW0.3.6			✔	아날로그출력 모듈: 채널3 입력값
16	VAR_EXTERNAL	_0003_CH3_OUTEN	BOOL	%UX0.3.35			✔	아날로그출력 모듈: 채널3 출력상태설정

그림 11.53a

5) 프로그램 시뮬레이션

시뮬레이션을 실행하고 런 모드로 한 후 시스템 모니터에서 슬롯2의 아날로그 입력모듈을 더블클릭하여 채널 값 변경 창에서 채널0의 값을 3 V, 채널1의 값은 5 V, 채널2의 값은 7 V, 채널3의 값은 9 V로 입력하면(그림 11.53b), 프로그램의 시뮬레이션에서 아날로그 출력모듈 채널0 입력 값에 4800, 채널1에 8000, 채널2에 11200, 채널3에 14400의 디지털 값이 나타나고(그림 11.53c), 시스템 모니터의 슬롯3(아날로그 출력모듈)을 더블클릭해보면 채널 값 변경창이 나타나며 채널0에는 3 V, 채널1에는 5 V, 채널2에는 7 V, 채널3에는 9 V의 값이 디스플레이된다(그림 11.53d).

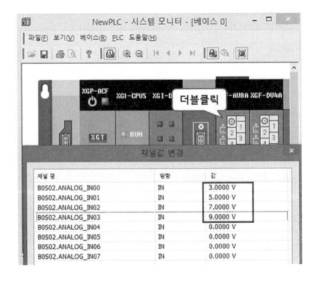

그림 11.53b

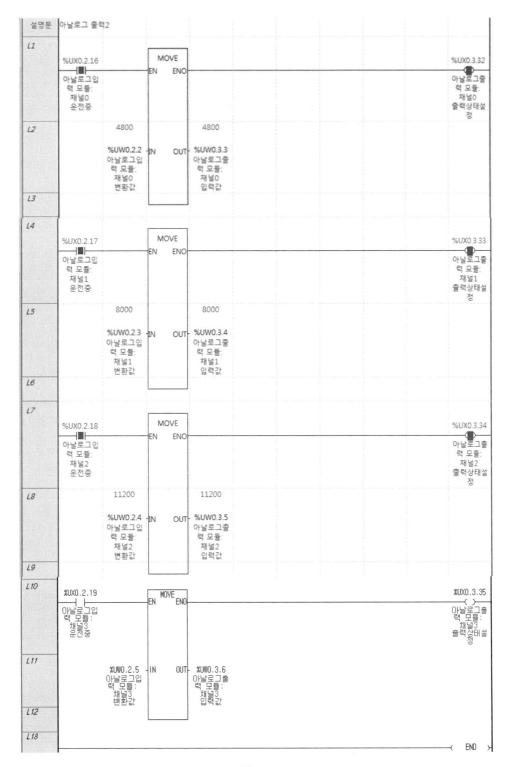

그림 11.53c

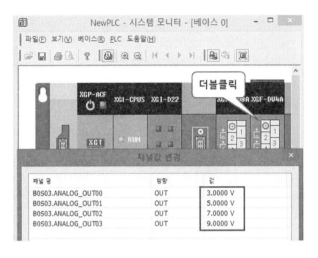

그림 11.53d

(3) 아날로그 입·출력 프로그램

슬롯2에 아날로그 입력모듈(채널0 : 운전, 입력 전압 범위 : 0~10 V, 출력 데이터 타입 : 0~16000), 슬롯3에 아날로그 출력모듈(채널 0 : 운전, 출력 전압 범위 0~10 V, 입력 데이터 타입 : 0~16000)을 설치하고 입력 전압을 아날로그 입력모듈의 채널0에 5 V의 전압을 인가하여 디지털변환 값_내부저장에 상당하는 디지털 값 8000을 저장하고, 아날로그 출력모듈 채널0에 내부데이터_디지털입력 값 3000을 입력하면 아날로그 출력모듈_입력 값에 3000이 프로그램상에 디스플레이되지만 시스템 모니터에서 슬롯3(아날로그 출력모듈)을 더블클릭해 보면 1.875 V의 출력 값이 나타난다.

1) 운전 파라미터 설정

❶ 아날로그 입력모듈

파라미터	채널0	채널1	채널2	채널3	채널4	채널5	채널6	채널7
☐ 운전 채널	운전	정지	정지	정지	정지	정지	정지	정지
☐ 입력 전압(전류) 범위	0~10V	1~5V	1~5V	1~5V	1~5V	1~5V	1~5V	1~5V
출력 데이터 타입	0~16000	0~16000	0~16000	0~16000	0~16000	0~16000	0~16000	0~16000
☐ 필터 처리	허용	금지	금지	금지	금지	금지	금지	금지
필터 상수	20	1	1	1	1	1	1	1
☐ 평균 처리	허용	금지	금지	금지	금지	금지	금지	금지
☐ 평균 방법	횟수평균	횟수평균	횟수평균	횟수평균	횟수평균	횟수평균	횟수평균	횟수평균
평균값	100	2	2	2	2	2	2	2

그림 11.54 아날로그 입력 운전 파라미터 설정 창

❷ 아날로그 출력모듈

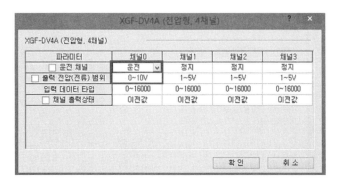

그림 11.55 아날로그 출력 운전파라미터 설정 창

2) 글로벌/직접변수 목록

	변수 종류	변수	타입	메모리 할당	초기값	리테인	사용 유무	EIP	설명문
76	VAR_GLOBAL_CONSTANT	_F0002_CH6_AVG_VAL	UINT		20	☐	☐	☐	아날로그입력 모듈: 채널6 평균값
77	VAR_GLOBAL_CONSTANT	_F0002_CH6_FILT_CONST	UINT		10	☐	☐	☐	아날로그입력 모듈: 채널6 필터 상수(1~99)
78	VAR_GLOBAL_CONSTANT	_F0002_CH7_AVG_VAL	UINT		21	☐	☐	☐	아날로그입력 모듈: 채널7 평균값
79	VAR_GLOBAL_CONSTANT	_F0002_CH7_FILT_CONST	UINT		11	☐	☐	☐	아날로그입력 모듈: 채널7 필터 상수(1~99)
80	VAR_GLOBAL_CONSTANT	_F0002_CH_EN	UINT		00	☐	☐	☐	아날로그입력 모듈: 사용 채널 지정
81	VAR_GLOBAL_CONSTANT	_F0002_DATA_TYPE	UINT		02	☐	☐	☐	아날로그입력 모듈: 출력 데이터 타입 지정
82	VAR_GLOBAL_CONSTANT	_F0002_ERR_CODE	UINT		22	☐	☐	☐	아날로그입력 모듈: 에러 코드
83	VAR_GLOBAL_CONSTANT	_F0002_FILT_EN	UINT		03	☐	☐	☐	아날로그입력 모듈: 필터 처리 지정
84	VAR_GLOBAL_CONSTANT	_F0002_IN_RANGE	UINT		01	☐	☐	☐	아날로그입력 모듈: 입력 전류/전압 범위 지정
85	VAR_GLOBAL_CONSTANT	_F0003_CH0_ERR	UINT		11	☐	☐	☐	아날로그출력 모듈: 채널0 에러 코드
86	VAR_GLOBAL_CONSTANT	_F0003_CH0_STAT	UINT		03	☐	☐	☐	아날로그출력 모듈: 채널0 출력 상태 설정값
87	VAR_GLOBAL_CONSTANT	_F0003_CH1_ERR	UINT		12	☐	☐	☐	아날로그출력 모듈: 채널1 에러 코드
88	VAR_GLOBAL_CONSTANT	_F0003_CH1_STAT	UINT		04	☐	☐	☐	아날로그출력 모듈: 채널1 출력 상태 설정값
89	VAR_GLOBAL_CONSTANT	_F0003_CH2_ERR	UINT		13	☐	☐	☐	아날로그출력 모듈: 채널2 에러 코드
90	VAR_GLOBAL_CONSTANT	_F0003_CH2_STAT	UINT		05	☐	☐	☐	아날로그출력 모듈: 채널2 출력 상태 설정값
91	VAR_GLOBAL_CONSTANT	_F0003_CH3_ERR	UINT		14	☐	☐	☐	아날로그출력 모듈: 채널3 에러 코드
92	VAR_GLOBAL_CONSTANT	_F0003_CH3_STAT	UINT		06	☐	☐	☐	아날로그출력 모듈: 채널3 출력 상태 설정값
93	VAR_GLOBAL_CONSTANT	_F0003_CH_EN	UINT		00	☐	☐	☐	아날로그출력 모듈: 사용 채널 지정
94	VAR_GLOBAL_CONSTANT	_F0003_DATA_TYPE	UINT		02	☐	☐	☐	아날로그출력 모듈: 입력 데이터 타입 지정
95	VAR_GLOBAL_CONSTANT	_F0003_OUT_RANGE	UINT		01	☐	☐	☐	아날로그출력 모듈: 출력 전류/전압 범위 지정

그림 11.56 글로벌/직접변수 창

3) 프로그램 작성

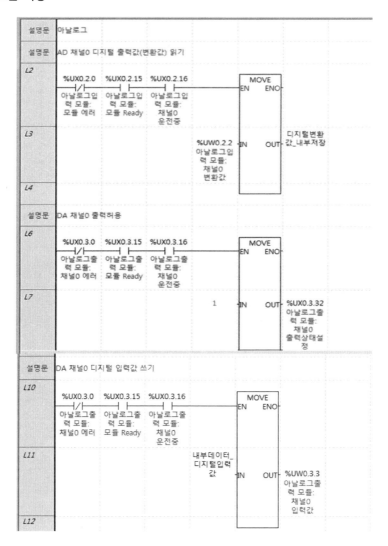

그림 11.57   아날로그 입·출력 프로그램

4) 로컬변수 목록

	변수 종류	변수	타입	메모리 할당	초기값	리테인	사용 유무	설명문
1	VAR_EXTERNAL	_0002_CH0_ACT	BOOL	%UX0.2.16			✓	아날로그입력 모듈: 채널0 운전중
2	VAR_EXTERNAL	_0002_CH0_DATA	INT	%UW0.2.2			✓	아날로그입력 모듈: 채널0 변환값
3	VAR_EXTERNAL	_0002_ERR	BOOL	%UX0.2.0			✓	아날로그입력 모듈: 모듈 에러
4	VAR_EXTERNAL	_0002_RDY	BOOL	%UX0.2.15			✓	아날로그입력 모듈: 모듈 Ready
5	VAR_EXTERNAL	_0003_CH0_ACT	BOOL	%UX0.3.16			✓	아날로그출력 모듈: 채널0 운전중
6	VAR_EXTERNAL	_0003_CH0_DATA	INT	%UW0.3.3			✓	아날로그출력 모듈: 채널0 입력값
7	VAR_EXTERNAL	_0003_CH0_ERR	BOOL	%UX0.3.0			✓	아날로그출력 모듈: 채널0 에러
8	VAR_EXTERNAL	_0003_CH0_OUTEN	BOOL	%UX0.3.32			✓	아날로그출력 모듈: 채널0 출력상태설정
9	VAR_EXTERNAL	_0003_RDY	BOOL	%UX0.3.15			✓	아날로그출력 모듈: 모듈 Ready
10	VAR	내부데이터_디지털입력값	INT				✓	
11	VAR	디지털변환값_내부저장	INT				✓	

그림 11.57a

5) 프로그램 시뮬레이션

시뮬레이션을 실행하고 런 모드로 한 후 시스템 모니터에서 슬롯2의 아날로그 입력모듈을 더블클릭하여 채널 값 변경 창에서 채널0의 값을 5 V로 입력하면(그림 11.57b), 프로그램의 시뮬레이션에서 디지털변환값_내부저장에 8000이 저장되고(그림 11.57d), 내부데이터_입력 값에 디지털 값 3000으로 현재 값을 변경하면(그림 11.57c) 프로그램상에 아날로그 출력모듈_채널0 입력 값에 3000이 디스플레이되지만(그림 11.57d) 시스템 모니터의 슬롯3(아날로그 출력모듈)을 더블클릭해보면 채널 값 변경창이 나타나며 채널0에 1.875 V의 출력 값이 나타난다(그림 11.58e).

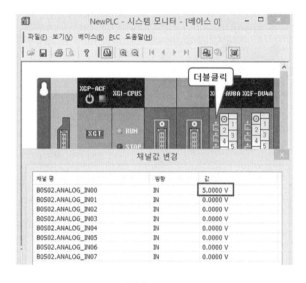

그림 11.57b

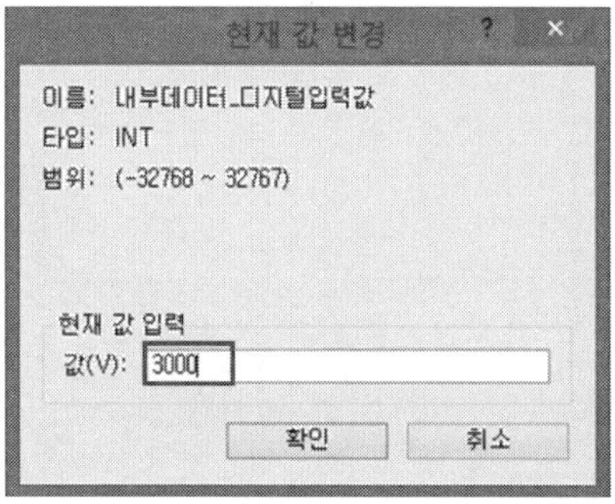

그림 11.57c

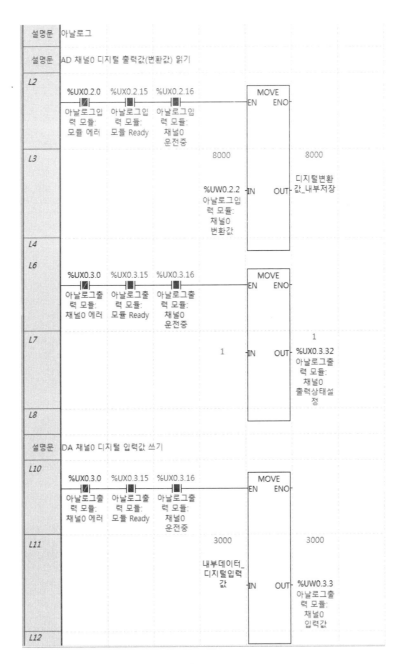

설명문	아날로그
설명문	AD 채널0 디지털 출력값(변환값) 읽기

L2

%UX0.2.0   %UX0.2.15   %UX0.2.16
아날로그입   아날로그입   아날로그입
력 모듈: 력 모듈: 력 모듈:
모듈 에러   모듈 Ready   채널0
                               운전중

MOVE
EN   ENO

L3   8000   8000

%UW0.2.2 —IN   OUT— 디지털변환
아날로그입   값_내부저장
력 모듈:
채널0
변환값

L4

L6

%UX0.3.0   %UX0.3.15   %UX0.3.16
아날로그출   아날로그출   아날로그출
력 모듈: 력 모듈: 력 모듈:
채널0 에러   모듈 Ready   채널0
                               운전중

MOVE
EN   ENO

L7   1   1

                       —IN   OUT— %UX0.3.32
                                     아날로그출
                                     력 모듈:
                                     채널0
                                     출력상태설
                                     정

L8

설명문	DA 채널0 디지털 입력값 쓰기

L10

%UX0.3.0   %UX0.3.15   %UX0.3.16
아날로그출   아날로그출   아날로그출
력 모듈: 력 모듈: 력 모듈:
채널0 에러   모듈 Ready   채널0
                               운전중

MOVE
EN   ENO

L11   3000   3000

                    내부데이터_
                    디지털입력
                       값   —IN   OUT— %UW0.3.3
                                     아날로그출
                                     력 모듈:
                                     채널0
                                     입력값

L12

그림 11.57d

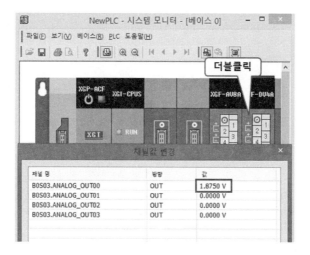

그림 11.57e

12 PLC 프로그램

12.1 | PLC 기초 프로그램

🔹 [기초 1] AND, OR, NOT 논리

- 제어조건

① 푸시버튼 PB1과 PB2를 동시에 On하면 램프1이 On한다.

② 푸시버튼 PB1 또는 PB2를 On하면 램프2가 On한다.

③ 푸시버튼 PB3가 Off이면 램프3이 On되고, PB3가 On하면 램프3이 Off된다.

- 입·출력 변수목록

	변수 종류	변수	타입	메모리 할당	초기값	리테인	사용 유무	설명문
1	VAR	PB1	BOOL	%IX0.0.0		☐	☑	
2	VAR	PB2	BOOL	%IX0.0.1		☐	☑	
3	VAR	PB3	BOOL	%IX0.0.2		☐	☑	
4	VAR	램프1	BOOL	%QX0.2.0		☐	☑	
5	VAR	램프2	BOOL	%QX0.2.1		☐	☑	
6	VAR	램프3	BOOL	%QX0.2.2		☐	☑	

- 프로그램 [기초 1]

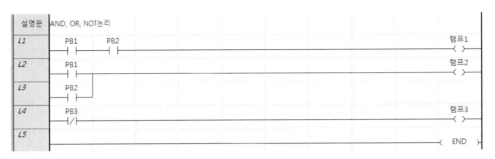

[기초 1] 프로그램

▼ [기초 2] 자기유지 회로

- 제어조건

① 푸시버튼 PB1을 터치하면 램프가 On되어 자기유지된다.

② PB2를 터치하면 자기유지가 해제되어 램프가 소등한다.

- 입·출력변수 목록

	변수 종류	변수	타입	메모리 할당	초기값	리테인	사용 유무	설명문
1	VAR	K_1	BOOL			☐	☑	
2	VAR	lamp	BOOL	%QX0.2.0		☐	☑	
3	VAR	PB1	BOOL	%IX0.0.0		☐	☑	
4	VAR	PB2	BOOL	%IX0.0.1		☐	☑	

- 프로그램 [기초 2]

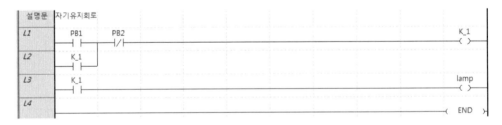

[기초 2] 프로그램

▼ [기초 3] 인터록(inter-lock) 제어

- 제어조건

① 푸시버튼 PB1과 PB2 중 하나를 터치하면 먼저 입력된 신호가 On되어 그에 관련되

는 출력만 On되고, 나중에 입력되는 신호는 동작할 수 없다.

② 푸시버튼 PB3를 On하면 출력이 소멸된다.

- 입·출력변수 목록

	변수 종류	변수	타입	메모리 할당	초기값	리테인	사용 유무	설명문
1	VAR	K_1	BOOL			☐	☑	
2	VAR	K_2	BOOL			☐	☑	
3	VAR	PB1	BOOL	%IX0.0.0		☐	☑	입력1
4	VAR	PB2	BOOL	%IX0.0.1		☐	☑	입력2
5	VAR	PB3	BOOL	%IX0.0.2		☐	☑	정지
6	VAR	Y1	BOOL	%QX0.2.0		☐	☑	출력1
7	VAR	Y2	BOOL	%QX0.2.1		☐	☑	출력2

- 프로그램 [기초 3]

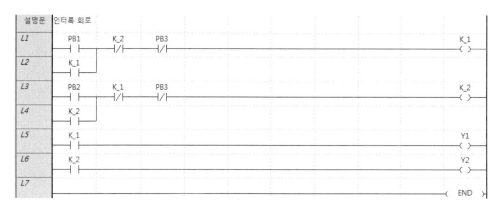

[기초 3] 프로그램

🔷 [기초 4] 변환접점 프로그램

- 제어조건

① 누름검출버튼을 누름과 동시에 램프1이 On된다.

② 복귀검출버튼을 눌렀다가 뗌과 동시에 램프2가 On된다(누르는 동안에는 출력이 안나옴).

③ 소등스위치를 터치하면 램프가 모두 소등된다.

- 입·출력변수 목록

	변수 종류	변수	타입	메모리 할당	초기값	리테인	사용 유무	설명문
1	VAR	누름검출	BOOL	%IX0.0.0		☐	☑	
2	VAR	램프1	BOOL	%QX0.2.0		☐	☑	
3	VAR	램프2	BOOL	%QX0.2.1		☐	☑	
4	VAR	복귀검출	BOOL	%IX0.0.1		☐	☑	
5	VAR	소등스위치	BOOL	%IX0.0.2		☐	☑	

- 프로그램 [기초 4]

[기초 4] 프로그램

🔷 [기초 5] 변환코일 프로그램

- 제어조건

① 점등스위치1을 On하면 램프1이 바로 On된다.

② 점등스위치2를 눌렀다가 떼면 바로 램프2가 On된다(누르고 있는 동안에는 출력이 나오지 않음).

③ 램프1은 소등스위치1에 의해, 램프2는 소등스위치2에 의해 Off된다.

- 입·출력 변수목록

	변수 종류	변수	타입	메모리 할당	초기값	리테인	사용 유무	설명문
1	VAR	누름검출	BOOL			☐	☑	
2	VAR	램프1	BOOL	%QX0.2.0		☐	☑	
3	VAR	램프2	BOOL	%QX0.2.1		☐	☑	
4	VAR	복귀검출	BOOL			☐	☑	
5	VAR	소등스위치1	BOOL	%IX0.0.2		☐	☑	
6	VAR	소등스위치2	BOOL	%IX0.0.3		☐	☑	
7	VAR	점등스위치1	BOOL	%IX0.0.0		☐	☑	
8	VAR	점등스위치2	BOOL	%IX0.0.1		☐	☑	

- 프로그램 [기초 5]

[기초 5] 프로그램

▼ [기초 6] Set-Reset제어

- 제어조건

① 동작스위치를 터치하면 모터가 Set되어 동작하고 운전램프가 점등한다.

② 정지스위치를 터치하면 모터가 Reset되어 운전이 정지되고, 운전램프도 소등되며 대신에 정지램프가 점등한다.

③ 시험스위치로 회로를 차단해도 모터가 Reset될 때까지 모터는 계속 작동한다.

- 입·출력 변수목록

	변수 종류	변수	타입	메모리 할당	초기값	리테인	사용 유무	설명문
1	VAR	동작스위치	BOOL	%IX0.0.0		□	☑	
2	VAR	모터	BOOL	%QX0.2.0		□	☑	
3	VAR	시험스위치	BOOL	%IX0.0.15		□	☑	
4	VAR	운전램프	BOOL	%QX0.2.1		□	☑	
5	VAR	정지램프	BOOL	%QX0.2.2		□	☑	
6	VAR	정지스위치	BOOL	%IX0.0.1		□	☑	

- 프로그램 [기초 6]

[기초 6] 프로그램

🔰 [기초 7] 형 변환 제어 1

• 제어조건

디지털 스위치에 의해 수치를 입력하면 출력1에서는 BCD값으로 출력되고, 출력2에서는
정수 값으로 출력된다.

• 입·출력 변수목록

	변수 종류	변수	타입	메모리 할당	초기값	리테인	사용 유무	설명문
1	VAR	디지털스위치	WORD	%IW0.0.0		☐	☑	
2	VAR	출력1	WORD	%QW0.2.0		☐	☑	
3	VAR	출력2	INT	%QW0.3.0		☐	☑	

　[주]　_On : 상시 On접점

• 프로그램 [기초 7]

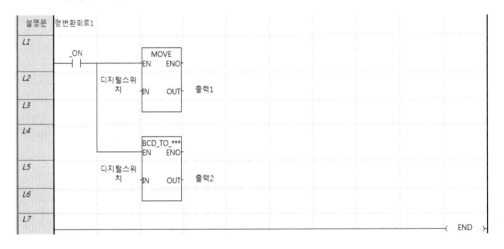

[기초 7]　프로그램

- 프로그램 시뮬레이션 [기초 7]

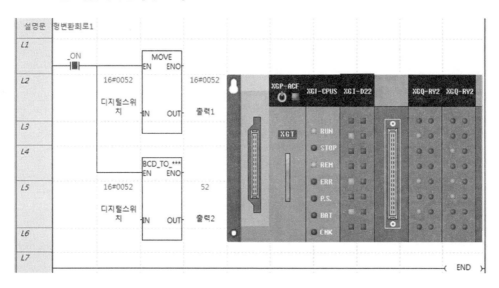

[기초 7] 프로그램 시뮬레이션

🔻 [기초 8] 형 변환 제어 2

- 제어조건

업 카운터(Up Counter)를 이용하여 카운터의 현재 값을 출력모듈1(%QW0.2.0)에는 10진수의 현재 값을 그대로 출력하고, 출력모듈2(%QW0.3.0)에는 BCD로 변환하여 출력한다.

- 입·출력 변수목록

	변수 종류	변수	타입	메모리 할당	초기값	리테인	사용 유무	설명문
1	VAR	C1	CTU_INT			☐	☑	
2	VAR	리셋스위치	BOOL	%IX0.0.1		☐	☑	
3	VAR	스위치	BOOL	%IX0.0.0		☐	☑	
4	VAR	출력1	INT	%QW0.2.0		☐	☑	
5	VAR	출력2	WORD	%QW0.3.0		☐	☑	

- 프로그램 [기초 8]

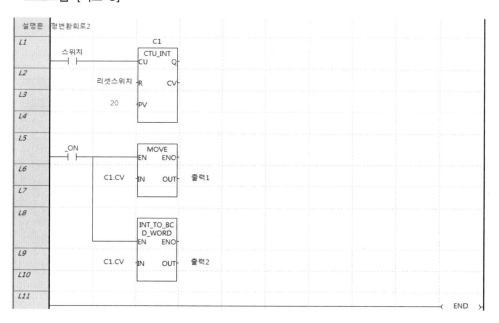

[기초 8] 프로그램

- 프로그램 시뮬레이션 [기초 8]

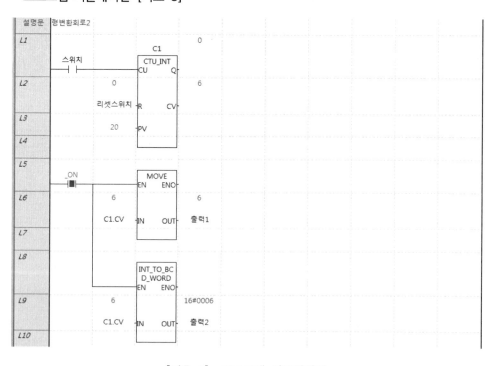

[기초 8] 프로그램 시뮬레이션

🥇 [기초 9] 플리커 프로그램

• 제어조건

2개의 On 딜레이 타이머를 이용하여 램프가 2초간 On, 1초간 Off의 점멸상태를 반복한다.

• 입·출력 변수목록

	변수 종류	변수	타입	메모리 할당	초기값	리테인	사용 유무	설명문
1	VAR	start	BOOL	%IX0.0.0		☐	☑	
2	VAR	T1	TON			☐	☑	
3	VAR	T2	TON			☐	☑	
4	VAR	램프	BOOL	%QX0.2.0		☐	☑	

• 프로그램 [기초 9]

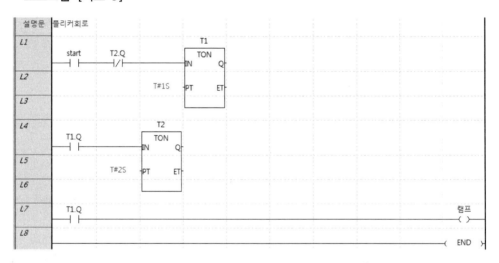

[기초 9] 프로그램

🥇 [기초 10] TOF 제어

• 제어조건

① 푸시버튼 PB1을 터치하면 램프1, 램프2, 램프3이 동시에 점등한다.
② 푸시버튼 PB2를 터치하면 램프1, 램프2, 램프3이 2초 간격으로 소등한다.

- 입·출력 변수목록

	변수 종류	변수	타입	메모리 할당	초기값	리테인	사용 유무	설명문
1	VAR	K_1	BOOL			☐	☑	
2	VAR	PB1	BOOL	%IX0.0.0		☐	☑	
3	VAR	PB2	BOOL	%IX0.0.1		☐	☑	
4	VAR	T1	TOF			☐	☑	
5	VAR	T2	TOF			☐	☑	
6	VAR	T3	TOF			☐	☑	
7	VAR	램프1	BOOL	%QX0.2.0		☐	☑	
8	VAR	램프2	BOOL	%QX0.2.1		☐	☑	
9	VAR	램프3	BOOL	%QX0.2.2		☐	☑	

- 프로그램 [기초 10]

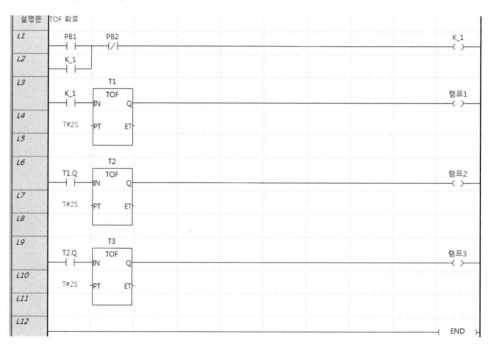

[기초 10] 프로그램

🔰 [기초 11] 카운터_타이머 제어

- 제어조건

① start스위치를 터치하면 예약변수 _T1S(1초 클록)이 작동하여 카운터의 설정횟수 5회
작동 후 모터가 동작하며, 동시에 운전램프가 점등한다.

② 그 후 5초가 지나면 타이머가 동작하여 모터가 정지하고, 동시에 정지램프가 점등된다.
"이러한 동작을 반복한다."

③ 정지스위치를 On하면 모터가 정지하고, 따라서 운전램프도 소등하며 정지램프는 On
   된다. 그리고 카운터의 현재 값이 초기화된다.

• 입·출력 변수목록

	변수 종류	변수	타입	메모리 할당	초기값	리테인	사용 유무	설명문
1	VAR	C1	CTU_INT			☐	☑	
2	VAR	K_1	BOOL			☐	☑	
3	VAR	reset	BOOL			☐	☑	
4	VAR	start	BOOL	%IX0.0.0		☐	☑	
5	VAR	stop	BOOL	%IX0.0.1		☐	☑	
6	VAR	T1	TON			☐	☑	
7	VAR	모터	BOOL	%QX0.2.0		☐	☑	
8	VAR	운전램프	BOOL	%QX0.2.1		☐	☑	
9	VAR	정지램프	BOOL	%QX0.2.2		☐	☑	

• 프로그램 [기초 11]

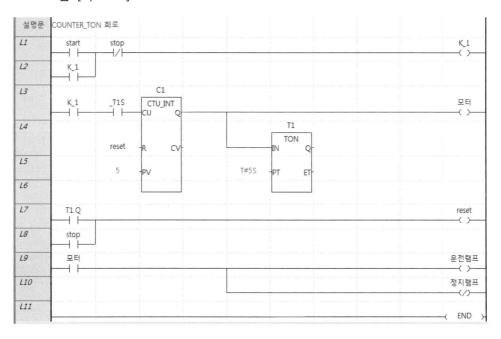

[기초 11] 프로그램

🔰 [기초 12] 선택제어

• 제어조건

① 데이터 16#00FF와 16#FF00 중에서 선택할 수 있어야 한다.
② 출력버튼을 On하면 선택한 데이터를 1씩 증가(INC), 1씩 감소(DEC)시킨다.

- 입·출력 변수목록

	변수 종류	변수	타입	메모리 할당	초기값	리테인	사용 유무	설명문
1	VAR	dec결과	WORD	%QW0.3.0		☐	☑	
2	VAR	inc결과	WORD	%QW0.2.0		☐	☑	
3	VAR	선택버튼	BOOL	%IX0.0.0		☐	☑	
4	VAR	선택출력	WORD	%QW0.1.0		☐	☑	
5	VAR	출력버튼	BOOL	%IX0.0.1		☐	☑	

- 프로그램 [기초 12]

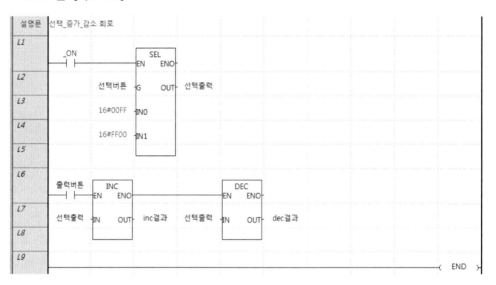

[기초 12] 프로그램

- 프로그램 시뮬레이션 [기초 12]

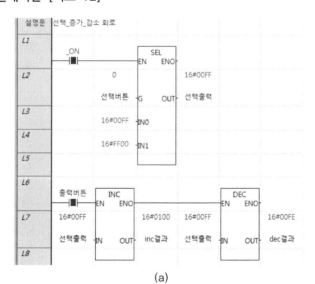

(a)

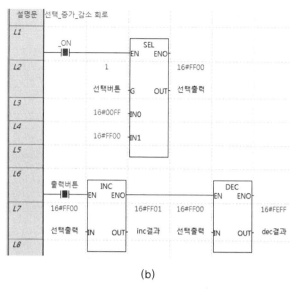

(b)

[기초 12] 프로그램 시뮬레이션

🏮 [기초 13] 퀴즈 프로그램

- 제어조건

① 사회자가 램프점검을 위해 램프점검버튼을 On시키고 출연자가 각각의 버튼을 On시켜 각 램프의 작동을 확인한다.

② 사회자가 퀴즈시작 버튼을 터치하면 진행램프가 On되고 퀴즈시스템이 작동된다.

③ 사회자가 퀴즈문제를 설명하면 출연자 A, B, C 중 가장 먼저 버튼을 누른 출연자의 램프가 점등되며, 그 후 버튼을 누른 출연자의 램프는 점등되지 않는다.

④ 사회자가 리셋스위치를 터치하면 모든 램프가 소등되어 초기화된다.

- 입·출력 변수목록

	변수 종류	변수	타입	메모리 할당	초기값	리테인	사용 유무	설명문
1	VAR	램프A	BOOL	%QX0.2.0		☐	☑	
2	VAR	램프B	BOOL	%QX0.2.1		☐	☑	
3	VAR	램프C	BOOL	%QX0.2.2		☐	☑	
4	VAR	램프점검	BOOL	%IX0.0.15		☐	☑	
5	VAR	리셋	BOOL	%IX0.0.9		☐	☑	
6	VAR	점검	BOOL			☐	☑	
7	VAR	진행	BOOL			☐	☑	
8	VAR	진행램프	BOOL	%QX0.2.15		☐	☑	
9	VAR	출연자A	BOOL	%IX0.0.0		☐	☑	
10	VAR	출연자B	BOOL	%IX0.0.1		☐	☑	
11	VAR	출연자C	BOOL	%IX0.0.2		☐	☑	
12	VAR	퀴즈시작	BOOL	%IX0.0.8		☐	☑	

- 프로그램 [기초 13]

설명문	퀴즈 프로그램

L1 램프점검 ─┤ ├─ 리셋 ─┤/├──────────────────────── 점검 ─( )─

L2 점검 ─┤ ├─

L3 퀴즈시작 ─┤ ├─ 리셋 ─┤/├──────────────────────── 진행 ─( )─

L4 진행 ─┤ ├──────────────────────── 진행램프 ─( )─

L5 출연자A ─┤ ├─ 램프B ─┤/├─ 램프C ─┤/├─ 진행 ─┤ ├── 램프A ─( )─

L6 램프A ─┤ ├─ 점검 ─┤ ├─

L7 출연자B ─┤ ├─ 램프A ─┤/├─ 램프C ─┤/├─ 진행 ─┤ ├── 램프B ─( )─

L8 램프B ─┤ ├─ 점검 ─┤ ├─

L9 출연자C ─┤ ├─ 램프A ─┤/├─ 램프B ─┤/├─ 진행 ─┤ ├── 램프C ─( )─

L10 램프C ─┤ ├─ 점검 ─┤ ├─

L11 ─────────────────────────(END)─

[기초 13] 프로그램

[기초 14] 편솔밸브_실린더의 전진/후진 프로그램

- 제어조건

편 솔레노이드 밸브를 사용하는 실린더에서 푸시버튼 PB1을 터치하면 실린더가 전진하고, 푸시버튼 PB2를 터치하면 후진한다.

- 공압 회로도

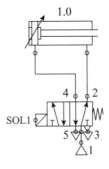

- 입·출력 변수목록

	변수 종류	변수	타입	메모리 할당	초기값	리테인	사용 유무	설명문
1	VAR	K_1	BOOL			□	☑	
2	VAR	PB1	BOOL	%IX0.0.0		□	☑	
3	VAR	PB2	BOOL	%IX0.0.1		□	☑	
4	VAR	SOL1	BOOL	%QX0.2.0		□	☑	

- 프로그램 [기초 14]

설명문	편솔밸브를 사용하는 실린더의 전진과 후진 제어		
L1	PB1 ─┤├─ PB2 ─┤/├─		K_1 ─( )─
L2	K_1 ─┤├─		
L3	K_1 ─┤├─		SOL1 ─( )─
L4			─(END)─

[기초 14] 프로그램

🏆 [기초 15] 편솔밸브_실린더의 1회 왕복운동

- 제어조건

푸시버튼 스위치를 터치하면 실린더가 전진하여 전진단의 리밋 스위치 LS를 On시키고 실린더가 바로 후진하여 1사이클이 완료된다.

- 공압 회로도

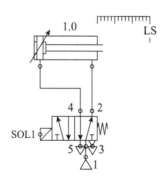

- 입·출력 변수목록

	변수 종류	변수	타입	메모리 할당	초기값	리테인	사용 유무	설명문
1	VAR	K_1	BOOL			☐	☑	
2	VAR	LS	BOOL	%IX0.0.1		☐	☑	
3	VAR	PB	BOOL	%IX0.0.0		☐	☑	
4	VAR	SOL1	BOOL	%QX0.2.0		☐	☑	

• 프로그램 [기초 15]

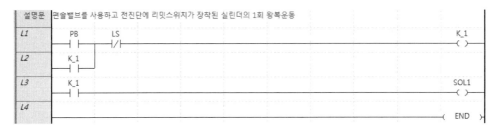

설명문	편솔밸브를 사용하고 전진단에 리밋스위치가 장착된 실린더의 1회 왕복운동

[기초 15] 프로그램

🔷 [기초 16] 양솔밸브_실린더의 1회 왕복운동

• 제어조건

푸시버튼 스위치 PB를 터치하면 실린더가 전진하여 실린더의 전진단에 장착된 리밋 스위치 LS를 On시키고 바로 후진하여 1회 왕복운동이 완료된다.

• 공압 회로도

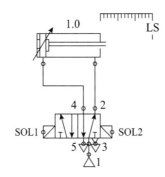

• 입·출력 변수목록

	변수 종류	변수	타입	메모리 할당	초기값	리테인	사용 유무	설명문
1	VAR	K_1	BOOL			☐	☑	
2	VAR	K_2	BOOL			☐	☑	
3	VAR	LS	BOOL	%IX0.0.1		☐	☑	
4	VAR	PB	BOOL	%IX0.0.0		☐	☑	
5	VAR	SOL1	BOOL	%QX0.2.0		☐	☑	
6	VAR	SOL2	BOOL	%QX0.2.1		☐	☑	

- 프로그램 [기초 16]

설명문	양솔밸브를 사용하고 전진단에 리밋스위치를 장착한 실린더의 1회 왕복운동		

```
L1    PB        K_2                                                    K_1
     ─┤ ├──────┤/├──────────────────────────────────────────────────( )─
L2    K_1
     ─┤ ├──┘
L3    LS                                                               K_2
     ─┤ ├──────────────────────────────────────────────────────────( )─
L4    K_1                                                             SOL1
     ─┤ ├──────────────────────────────────────────────────────────( )─
L5    K_2                                                             SOL2
     ─┤ ├──────────────────────────────────────────────────────────( )─
L6                                                                   ( END )
```

[기초 16] 프로그램

💎 [기초 17] 편솔밸브_실린더의 연속왕복 운동

- 제어조건

start스위치를 터치하면 실린더가 전진하고 전진단의 리밋 스위치 S2가 On되어 바로 후
진한다. 그러면 후진단의 리밋 스위치 S1이 작동하여 다시 실린더가 전진하는 동작을 반
복하며, 그 운동은 stop스위치를 On시킬 때까지 반복된다. stop스위치를 터치하면 실린더
가 초기상태로 복귀한 후 정지한다.

- 공압 회로도

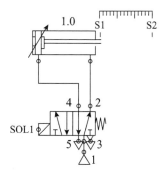

- 입·출력 변수목록

	변수 종류	변수	타입	메모리 할당	초기값	리테인	사용 유무	설명문
1	VAR	K_0	BOOL			☐	☑	
2	VAR	K_1	BOOL			☐	☑	
3	VAR	S1	BOOL	%IX0.0.1		☐	☑	
4	VAR	S2	BOOL	%IX0.0.2		☐	☑	
5	VAR	SOL1	BOOL	%QX0.2.0		☐	☑	
6	VAR	start	BOOL	%IX0.0.0		☐	☑	
7	VAR	stop	BOOL	%IX0.0.8		☐	☑	

- 프로그램 [기초 17]

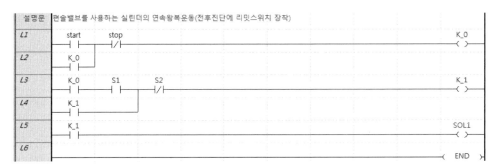

| 설명문 | 편솔밸브를 사용하는 실린더의 연속왕복운동(전후진단에 리밋스위치 장착) |

[기초 17] 프로그램

🔷 [기초 18] 양솔밸브_실린더의 연속왕복 운동

- 제어조건

 start스위치를 터치하면 실린더가 전진하고 전진단의 리밋 스위치 S2가 On되어 바로 후진한다. 후진단의 리밋 스위치 S1이 On되어(S2는 Off됨) 실린더가 다시 전진하므로 왕복운동이 반복된다. stop스위치를 터치하면 그 행정을 마친 후 정지한다.

- 공압 회로도

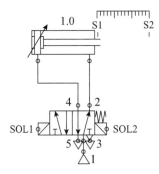

- 입·출력 변수목록

	변수 종류	변수	타입	메모리 할당	초기값	리테인	사용 유무	설명문
1	VAR	K_0	BOOL			☐	☑	
2	VAR	K_1	BOOL			☐	☑	
3	VAR	K_2	BOOL			☐	☑	
4	VAR	S1	BOOL	%IX0.0.1		☐	☑	
5	VAR	S2	BOOL	%IX0.0.2		☐	☑	
6	VAR	SOL1	BOOL	%QX0.2.0		☐	☑	
7	VAR	SOL2	BOOL	%QX0.2.1		☐	☑	
8	VAR	start	BOOL	%IX0.0.0		☐	☑	
9	VAR	stop	BOOL	%IX0.0.8		☐	☑	

- 프로그램 [기초 18]

설명문	양솔밸브를 사용하는 실린더가 연속왕복운동하는 프로그램

```
L1    start    stop                                                      K_0
      ├┤       ┤/├                                                       ─( )─
L2    K_0
      ├┤
L3    K_0      S1       S2                                                K_1
      ├┤       ├┤       ┤/├                                              ─( )─
L4    K_0      S2       S1                                                K_2
      ├┤       ├┤       ┤/├                                              ─( )─
L5    K_1                                                               SOL1
      ├┤                                                                 ─( )─
L6    K_2                                                               SOL2
      ├┤                                                                 ─( )─
L7                                                                    ─( END )─
```

[기초 18] 프로그램

🔻 [기초 19] 실린더의 단속/연속 사이클(편 솔레노이드 밸브)

- 제어조건

① 편 솔레노이드 밸브를 사용하는 실린더에서 단속스위치를 터치하면 실린더가 1회의 전진/후진 운동을 한다.

② 연속스위치를 터치하면 실린더가 연속적으로 왕복운동을 한다.

③ 정지스위치를 터치하면 실린더가 초기상태로 복귀하여 정지한다.

- 공압 회로도

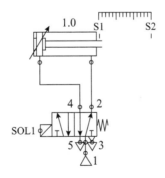

- 입·출력 변수목록

	변수 종류	변수	타입	메모리 할당	초기값	리테인	사용 유무	설명문
1	VAR	K_1	BOOL			☐	☑	
2	VAR	K_2	BOOL			☐	☑	
3	VAR	K_3	BOOL			☐	☑	
4	VAR	S1	BOOL	%IX0.0.1		☐	☑	
5	VAR	S2	BOOL	%IX0.0.2		☐	☑	
6	VAR	SOL1	BOOL	%QX0.2.0		☐	☑	
7	VAR	단속스위치	BOOL	%IX0.0.3		☐	☑	
8	VAR	연속스위치	BOOL	%IX0.0.4		☐	☑	
9	VAR	정지스위치	BOOL	%IX0.0.5		☐	☑	

- 프로그램 [기초 19]

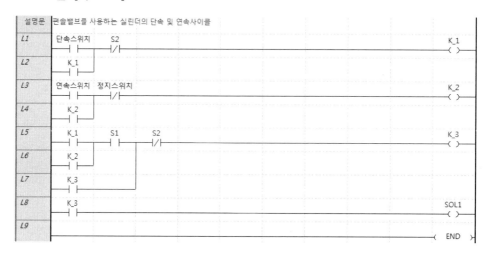

설명문	편솔밸브를 사용하는 실린더의 단속 및 연속사이클			
L1	단속스위치 ┤├	S2 ┤/├		K_1 ─( )─
L2	K_1 ┤├			
L3	연속스위치 ┤├	정지스위치 ┤/├		K_2 ─( )─
L4	K_2 ┤├			
L5	K_1 ┤├	S1 ┤├	S2 ┤/├	K_3 ─( )─
L6	K_2 ┤├			
L7	K_3 ┤├			
L8	K_3 ┤├			SOL1
L9				─(END)─

[기초 19] 프로그램

🔹 [기초 20] 실린더의 단속/연속 사이클(양 솔레노이드 밸브)

- 제어조건

양 솔레노이드 밸브를 이용하는 실린더가 단속스위치를 On하면 1회의 왕복운동을 수행하고(단속 사이클), 연속스위치를 On하면 실린더가 연속 왕복운동을 수행한다(연속 사이클). 정지스위치를 on시키면 그 사이클이 종료된 후 초기상태로 복귀하여 정지한다.

- 공압 회로도

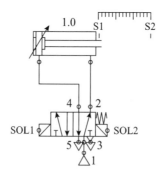

- 입·출력 변수목록

	변수 종류	변수	타입	메모리 할당	초기값	리테인	사용 유무	설명문
1	VAR	K_1	BOOL			☐	☑	
2	VAR	K_2	BOOL			☐	☑	
3	VAR	K_3	BOOL			☐	☑	
4	VAR	K_4	BOOL			☐	☑	
5	VAR	K_5	BOOL			☐	☐	
6	VAR	S1	BOOL	%IX0.0.1		☐	☑	
7	VAR	S2	BOOL	%IX0.0.2		☐	☑	
8	VAR	SOL1	BOOL	%QX0.2.0		☐	☑	
9	VAR	SOL2	BOOL	%QX0.2.1		☐	☑	
10	VAR	단속스위치	BOOL	%IX0.0.3		☐	☑	
11	VAR	연속스위치	BOOL	%IX0.0.4		☐	☑	
12	VAR	정지스위치	BOOL	%IX0.0.5		☐	☑	

- 프로그램 [기초 20]

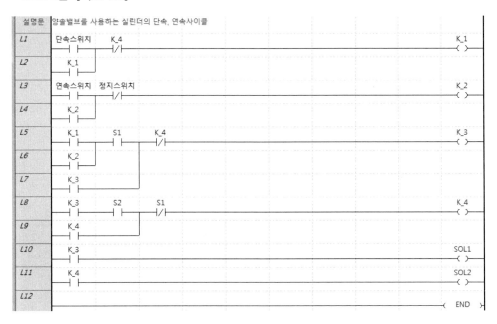

[기초 20] 프로그램

🔰 [기초 21] 데이터의 이동

- 제어조건

입력데이터에 최초 값을 입력시키면 좌로 2비트만큼 이동하고, 그것을 우로 4비트만큼 이동시킨 후 다시 좌로 20비트만큼 회전시킨다.

- 입·출력 변수목록

	변수 종류	변수	타입	메모리 할당	초기값	리테인	사용 유무	설명문
1	VAR	BCD표시기	WORD	%QW0.2.0		☐	☑	
2	VAR	start	BOOL	%IX0.0.0		☐	☑	
3	VAR	입력데이터	WORD	%IW0.1.0		☐	☑	
4	VAR	출력	WORD			☐	☑	
5	VAR	출력1	WORD			☐	☑	
6	VAR	출력2	WORD			☐	☑	

- 프로그램 [기초 21]

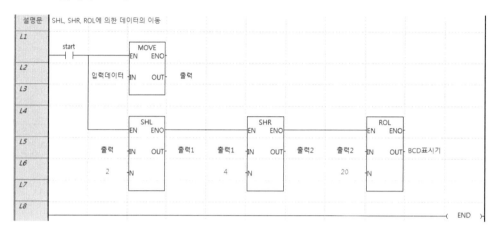

[기초 21] 프로그램

- 프로그램 시뮬레이션 [기초 21]

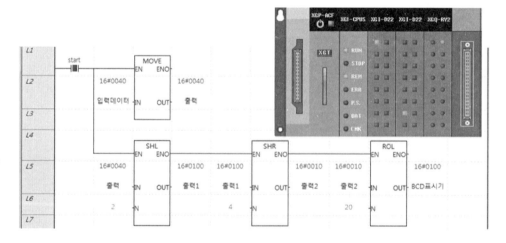

[기초 21] 프로그램 시뮬레이션

❤ [기초 22] 카운터 이용 모터 작동제어

• 제어조건

① 디지털 스위치를 이용하여 카운터의 설정 값(모터정지시간(초)을 설정한다.

② 카운터의 현재 값이 BCD표시기에 표시된다.

③ start스위치를 터치하면 모터가 5초 ON, 카운터 설정시간(5초)동안 OFF의 작동이 반복된다.

④ stop스위치를 On하면 모터가 정지한다.

• 입출력 변수목록

	변수 종류	변수	타입	메모리 할당	초기값	리테인	사용 유무	설명문
1	VAR	BCD표시기	WORD	%QW0.2.0		☐	✔	
2	VAR	C1	CTU_INT			☐	✔	
3	VAR	K_1	BOOL			☐	✔	
4	VAR	start	BOOL	%IX0.0.0		☐	✔	
5	VAR	stop	BOOL	%IX0.0.1		☐	✔	
6	VAR	T1	TON			☐	✔	
7	VAR	디지털스위치	WORD	%IW0.1.0		☐	✔	
8	VAR	모터	BOOL	%QX0.3.0		☐	✔	
9	VAR	설정값	INT			☐	✔	
10	VAR	초기화	BOOL			☐	✔	

• 프로그램 [기초 22]

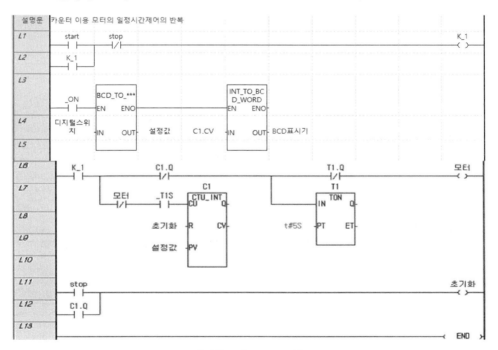

[기초 22] 프로그램

12.2 | PLC 응용 프로그램

▼ [응용 1] 모터의 정역회전 제어

- 제어조건

정회전스위치를 터치하면 모터가 정회전, 역회전스위치를 터치하면 역회전한다. 이때 운전램프가 On된다. stop스위치를 터치하면 모터가 정지하고 정지램프가 On된다. 모터의 회전을 변경할 때는 stop스위치를 On한 후 정회전스위치 또는 역회전스위치를 터치해야 한다(인터록 회로).

- 입·출력 변수목록

	변수 종류	변수	타입	메모리 할당	초기값	리테인	사용 유무	설명문
1	VAR	stop스위치	BOOL	%IX0.0.2		☐	☑	
2	VAR	모터역회전M	BOOL	%QX0.3.1		☐	☑	모터(-극)
3	VAR	모터역회전P	BOOL	%QX0.3.0		☐	☑	모터(+극)
4	VAR	모터정회전M	BOOL	%QX0.2.1		☐	☑	모터(-극)
5	VAR	모터정회전P	BOOL	%QX0.2.0		☐	☑	모터(+극)
6	VAR	역회전스위치	BOOL	%IX0.0.1		☐	☑	
7	VAR	운전램프	BOOL	%QX0.3.8		☐	☑	
8	VAR	정지램프	BOOL	%QX0.3.9		☐	☑	
9	VAR	정회전스위치	BOOL	%IX0.0.0		☐	☑	

- 프로그램 [응용 1]

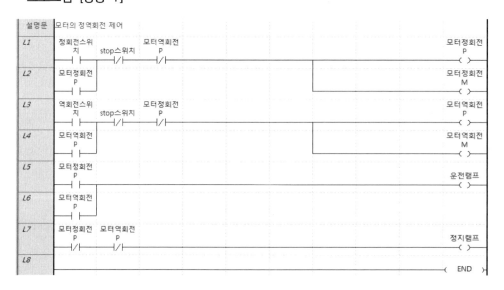

[응용 1] 프로그램

- 프로그램 시뮬레이션 [응용 1]

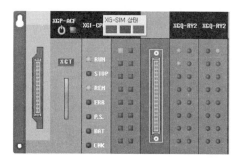
(a) 모터 정회전

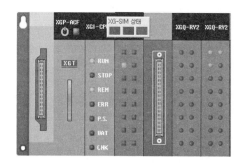
(b) 모터 역회전

[응용 1] 프로그램 시뮬레이션

⬦ [응용 2] 모터의 작동 수 제어

- 제어조건

4대의 모터 중에서 푸시버튼 스위치 PB1을 터치할 때마다 작동하는 모터의 수는 하나
씩 증가하고, PB2를 터치할 때마다 작동하는 모터의 수는 하나씩 감소한다. 4대의 모터가
모두 작동하고 있을 때 PB1을 터치하면 모든 모터가 정지하고, 1개의 모터가 작동 중에
있을 때 PB2를 터치하면 정지한다.

- 입·출력 변수목록

	변수 종류	변수	타입	메모리 할당	초기값	리테인	사용 유무	설명문
1	VAR	C1	CTUD_INT			□	☑	
2	VAR	C2	CTUD_INT			□	☑	
3	VAR	C3	CTUD_INT			□	☑	
4	VAR	C4	CTUD_INT			□	☑	
5	VAR	C5	CTUD_INT			□	☑	
6	VAR	PB1	BOOL	%IX0.0.0		□	☑	
7	VAR	PB2	BOOL	%IX0.0.1		□	☑	
8	VAR	모터1	BOOL	%QX0.2.0		□	☑	
9	VAR	모터2	BOOL	%QX0.2.1		□	☑	
10	VAR	모터3	BOOL	%QX0.2.2		□	☑	
11	VAR	모터4	BOOL	%QX0.2.3		□	☑	
12	VAR	설정값1	BOOL			□	☑	
13	VAR	설정값2	BOOL			□	☑	
14	VAR	설정값3	BOOL			□	☑	
15	VAR	설정값4	BOOL			□	☑	
16	VAR	설정값5	BOOL			□	☑	

- 프로그램 [응용 2]

설명문	모터의 작동수 제어
L1	PB1 ───┤ ├─── **C1** CTUD_INT / CU QU
L2	PB2 / CD QD
L3	C5.QU / R CV
L4	설정값1 / LD
L5	1 / PV
L6	
L7	PB1 ───┤ ├─── **C2** CTUD_INT / CU QU
L8	PB2 / CD QD
L9	C5.QU / R CV
L10	설정값2 / LD
L11	2 / PV
L12	
L13	PB1 ───┤ ├─── **C3** CTUD_INT / CU QU
L14	PB2 / CD QD
L15	C5.QU / R CV
L16	설정값3 / LD
L17	3 / PV
L18	
L19	PB1 ───┤ ├─── **C4** CTUD_INT / CU QU
L20	PB2 / CD QD
L21	C5.QU / R CV
L22	설정값4 / LD
L23	4 / PV
L24	

```
L25    PB1              C5
       ─┤ ├─      ┌──CTUD_INT──┐
                  │ CU      QU │
L26         PB2   │            │
                  │ CD      QD │
L27        C5.QU  │            │
                  │ R       CV │
L28        설정값5 │            │
                  │ LD         │
L29          5    │            │
                  │ PV         │
L30               └────────────┘

L31    C1.QU                              모터1
       ─┤ ├─                              ─( )─
L32    C2.QU                              모터2
       ─┤ ├─                              ─( )─
L33    C3.QU                              모터3
       ─┤ ├─                              ─( )─
L34    C4.QU                              모터4
       ─┤ ├─                              ─( )─
L35                                     ─( END )─
```

[응용 2] 프로그램

▼ [응용 3] 램프의 순차적인 On/Off 프로그램

• 제어조건

start스위치를 터치하면 램프가 1초 간격으로 차례로 On/Off를 반복하며, stop스위치를
터치하면 On/Off를 멈추고 소등된다.

• 입·출력 변수목록1

	변수 종류	변수	타입	메모리 할당	초기값	리테인	사용 유무	설명문
1	VAR	K_1	BOOL			☐	☑	
2	VAR	K_2	BOOL			☐	☑	
3	VAR	K_3	BOOL			☐	☑	
4	VAR	K_4	BOOL			☐	☑	
5	VAR	start	BOOL	%IX0.0.0		☐	☑	
6	VAR	stop	BOOL	%IX0.0.1		☐	☑	
7	VAR	T1	TON			☐	☑	
8	VAR	T2	TON			☐	☑	
9	VAR	T3	TON			☐	☑	
10	VAR	T4	TON			☐	☑	
11	VAR	램프1	BOOL	%QX0.2.0		☐	☑	
12	VAR	램프2	BOOL	%QX0.2.1		☐	☑	
13	VAR	램프3	BOOL	%QX0.2.2		☐	☑	
14	VAR	램프4	BOOL	%QX0.2.3		☐	☑	

- 프로그램1 [응용 3]

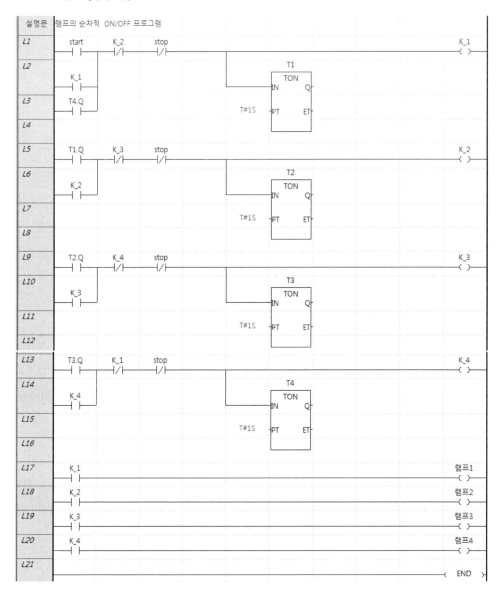

[응용 3] 프로그램1

- 입·출력 변수목록2

	변수 종류	변수	타입	메모리 할당	초기값	리테인	사용 유무	설명문
1	VAR	K_0	BOOL			☐	☑	
2	VAR	start	BOOL	%IX0.0.0		☐	☑	
3	VAR	stop	BOOL	%IX0.0.1		☐	☑	
4	VAR	T1	TOF			☐	☑	
5	VAR	T2	TOF			☐	☑	
6	VAR	T3	TOF			☐	☑	
7	VAR	T4	TOF			☐	☑	
8	VAR	램프1	BOOL	%QX0.2.0		☐	☑	
9	VAR	램프2	BOOL	%QX0.2.1		☐	☑	
10	VAR	램프3	BOOL	%QX0.2.2		☐	☑	
11	VAR	램프4	BOOL	%QX0.2.3		☐	☑	

- 프로그램2 [응용 3]

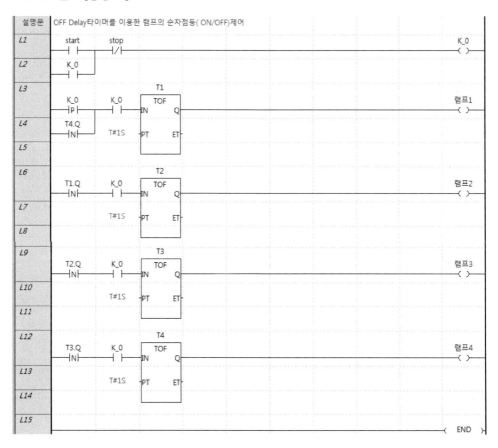

[응용 3] 프로그램2

♥ [응용 4] 신호등 제어

• 제어조건

보행자 신호등은 적색, 차선 신호등은 청색인 상태에서 보행자가 보행버튼을 터치하면 30초 후에 차선의 신호등은 황색신호가 점등되며, 1초 후 적색으로 바뀐다. 이때 보행자 신호등은 청색신호가 10초간 점등한 후 10초간 점멸하며 이후 적색으로 변경된다.

• 시스템도

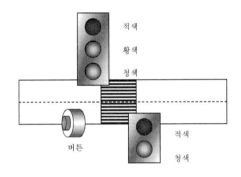

• 타임차트

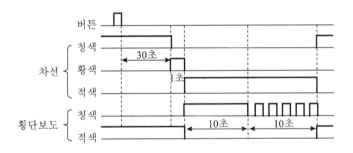

• 입·출력 변수목록

	변수 종류	변수	타입	메모리 할당	초기값	리테인	사용 유무	설명문
1	VAR	T0	TON			☐	☑	
2	VAR	T1	TON			☐	☑	
3	VAR	T2	TON			☐	☑	
4	VAR	T3	TON			☐	☑	
5	VAR	T4	TON			☐	☑	
6	VAR	T5	TON			☐	☑	
7	VAR	기동	BOOL			☐	☑	
8	VAR	버튼	BOOL	%IX0.0.0		☐	☑	
9	VAR	차선_적색	BOOL	%QX0.1.1		☐	☑	
10	VAR	차선_청색	BOOL	%QX0.1.0		☐	☑	
11	VAR	차선_황색	BOOL	%QX0.1.2		☐	☑	
12	VAR	횡단_적색	BOOL	%QX0.2.1		☐	☑	
13	VAR	횡단_청색	BOOL	%QX0.2.0		☐	☑	

- 프로그램 [응용 4]

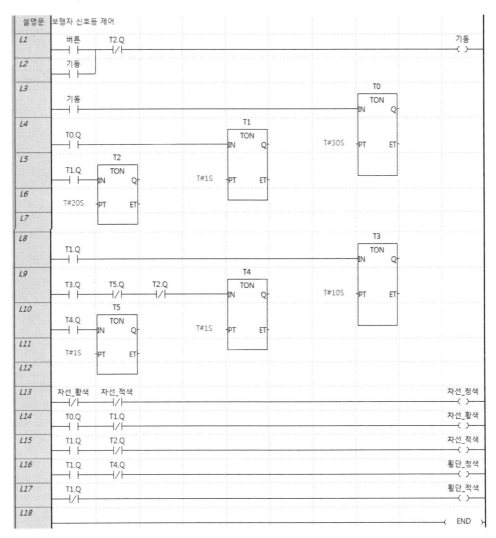

[응용 4] 프로그램

💎 [응용 5] 3대의 컨베이어 작동제어1

- 제어조건

A, B, C 3대의 컨베이어를 설정된 순서에 따라 작동을 제어한다. start스위치를 터치하면 5초 간격으로 A, B, C의 순서로 작동한다. stop스위치를 터치하면 5초 간격으로 C, B, A의 순서로 정지한다.

- 시스템도

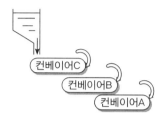

- 입·출력 변수목록

	변수 종류	변수	타입	메모리 할당	초기값	리테인	사용 유무	설명문
1	VAR	K_1	BOOL			☐	☑	
2	VAR	start	BOOL	%IX0.0.0		☐	☑	
3	VAR	stop	BOOL	%IX0.0.1		☐	☑	
4	VAR	T1	TOF			☐	☑	
5	VAR	T2	TON			☐	☑	
6	VAR	T3	TOF			☐	☑	
7	VAR	T4	TON			☐	☑	
8	VAR	컨베어A	BOOL	%QX0.2.0		☐	☑	
9	VAR	컨베어B	BOOL	%QX0.2.1		☐	☑	
10	VAR	컨베어C	BOOL	%QX0.2.2		☐	☑	

- 프로그램 [응용 5]

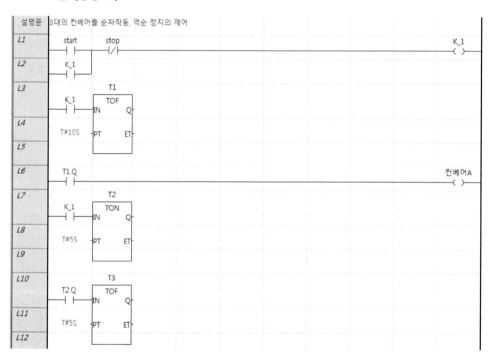

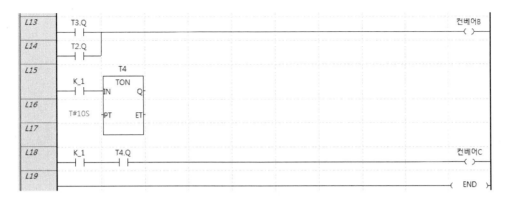

[응용 5] 프로그램

🔲 [응용 6] 3대의 컨베이어 작동제어2

• 제어조건

① 컨베이어1은 PB1에 의해 기동하고, 컨베이어2는 PB2에 의해 기동한다.

② 컨베이어1이나 컨베이어2는 항상 컨베이어3과 함께 동작하지만, 컨베이어1과 컨베이어2는 동시에 작동하지 않는다.

③ 컨베이어1과 3이 작동 중에 PB3을 터치하면 그로부터 컨베이어1은 5초 후에 정지하고, 컨베이어3은 다시 그로부터 5초 후에 정지한다. 마찬가지로 컨베이어2와 3이 작동 중에 PB4를 터치하면 컨베이어2는 그로부터 5초 후에 정지하고 컨베이어3은 다시 그로부터 5초 후에 정지한다.

• 입·출력 변수목록

	변수 종류	변수	타입	메모리 할당	초기값	리테인	사용 유무	설명문
1	VAR	K_1	BOOL			☐	☑	
2	VAR	K_2	BOOL			☐	☑	
3	VAR	K_3	BOOL			☐	☑	
4	VAR	K_4	BOOL			☐	☑	
5	VAR	K_5	BOOL			☐	☑	
6	VAR	PB1	BOOL	%IX0.0.0		☐	☑	
7	VAR	PB2	BOOL	%IX0.0.1		☐	☑	
8	VAR	PB3	BOOL	%IX0.0.2		☐	☑	
9	VAR	PB4	BOOL	%IX0.0.3		☐	☑	
10	VAR	T1	TON			☐	☑	
11	VAR	T2	TON			☐	☑	
12	VAR	T3	TON			☐	☑	
13	VAR	컨베어1	BOOL	%QX0.2.0		☐	☑	
14	VAR	컨베어2	BOOL	%QX0.2.1		☐	☑	
15	VAR	컨베어3	BOOL	%QX0.2.2		☐	☑	

• 프로그램 [응용 6]

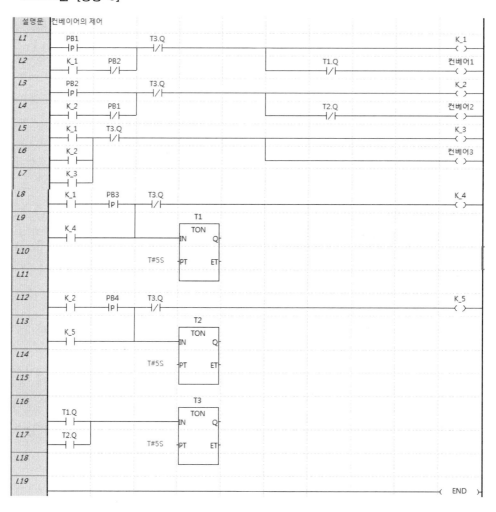

[응용 6] 프로그램

📦 [응용 7] 한쪽 자동문의 개폐제어

• 제어조건

① 문 내측센서(센서1)와 문 외측센서(센서2) 중 어느 하나가 사람을 감지하면 모터가
   정회전하여 문이 열린다.
② 문이 열려 열림리밋 LS1이 동작하면 모터의 정회전이 정지한다.
③ 사람이 센서의 감지영역을 벗어나면 5초 후에 모터가 역회전하여 문이 닫힌다. 문이
   닫혀 닫힘리밋 LS2가 동작하면 모터의 역회전이 정지한다. 문이 닫히는 도중에 센서

가 다시 작동하면 모터의 역회전이 정지하고 정회전하여 문이 다시 열린다.

④ 비상스위치를 On하면 문이 열려야 한다.

• 시스템도

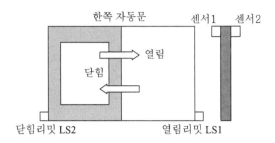

• 입·출력 변수목록

	변수 종류	변수	타입	메모리 할당	초기값	리테인	사용 유무	설명문
1	VAR	K_1	BOOL			☐	☑	
2	VAR	K_2	BOOL			☐	☑	
3	VAR	LS1	BOOL	%IX0.0.2		☐	☑	열림리밋스위치
4	VAR	LS2	BOOL	%IX0.0.3		☐	☑	닫힘리밋스위치
5	VAR	T1	TON			☐	☑	
6	VAR	모터역회전	BOOL	%QX0.2.1		☐	☑	
7	VAR	모터정회전	BOOL	%QX0.2.0		☐	☑	
8	VAR	비상	BOOL	%IX0.0.8		☐	☑	
9	VAR	센서1	BOOL	%IX0.0.0		☐	☑	
10	VAR	센서2	BOOL	%IX0.0.1		☐	☑	

• 프로그램 [응용 7]

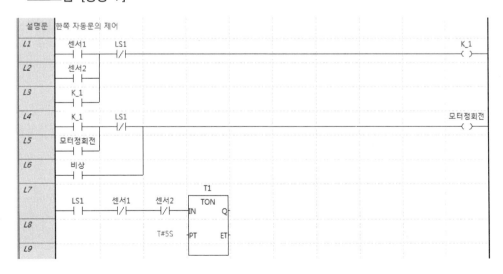

L10   LS1 ──┤ ├── T1.Q ──┤ ├── K_2 ─( )─
L11   K_2 ──┤ ├──
L12   K_2 ──┤ ├── 센서1 ──┤/├── 센서2 ──┤/├── LS2 ──┤/├── 비상 ──┤/├──────── 모터역회전 ─( )─
L13   모터역회전 ──┤ ├──
L14   ──(END)─

[응용 7] 프로그램

▼ [응용 8] 공구수명 경보

• 제어조건

① start스위치를 터치하면 공구의 작업이 수행된다.

② 도중에 stop스위치를 터치하면 공구의 작업이 정지된다.

③ 공구의 작업 총시간이 30초가 되면 수명경보가 울리고 공구작업이 중지된다.

• 입·출력 변수목록

	변수 종류	변수	타입	메모리 할당	초기값	리테인	사용 유무	설명문
1	VAR	C1	CTU_INT			□	☑	
2	VAR	C2	CTU_DINT			□	☑	
3	VAR	K_1	BOOL			□	☑	
4	VAR	K_2	BOOL			□	☑	
5	VAR	start	BOOL	%IX0.0.0		□	☑	
6	VAR	stop	BOOL	%IX0.0.1		□	☑	
7	VAR	공구작업	BOOL	%QX0.2.0		□	☑	
8	VAR	수명경보	BOOL	%QX0.2.1		□	☑	

- 프로그램 [응용 8]

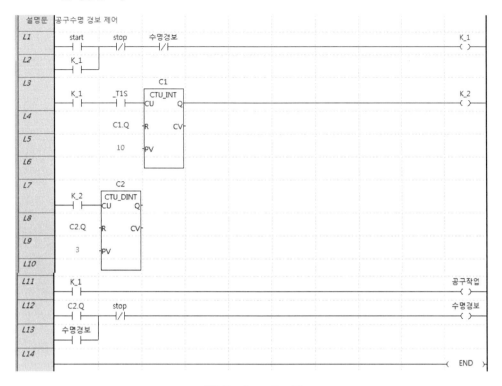

설명문	공구수명 경보 제어

L1   start   stop   수명경보   K_1
     ─┤ ├──┤/├──┤/├─   ─( )─

L2   K_1
     ─┤ ├─

L3   C1
     K_1   _T1S   ┌CTU_INT┐   K_2
     ─┤ ├──┤ ├───┤CU   Q├─   ─( )─

L4   C1.Q   ┤R   CV├

L5   10   ┤PV

L6

L7   C2
     K_2   ┌CTU_DINT┐
     ─┤ ├──┤CU   Q├─

L8   C2.Q   ┤R   CV├

L9   3   ┤PV

L10

L11 K_1   공구작업
     ─┤ ├─   ─( )─

L12 C2.Q   stop   수명경보
     ─┤ ├──┤/├─   ─( )─

L13 수명경보
     ─┤ ├─

L14   ─(END)─

[응용 8] 프로그램

🔹 [응용 9] 전자주사위

- 제어조건

전자주사위 1~6이 디지털 표시기에 표시된다(디지털 스위치에서 6을 입력). PB1을 터치하면 카운터가 작동하여 20 ms마다 1씩 증가하여 주사위의 값이 표시될 때 PB2를 터치하면 그때의 주사위 값이 디지털 표시기에 표시되고 그 값이 유지된다.

- 입·출력 변수목록

	변수 종류	변수	타입	메모리 할당	초기값	리테인	사용 유무	설명문
1	VAR	C1	CTU_INT			☐	☑	
2	VAR	C1설정값	INT			☐	☑	
3	VAR	K_1	BOOL			☐	☑	
4	VAR	PB1	BOOL	%IX0.0.0		☐	☑	시작
5	VAR	PB2	BOOL	%IX0.0.1		☐	☑	정지
6	VAR	디지털스위치	WORD	%IW0.1.0		☐	☑	숫자입력 6
7	VAR	디지털표시기	WORD	%QW0.2.0		☐	☑	숫자 디스플레이
8	VAR	실행	BOOL			☐	☑	
9	VAR	최종값	INT			☐	☑	

- 프로그램 [응용 9]

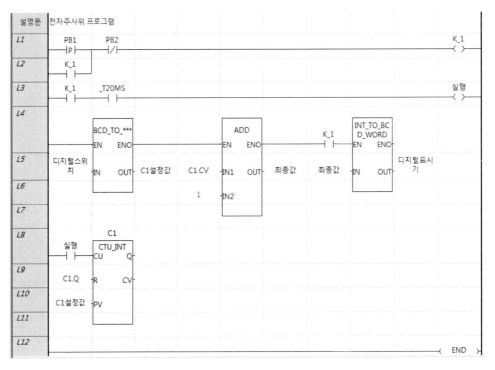

[응용 9] 프로그램

💎 [응용 10] 카운트 제어

- 제어조건

디지털 스위치에 의해 카운터의 설정 값을 제어할 수 있다. 카운터의 현재 값이 디지털 표시기에 표시되어야 한다. 1초 클록에 의해 카운터가 증가를 하여 설정치에 도달하면 램프와 부저가 작동한다. 정지스위치를 터치하면 램프 및 부저가 OFF된다.

- 입·출력 변수목록

	변수 종류	변수	타입	메모리 할당	초기값	리테인	사용 유무	설명문
1	VAR	C1	CTU_INT			☐	☑	
2	VAR	K_1	BOOL			☐	☑	
3	VAR	디지털스위치	WORD	%IW0.1.0		☐	☑	
4	VAR	디지털표시기	WORD	%QW0.2.0		☐	☑	
5	VAR	램프	BOOL	%QX0.3.0		☐	☑	
6	VAR	리셋	BOOL	%IX0.0.2		☐	☑	
7	VAR	부저	BOOL	%QX0.3.1		☐	☑	
8	VAR	설정값	INT			☐	☑	
9	VAR	시작	BOOL	%IX0.0.0		☐	☑	
10	VAR	정지	BOOL	%IX0.0.1		☐	☑	

- 프로그램 [응용 10]

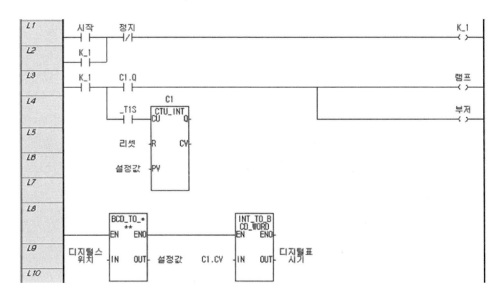

[응용 10] 프로그램

- 시뮬레이션 [응용 10]

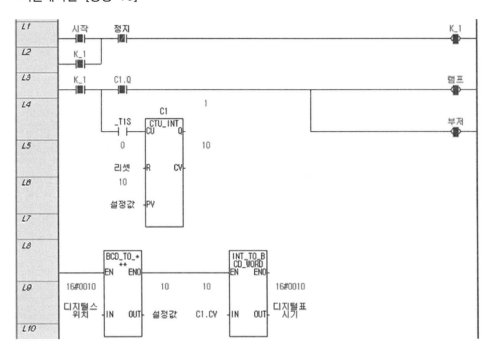

[응용 10] 프로그램 시뮬레이션

♥ [응용 11] 편솔밸브를 사용하는 실린더 두 개의 시퀀스 제어(A+B+B−A−)

- 제어조건

start스위치를 터치하면 편 솔레노이드 밸브를 사용하는 A, B 두 개의 실린더가 A+B+B
−A−의 시퀀스에 따라 동작을 연속적으로 한다. stop스위치를 터치하면 두 실린더는 그
사이클을 완료한 후 초기상태로 모두 복귀한다.

- 시스템도

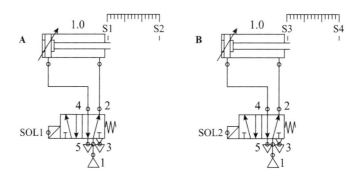

- 입·출력 변수목록

	변수 종류	변수	타입	메모리 할당	초기값	리테인	사용 유무	설명문
1	VAR	K_0	BOOL			☐	☑	
2	VAR	K_1	BOOL			☐	☑	
3	VAR	K_2	BOOL			☐	☑	
4	VAR	K_3	BOOL			☐	☑	
5	VAR	K_4	BOOL			☐	☑	
6	VAR	S1	BOOL	%IX0.0.1		☐	☑	실린더A_후진단리밋
7	VAR	S2	BOOL	%IX0.0.2		☐	☑	실린더A_전진단리밋
8	VAR	S3	BOOL	%IX0.0.3		☐	☑	실린더B_후진단리밋
9	VAR	S4	BOOL	%IX0.0.4		☐	☑	실린더B_전진단리밋
10	VAR	SOL1	BOOL	%QX0.2.0		☐	☑	실린더A_솔레노이드
11	VAR	SOL2	BOOL	%QX0.2.1		☐	☑	실린더B_솔레노이드
12	VAR	start	BOOL	%IX0.0.0		☐	☑	
13	VAR	stop	BOOL	%IX0.0.8		☐	☑	

- 프로그램 [응용 11]

설명문	편솔밸브_실린더의 시퀀스제어 A+B+B-A-				
L1	start —| |—	stop —|/|—			K_0 —( )—
L2	K_0 —| |—				
L3	K_0 —| |—	S1 —| |—	S3 —| |—	K_4 —|/|—	K_1 —( )—
L4	K_1 —| |—				
L5	S2 —| |—	K_1 —| |—			K_2 —( )—
L6	K_2 —| |—				
L7	S4 —| |—	K_2 —| |—			K_3 —( )—
L8	K_3 —| |—				
L9	S3 —| |—	K_3 —| |—			K_4 —( )—
L10	K_4 —| |—				
L11	K_1 —| |—				SOL1 —( )—
L12	K_2 —| |—	K_3 —|/|—			SOL2 —( )—
L13					—(END)—

[응용 11] 프로그램

🔰 [응용 12] 편솔밸브를 사용하는 실린더 두 개의 시퀀스 제어(A+A-B+B-)

- 제어조건

start스위치를 터치하면 편 솔레노이드 밸브를 사용하는 A, B 두 개의 실린더가 A+A-
B+B-의 시퀀스에 따라 동작을 연속적으로 한다. stop스위치를 터치하면 두 실린더는 그
사이클을 완료한 후 초기상태로 모두 복귀한다.

- 시스템도

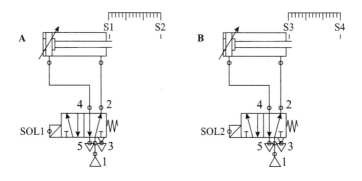

• 입·출력 변수목록

	변수 종류	변수	타입	메모리 할당	초기값	리테인	사용 유무	설명문
1	VAR	K_0	BOOL			☐	☑	
2	VAR	K_1	BOOL			☐	☑	
3	VAR	K_2	BOOL			☐	☑	
4	VAR	K_3	BOOL			☐	☑	
5	VAR	K_4	BOOL			☐	☑	
6	VAR	S1	BOOL	%IX0.0.1		☐	☑	실린더A_후진단리밋
7	VAR	S2	BOOL	%IX0.0.2		☐	☑	실린더A_전진단리밋
8	VAR	S3	BOOL	%IX0.0.3		☐	☑	실린더B_후진단리밋
9	VAR	S4	BOOL	%IX0.0.4		☐	☑	실린더B_전진단리밋
10	VAR	SOL1	BOOL	%QX0.2.0		☐	☑	실린더A_솔레노이드
11	VAR	SOL2	BOOL	%QX0.2.1		☐	☑	실린더B_솔레노이드
12	VAR	start	BOOL	%IX0.0.0		☐	☑	
13	VAR	stop	BOOL	%IX0.0.8		☐	☑	

• 프로그램 [응용 12]

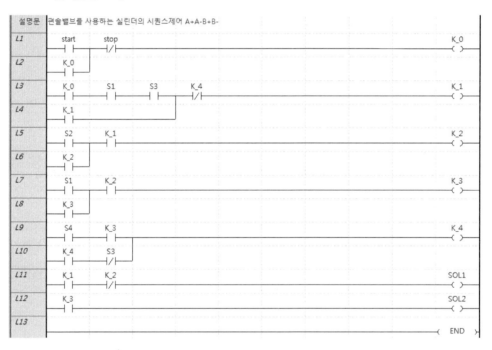

[응용 12] 프로그램

💎 [응용 13] 양솔밸브를 사용하는 두 개 실린더의 시퀀스 제어(A+B+B－A－)

• 제어조건

start스위치를 터치하면 양 솔레노이드 밸브를 사용하는 A, B 두 개의 실린더가 A+B+B－A－의 시퀀스에 따라 동작을 연속적으로 한다. stop스위치를 터치하면 두 실린더는 그 사이클을 완료한 후 초기상태로 모두 복귀한다.

- 시스템도

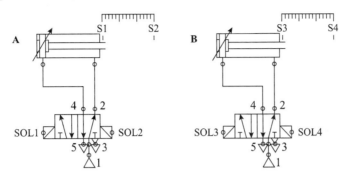

- 입·출력 변수목록

	변수 종류	변수	타입	메모리 할당	초기값	리테인	사용 유무	설명문
1	VAR	K_0	BOOL			☐	☑	
2	VAR	K_1	BOOL			☐	☑	
3	VAR	K_2	BOOL			☐	☑	
4	VAR	K_3	BOOL			☐	☑	
5	VAR	K_4	BOOL			☐	☑	
6	VAR	S1	BOOL	%IX0.0.1		☐	☑	
7	VAR	S2	BOOL	%IX0.0.2		☐	☑	
8	VAR	S3	BOOL	%IX0.0.3		☐	☑	
9	VAR	S4	BOOL	%IX0.0.4		☐	☑	
10	VAR	SOL1	BOOL	%QX0.2.0		☐	☑	
11	VAR	SOL2	BOOL	%QX0.2.1		☐	☑	
12	VAR	SOL3	BOOL	%QX0.2.2		☐	☑	
13	VAR	SOL4	BOOL	%QX0.2.3		☐	☑	
14	VAR	start	BOOL	%IX0.0.0		☐	☑	
15	VAR	stop	BOOL	%IX0.0.8		☐	☑	

- 프로그램 [응용 13]

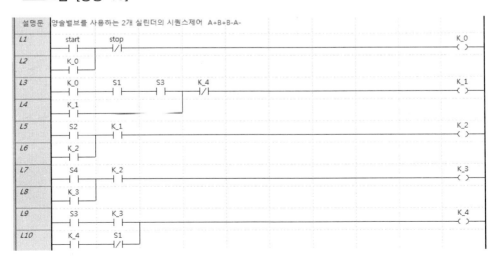

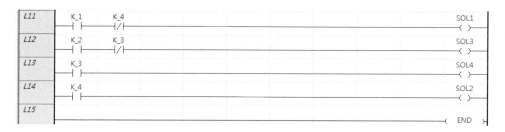

[응용 13] 프로그램

[응용 14] 편솔_실린더의 시간, 계수, 시퀀스 제어

• 제어조건

① start스위치를 터치하면 편 솔레노이드 밸브를 사용하는 실린더 A 전진, B 전진, C
전진, 3초 후 A 후진, 그 후 실린더 B, C가 동시에 후진한다.

② 이 사이클을 5회 수행 후 정지한다.

③ 위의 ①항과 ②항의 동작을 다시 수행하려면 Reset스위치를 터치한 후 start스위치를
On시킨다.

④ 사이클의 수행 중에 stop스위치를 On하면 그 사이클이 종료된 후 모든 실린더가 초
기상태로 복귀한 후 정지한다.

⑤ 비상스위치를 On하면 즉시 모든 실린더는 초기상태로 복귀한다.

• 시스템도

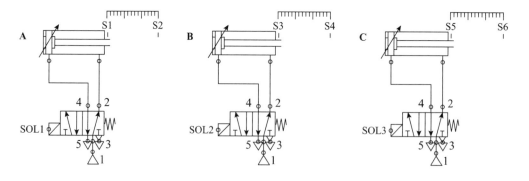

- 입·출력 변수목록

	변수 종류	변수	타입	메모리 할당	초기값	리테인	사용 유무	설명문
1	VAR	C1	CTU_INT			☐	☑	
2	VAR	K_0	BOOL			☐	☑	
3	VAR	K_1	BOOL			☐	☑	
4	VAR	K_2	BOOL			☐	☑	
5	VAR	K_3	BOOL			☐	☑	
6	VAR	K_4	BOOL			☐	☑	
7	VAR	K_5	BOOL			☐	☑	
8	VAR	reset	BOOL	%IX0.0.15		☐	☑	
9	VAR	S1	BOOL	%IX0.0.1		☐	☑	
10	VAR	S2	BOOL	%IX0.0.2		☐	☑	
11	VAR	S3	BOOL	%IX0.0.3		☐	☑	
12	VAR	S4	BOOL	%IX0.0.4		☐	☑	
13	VAR	S5	BOOL	%IX0.0.5		☐	☑	
14	VAR	S6	BOOL	%IX0.0.6		☐	☑	
15	VAR	SOL1	BOOL	%QX0.2.0		☐	☑	
16	VAR	SOL2	BOOL	%QX0.2.1		☐	☑	
17	VAR	SOL3	BOOL	%QX0.2.2		☐	☑	
18	VAR	start	BOOL	%IX0.0.0		☐	☑	
19	VAR	stop	BOOL	%IX0.0.8		☐	☑	
20	VAR	T1	TON			☐	☑	
21	VAR	비상	BOOL	%IX0.0.9		☐	☑	

- 프로그램 [응용 14]

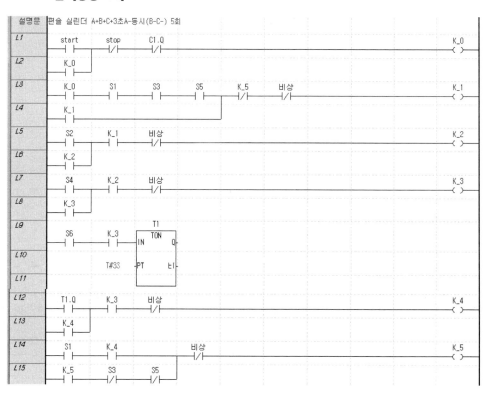

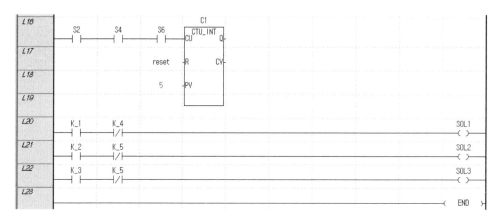

[응용 14] 프로그램

🔷 [응용 15] 양솔_실린더의 시간, 계수, 시퀀스 제어

- 제어조건

① start스위치를 터치하면 양 솔레노이드 밸브를 사용하는 실린더 A 전진, B 전진, C 전진, 3초 후 실린더 B, C가 동시에 후진하고 그 다음 실린더 A가 후진한다.

② 이 사이클을 5회 수행 후 정지한다.

③ 사이클의 수행 중에 stop스위치를 On하면 그 사이클이 종료된 후 모든 실린더가 초기상태로 복귀한 후 정지한다.

④ 비상스위치를 On하면 즉시 모든 실린더는 초기상태로 복귀한다.

⑤ 이 사이클을 다시 수행하려면 Reset스위치를 On한 후 start스위치를 터치하면 된다.

- 시스템도

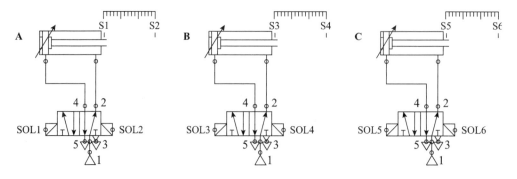

• 입·출력 변수목록

	변수 종류	변수	타입	메모리 할당	초기값	리테인	사용 유무	설명문
1	VAR	C1	CTU_INT			☐	☑	
2	VAR	K_0	BOOL			☐	☑	
3	VAR	K_1	BOOL			☐	☑	
4	VAR	K_2	BOOL			☐	☑	
5	VAR	K_3	BOOL			☐	☑	
6	VAR	K_4	BOOL			☐	☑	
7	VAR	K_5	BOOL			☐	☑	
8	VAR	reset	BOOL	%IX0.0.15		☐	☑	
9	VAR	S1	BOOL	%IX0.0.1		☐	☑	
10	VAR	S2	BOOL	%IX0.0.2		☐	☑	
11	VAR	S3	BOOL	%IX0.0.3		☐	☑	
12	VAR	S4	BOOL	%IX0.0.4		☐	☑	
13	VAR	S5	BOOL	%IX0.0.5		☐	☑	
14	VAR	S6	BOOL	%IX0.0.6		☐	☑	
15	VAR	SOL1	BOOL	%QX0.2.0		☐	☑	
16	VAR	SOL2	BOOL	%QX0.2.1		☐	☑	
17	VAR	SOL3	BOOL	%QX0.2.2		☐	☑	
18	VAR	SOL4	BOOL	%QX0.2.3		☐	☑	
19	VAR	SOL5	BOOL	%QX0.2.4		☐	☑	
20	VAR	SOL6	BOOL	%QX0.2.5		☐	☑	
21	VAR	start	BOOL	%IX0.0.0		☐	☑	
22	VAR	stop	BOOL	%IX0.0.8		☐	☑	
23	VAR	T1	TON			☐	☑	
24	VAR	비상	BOOL	%IX0.0.9		☐	☑	

• 프로그램 [응용 15]

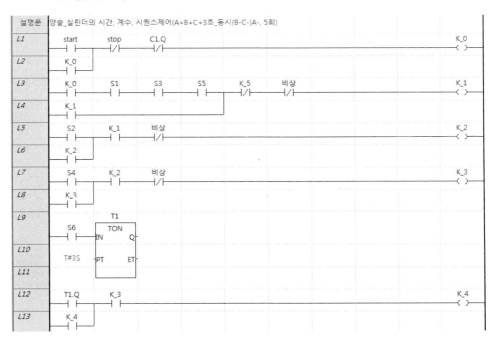

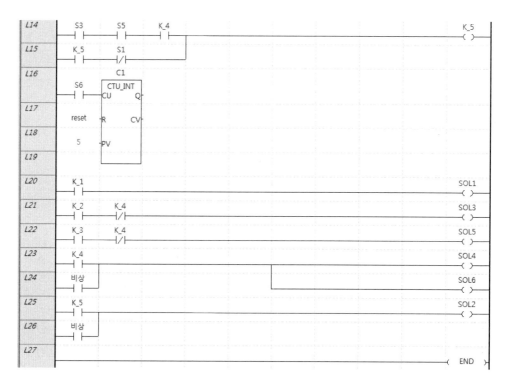

[응용 15] 프로그램

🔶 [응용 16] 편솔_실린더 분기제어

• 제어조건

편 솔레노이드 밸브를 사용하는 두 개의 실린더 A, B가 A+B+B−A−의 시퀀스로 작동한다. A가 전진도중에 분기명령이 On되면 실린더 A만 전/후진 동작을 해야 한다. 작동 중에 stop스위치를 On하면 그 사이클이 종료된 후 정지한다.

• 시스템도

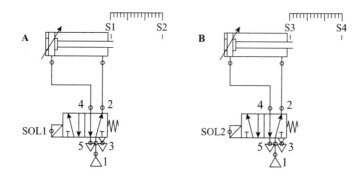

• 입·출력 변수목록

	변수 종류	변수	타입	메모리 할당	초기값	리테인	사용 유무	설명문
1	VAR	K_0	BOOL			☐	☑	
2	VAR	K_1	BOOL			☐	☑	
3	VAR	K_2	BOOL			☐	☑	
4	VAR	K_3	BOOL			☐	☑	
5	VAR	K_4	BOOL			☐	☑	
6	VAR	S1	BOOL	%IX0.0.1		☐	☑	실린더A_후진단리밋
7	VAR	S2	BOOL	%IX0.0.2		☐	☑	실린더A_전진단리밋
8	VAR	S3	BOOL	%IX0.0.3		☐	☑	실린더B_후진단리밋
9	VAR	S4	BOOL	%IX0.0.4		☐	☑	실린더B_전진단리밋
10	VAR	SOL1	BOOL	%QX0.2.0		☐	☑	실린더A_솔레노이드
11	VAR	SOL2	BOOL	%QX0.2.1		☐	☑	실린더B_솔레노이드
12	VAR	start	BOOL	%IX0.0.0		☐	☑	
13	VAR	stop	BOOL	%IX0.0.8		☐	☑	
14	VAR	분기명령	BOOL	%IX0.0.9		☐	☑	

• 프로그램 [응용 16]

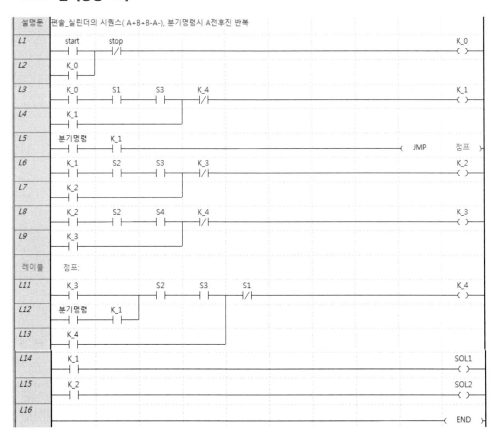

[응용 16] 프로그램

💎 [응용 17] 제품고갈 시 컨베이어 작동정지

• 제어조건

start스위치를 터치하면 컨베이어가 작동한다. 이때 제품 검출센서가 작동하면 컨베이어는 계속 작동한다. 제품 검출센서의 신호가 나오지 않게 되면 5초 후 컨베이어가 정지한다.

• 입·출력 변수목록

	변수 종류	변수	타입	메모리 할당	초기값	리테인	사용 유무	설명문
1	VAR	INST	F_TRIG			☐	☑	
2	VAR	K_1	BOOL			☐	☑	
3	VAR	start	BOOL	%IX0.0.0		☐	☑	
4	VAR	stop	BOOL	%IX0.0.8		☐	☑	
5	VAR	T1	TOF			☐	☑	
6	VAR	비상	BOOL	%IX0.0.15		☐	☑	
7	VAR	제품검출센서	BOOL	%IX0.0.1		☐	☑	
8	VAR	컨베이어	BOOL	%QX0.2.0		☐	☑	

• 프로그램 [응용 17]

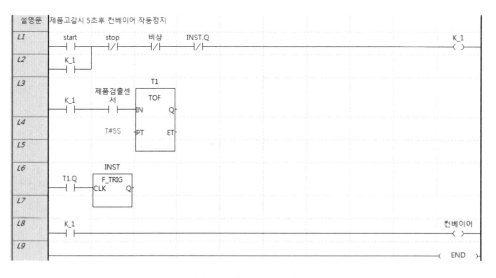

[응용 17] 프로그램

• 작동설명

start스위치를 터치하면 컨베이어가 작동한다. 이때 제품 검출센서가 작동하면 컨베이어가 계속 작동한다. 그러나 제품 검출센서가 5초 이상 작동하지 않으면 제품고갈상태이며 T1.Q가 Off되어 하강에지 F_RTRIG가 작동되므로 K_1이 Off되어 컨베이어는 정지한다. 컨베이어가 작동 중에 stop스위치나 비상스위치를 On시키면 컨베이어는 바로 정지한다.

♟ [응용 18] FND 표시제어(0~9)

- 제어조건

① SW1을 터치할 때마다 디스플레이 유닛(FND)의 숫자가 1씩 업카운트 한다. 1로부터
시작하여 9까지 1씩 증가하고 9의 다음에는 0으로 된다.

② SW2를 터치하면 1초 간격으로 위와 같이 1씩 업카운트 한다.

③ SW3을 터치하면 FND의 숫자가 초기화되어 0이 된다.

- 입·출력 변수목록

	변수 종류	변수	타입	메모리 할당	초기값	리테인	사용 유무	설명문
1	VAR	A	BOOL	%QX0.2.0		☐	☑	
2	VAR	B	BOOL	%QX0.2.1		☐	☑	
3	VAR	C	BOOL	%QX0.2.2		☐	☑	
4	VAR	C1	CTU_INT			☐	☑	
5	VAR	D	BOOL	%QX0.2.3		☐	☑	
6	VAR	K_1	BOOL			☐	☑	
7	VAR	reset	BOOL			☐	☑	
8	VAR	SW1	BOOL	%IX0.0.0		☐	☑	
9	VAR	SW2	BOOL	%IX0.0.1		☐	☑	
10	VAR	SW3	BOOL	%IX0.0.2		☐	☑	
11	VAR	T1	TON			☐	☑	

- 프로그램 [응용 18]

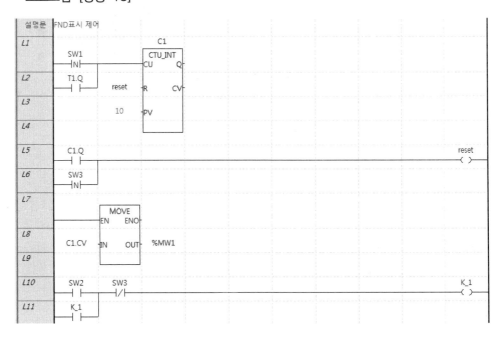

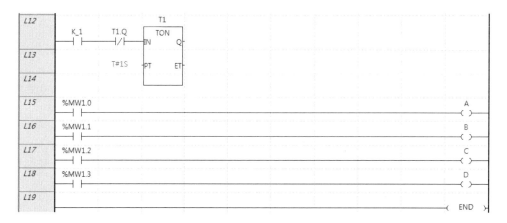

[응용 18] 프로그램

- 프로그램 시뮬레이션 [응용 18]

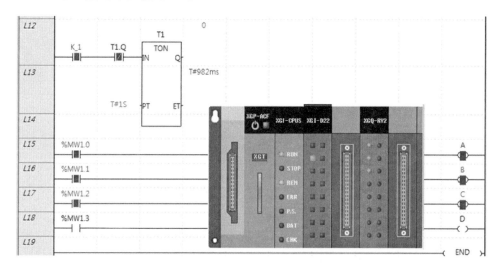

[응용 18] 프로그램 시뮬레이션

🔷 [응용 19] FND 표시제어(0~99)

- 제어조건

① SW1을 터치할 때마다 디스플레이 유닛(FND)(BCD표시기)의 숫자가 1씩 업카운트 한다. 1로부터 시작하여 99까지 1씩 증가하고 99의 다음에는 0으로 된다.

② SW2를 터치하면 1초 간격으로 위와 같이 1씩 업카운트 한다.

③ SW3을 터치하면 FND의 숫자가 초기화되어 0이 된다.

- 입·출력 변수목록

	변수 종류	변수	타입	메모리 할당	초기값	리테인	사용 유무	설명문
1	VAR	BCD표시기	WORD	%QW0.2.0		☐	☑	
2	VAR	C1	CTU_INT			☐	☑	
3	VAR	K_1	BOOL			☐	☑	
4	VAR	OUT	INT			☐	☑	
5	VAR	reset	BOOL			☐	☑	
6	VAR	SW1	BOOL	%IX0.0.0		☐	☑	
7	VAR	SW2	BOOL	%IX0.0.1		☐	☑	
8	VAR	SW3	BOOL	%IX0.0.2		☐	☑	
9	VAR	T1	TON			☐	☑	

- 프로그램 [응용 19]

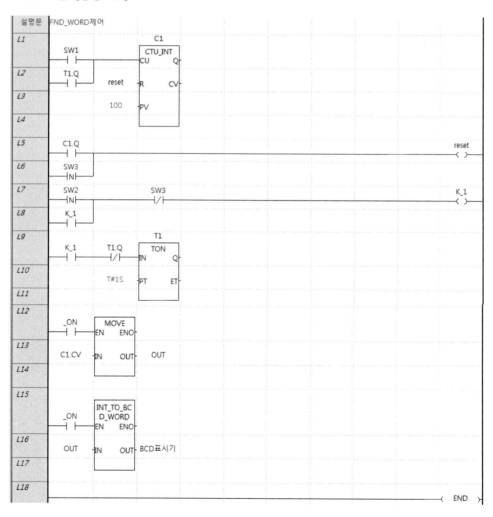

[응용 19] 프로그램

- 프로그램 시뮬레이션(SW2 작동 시) [응용 19]

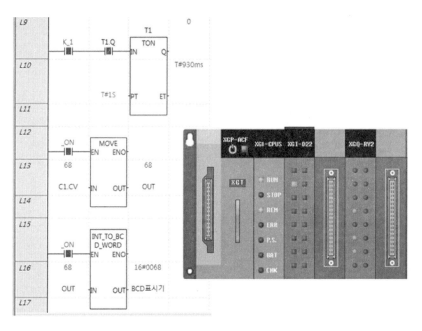

[응용 19] 프로그램 시뮬레이션

[응용 20] 타이머를 이용한 램프제어

- 제어조건(1)

start스위치를 터치하면 램프1, 2, 3이 1초씩 순차적으로 On/Off하며 5회 반복 후 종료한다. stop스위치를 터치하면 모든 램프가 OFF된다.

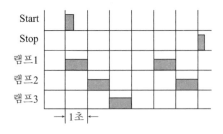

- 입·출력 변수목록(1)

	변수 종류	변수	타입	메모리 할당	초기값	리테인	사용 유무	설명문
1	VAR	C1	CTU_LINT			☐	☑	
2	VAR	K_0	BOOL			☐	☑	
3	VAR	start	BOOL	%IX0.0.0		☐	☑	
4	VAR	stop	BOOL	%IX0.0.1		☐	☑	
5	VAR	T1	TON			☐	☑	
6	VAR	T2	TON			☐	☑	
7	VAR	T3	TON			☐	☑	
8	VAR	T4	TON			☐	☑	
9	VAR	램프1	BOOL	%QX0.2.0		☐	☑	
10	VAR	램프2	BOOL	%QX0.2.1		☐	☑	
11	VAR	램프3	BOOL	%QX0.2.2		☐	☑	

- 램프제어 프로그램(1) [응용 20]

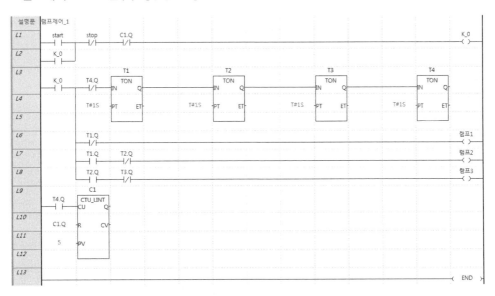

[응용 20-1] 램프제어 프로그램(1)

- 제어조건(2)

start스위치를 터치하면 램프1, 2, 3, 4가 동시에 점등되며 stop스위치를 터치하면 2초 간격으로 차례로 소등된다.

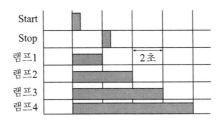

- 입·출력 변수목록(2)

	변수 종류	변수	타입	메모리 할당	초기값	리테인	사용 유무	설명문
1	VAR	K_0	BOOL			☐	☑	
2	VAR	start	BOOL	%IX0.0.0		☐	☑	
3	VAR	stop	BOOL	%IX0.0.1		☐	☑	
4	VAR	T1	TOF			☐	☑	
5	VAR	T2	TOF			☐	☑	
6	VAR	T3	TOF			☐	☑	
7	VAR	T4	TOF			☐	☑	
8	VAR	T5	TOF			☐	☐	
9	VAR	램프1	BOOL	%QX0.2.0		☐	☑	
10	VAR	램프2	BOOL	%QX0.2.1		☐	☑	
11	VAR	램프3	BOOL	%QX0.2.2		☐	☑	
12	VAR	램프4	BOOL	%QX0.2.3		☐	☑	

- 램프제어 프로그램(2) [응용 20]

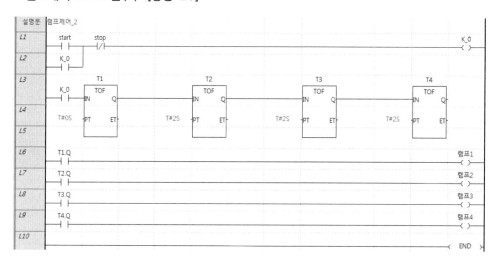

[응용 20-2] 램프제어 프로그램(2)

- 제어조건(3)

start스위치를 터치하면 램프1, 2, 3이 2초 간격으로 차례로 On/Off한 후 램프2, 1의 순서로 2초 간격으로 On/Off한다. 이러한 동작을 3회 수행한다. "stop스위치를 터치하면 모든 램프는 OFF된다."

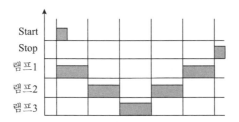

- 입·출력 변수목록

	변수 종류	변수	타입	메모리 할당	초기값	리테인	사용 유무	설명문
1	VAR	C1	CTU_INT			☐	☑	
2	VAR	K_0	BOOL			☐	☑	
3	VAR	start	BOOL	%IX0.0.0		☐	☑	
4	VAR	stop	BOOL	%IX0.0.1		☐	☑	
5	VAR	T1	TON			☐	☑	
6	VAR	T2	TON			☐	☑	
7	VAR	T3	TON			☐	☑	
8	VAR	T4	TON			☐	☑	
9	VAR	T5	TON			☐	☑	
10	VAR	T6	TON			☐	☑	
11	VAR	램프1	BOOL	%QX0.2.0		☐	☑	
12	VAR	램프2	BOOL	%QX0.2.1		☐	☑	
13	VAR	램프3	BOOL	%QX0.2.2		☐	☑	

- 램프제어 프로그램(3) [응용 20]

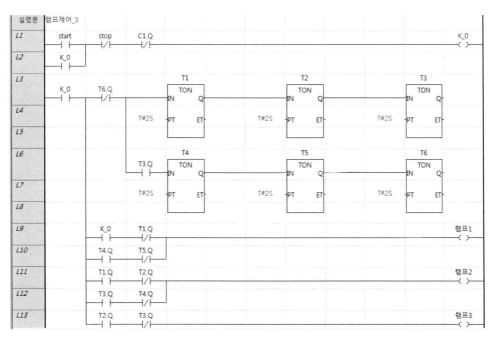

[응용 20-3] 램프제어 프로그램(3)

- 제어조건(4)

start스위치를 터치하면 3개의 램프가 램프1, 2, 3의 순서로 5초 간격으로 점등하고, stop 스위치를 터치하면 램프3, 2, 1의 순서로 5초 간격으로 소등한다. 초기화스위치를 터치하면 램프제어를 다시 수행할 수 있다.

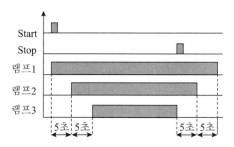

- 입·출력 변수목록

	변수 종류	변수	타입	메모리 할당	초기값	리테인	사용 유무	설명문
1	VAR	K_1	BOOL			☐	☑	
2	VAR	K_2	BOOL			☐	☑	
3	VAR	start	BOOL	%IX0.0.0		☐	☑	
4	VAR	stop	BOOL	%IX0.0.1		☐	☑	
5	VAR	T1	TON			☐	☑	
6	VAR	T2	TON			☐	☑	
7	VAR	T3	TON			☐	☑	
8	VAR	T4	TON			☐	☑	
9	VAR	램프1	BOOL	%QX0.2.0		☐	☑	
10	VAR	램프2	BOOL	%QX0.2.1		☐	☑	
11	VAR	램프3	BOOL	%QX0.2.2		☐	☑	
12	VAR	초기화	BOOL	%IX0.0.8		☐	☑	

- 램프제어 프로그램(4) [응용 20]

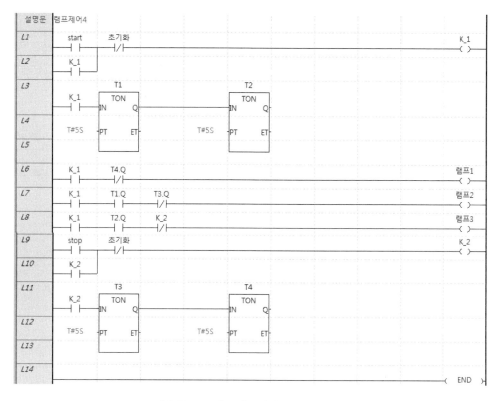

[응용 20-4] 램프제어 프로그램(4)

- 제어조건(5)

start스위치를 터치하면 램프1, 2, 3의 순서로 5초 간격으로 점등하고, stop스위치를 터치하면 램프1, 2, 3의 순서로 5초 간격으로 소등한다.

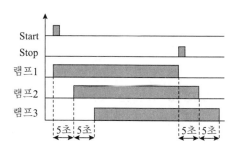

- 입·출력 변수목록

	변수 종류	변수	타입	메모리 할당	초기값	리테인	사용 유무	설명문
1	VAR	K_1	BOOL			☐	☑	
2	VAR	K_2	BOOL			☐	☑	
3	VAR	start	BOOL	%IX0.0.0		☐	☑	
4	VAR	stop	BOOL	%IX0.0.1		☐	☑	
5	VAR	T1	TON			☐	☑	
6	VAR	T2	TON			☐	☑	
7	VAR	T3	TON			☐	☑	
8	VAR	T4	TON			☐	☑	
9	VAR	램프1	BOOL	%QX0.2.0		☐	☑	
10	VAR	램프2	BOOL	%QX0.2.1		☐	☑	
11	VAR	램프3	BOOL	%QX0.2.2		☐	☑	
12	VAR	초기화	BOOL	%IX0.0.8		☐	☑	

- 램프제어 프로그램(5) [응용 20]

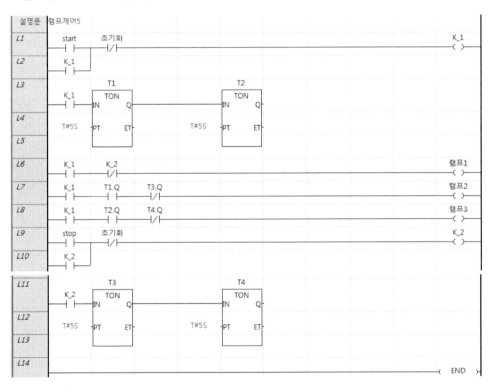

[응용 20-5] 램프제어 프로그램(5)

- 제어조건(6)

start스위치를 터치하면 램프1이 3초간 점등 후 소등하면서 램프2가 점등하여 3초 후 소등되면서 램프3이 점등하여 3초 후 소등하는 동작을 반복한다. stop스위치를 터치하면 모두 소등된다.

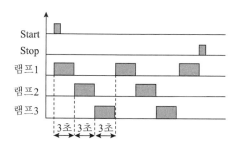

- 입·출력 변수목록

	변수 종류	변수	타입	메모리 할당	초기값	리테인	사용 유무	설명문
1	VAR	K_1	BOOL			☐	☑	
2	VAR	start	BOOL	%IX0.0.0		☐	☑	
3	VAR	stop	BOOL	%IX0.0.1		☐	☑	
4	VAR	T1	TON			☐	☑	
5	VAR	T2	TON			☐	☑	
6	VAR	T3	TON			☐	☑	
7	VAR	램프1	BOOL	%QX0.2.0		☐	☑	
8	VAR	램프2	BOOL	%QX0.2.1		☐	☑	
9	VAR	램프3	BOOL	%QX0.2.2		☐	☑	

- 램프제어 프로그램(6) [응용 20]

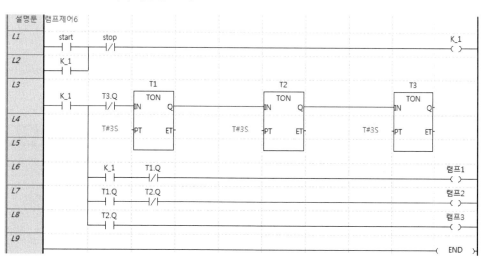

[응용 20-6] 램프제어 프로그램(6)

◆ [응용 21] 호이스트의 상승/하강 제어

- **제어조건**

① start스위치를 터치하면 호이스트가 1층에 있는 경우(LS1이 On상태)에는 모터가 정
   회전하여 호이스트가 상승하며, 호이스트가 2층에 있는 경우(LS2가 On상태)는 모터
   가 역회전하여 호이스트는 하강한다.

② 호이스트가 1층에 도달하면 30초간 정지(짐을 싣고 내리는 시간)한 후 모터가 정회
   전하여 상승하며, 호이스트가 2층에 도달하면 역시 30초간 정지한 후 모터가 역회전
   하여 하강하는 동작을 반복한다. stop스위치를 On하면 상승 또는 하강을 종료한 후
   정지한다.

- **시스템도**

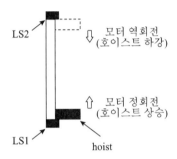

- **입·출력 변수목록**

	변수 종류	변수	타입	메모리 할당	초기값	리테인	사용 유무	설명문
1	VAR	K_0	BOOL			☐	☑	
2	VAR	K_1	BOOL			☐	☑	
3	VAR	K_2	BOOL			☐	☑	
4	VAR	LS1	BOOL	%IX0.0.1		☐	☑	1층_리밋
5	VAR	LS2	BOOL	%IX0.0.2		☐	☑	2층_리밋
6	VAR	start	BOOL	%IX0.0.0		☐	☑	
7	VAR	stop	BOOL	%IX0.0.8		☐	☑	
8	VAR	T1	TON			☐	☑	
9	VAR	T2	TON			☐	☑	
10	VAR	모터역회전	BOOL	%QX0.2.1		☐	☑	호이스트_하강
11	VAR	모터정회전	BOOL	%QX0.2.0		☐	☑	호이스트_상승

- 프로그램 [응용 21]

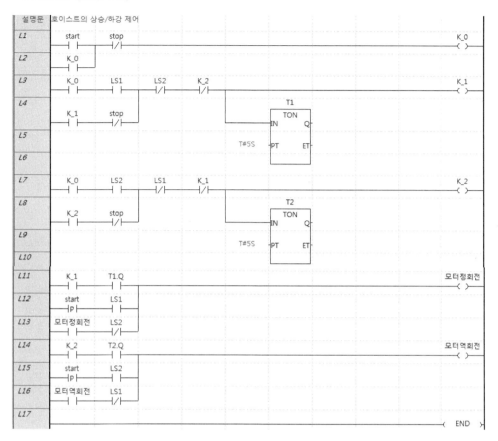

[응용 21] 프로그램

❤ [응용 22] 주차장 제어

- 제어조건

① 주차장 내의 주차 차량 수를 체크하여 재고차량을 디지털입력기에서 입력하여 현재 재고에 전송한다.

② 차량이 들어오면 센서1이 감지하여 셔터1이 열리고 차량이 셔터1을 통과하여 센서2 가 감지하면 셔터1이 닫히고 카운터는 1이 증가한다.

③ 주차 수가 20 이상이 되면 셔터1은 열리지 않고 만차램프가 점등한다.

④ 차량이 나오면 센서3이 감지하여 셔터2를 열고 차량이 그것을 통과하면 센서4가 감 지하여 셔터2가 닫히며 카운터는 1이 감소한다.

⑤ 주차장 내의 주차 차량 수는 BCD표시기에 표시된다.

• 시스템도

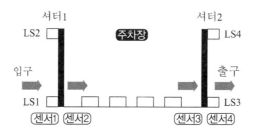

• 입·출력 변수목록

	변수 종류	변수	타입	메모리 할당	초기값	리테인	사용 유무	설명문
1	VAR	BCD표시기	WORD	%QW0.3.0		☐	☑	
2	VAR	C1	CTUD_INT			☐	☑	
3	VAR	load	BOOL	%IX0.0.14		☐	☑	
4	VAR	LS1	BOOL	%IX0.0.8		☐	☑	셔터1_하부리밋
5	VAR	LS2	BOOL	%IX0.0.9		☐	☑	셔터1_상부리밋
6	VAR	LS3	BOOL	%IX0.0.10		☐	☑	셔터2_하부리밋
7	VAR	LS4	BOOL	%IX0.0.11		☐	☑	셔터2_상부리밋
8	VAR	reset	BOOL	%IX0.0.15		☐	☑	
9	VAR	start	BOOL	%IX0.0.5		☐	☑	
10	VAR	디지털입력	INT	%IW0.1.0		☐	☑	
11	VAR	만차램프	BOOL	%QX0.2.8		☐	☑	
12	VAR	센서1	BOOL	%IX0.0.0		☐	☑	
13	VAR	센서2	BOOL	%IX0.0.1		☐	☑	
14	VAR	센서3	BOOL	%IX0.0.2		☐	☑	
15	VAR	센서4	BOOL	%IX0.0.3		☐	☑	
16	VAR	셔터1_상승	BOOL	%QX0.2.0		☐	☑	
17	VAR	셔터1_하강	BOOL	%QX0.2.1		☐	☑	
18	VAR	셔터2_상승	BOOL	%QX0.2.2		☐	☑	
19	VAR	셔터2_하강	BOOL	%QX0.2.3		☐	☑	

- 프로그램 [응용 22]

설명문	주차장 제어

L1 — start |P| — MOVE EN ENO

L2 — 디지털입력 —IN OUT— C1.CV

L3

L4 — 센서1 —| |— 셔터1_하강 —|/|— 만차램프 —|/|— 셔터1_상승 —( )—

L5 — 셔터1_상승 —| |— LS2 —|/|—

L6 — 센서2 —| |— 셔터1_상승 —|/|— 셔터1_하강 —( )—

L7 — 셔터1_하강 —| |— LS1 —|/|—

L8 — 센서3 —| |— 셔터2_하강 —|/|— 셔터2_상승 —( )—

L9 — 셔터2_상승 —| |— LS4 —|/|—

L10 — 센서4 —| |— 셔터2_상승 —|/|— 셔터2_하강 —( )—

L11 — 셔터2_하강 —| |— LS3 —|/|—

L12 — 센서2 —| |— C1 CTUD_INT CU QU

L13 — 센서4 CD QD

L14 — reset R CV

L15 — load LD

L16 — 20 PV

L17

L18 — GE EN ENO

L19 — C1.CV IN1 OUT 만차램프 —( )—

L20 — 20 IN2

L21

L22 — INT_TO_BCD_WORD EN ENO

L23 — C1.CV IN OUT BCD표시기

L24

L25 — (END)—

[응용 22] 프로그램

💎 [응용 23] 자동창고 프로그램

- 제어조건

① 자동창고의 입고와 출고는 입고 컨베이어 및 출고 컨베이어에 의해 행해지고, 재고숫
자의 카운트는 입고센서 및 출고센서에 의해 행해진다.

② 자동창고의 재고가 30개가 되면 만 제품이므로 입고 컨베이어가 정지하며, 재고가 0
이면 출고 컨베이어가 정지한다.

③ 재고숫자는 디지털표시기(BCD표시기)에 표시되고, 전 시스템은 시스템 정지버튼에
의해 정지시킬 수 있다.

- 시스템도

- 입·출력 변수목록

	변수 종류	변수	타입	메모리 할당	초기값	리테인	사용 유무	설명문
1	VAR	BCD표시기	WORD	%QW0.3.0			✓	현 재고숫자 표시
2	VAR	C1	CTUD_INT				✓	
3	VAR	K_0	BOOL				✓	
4	VAR	K_1	BOOL				✓	
5	VAR	K_2	BOOL				✓	
6	VAR	load	BOOL	%IX0.0.9			✓	
7	VAR	reset	BOOL	%IX0.0.8			✓	
8	VAR	디지털입력	WORD	%IW0.1.0			✓	최초 재고 수 입력
9	VAR	시스템정지	BOOL	%IX0.0.15			✓	
10	VAR	입고센서	BOOL	%IX0.0.1			✓	
11	VAR	입고컨베어	BOOL	%QX0.2.0			✓	
12	VAR	입고컨베어SW	BOOL	%IX0.0.0			✓	
13	VAR	최초재고입력SW	BOOL	%IX0.0.7			✓	
14	VAR	출고센서	BOOL	%IX0.0.3			✓	
15	VAR	출고컨베어	BOOL	%QX0.2.1			✓	
16	VAR	출고컨베어SW	BOOL	%IX0.0.2			✓	

- 프로그램 [응용 23]

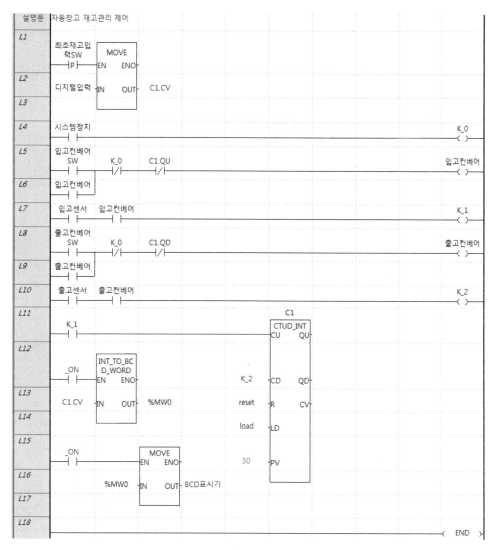

[응용 23] 프로그램

💎 [응용 24] 드릴작업

- 제어조건

공작물에 대한 드릴작업을 하고자 한다. 이때 공작물은 수동으로 공급하며, 드릴작업 시 윤활유를 공급한다.

① 실린더 A(편솔밸브 사용)가 전진하여 공작물을 고정시킨다.
② 윤활유가 공급(C)되면서 실린더 B(편솔밸브 사용)의 전진에 의해 드릴작업이 5초간 수행된다.
③ 드릴작업이 종료되어 실린더 B가 귀환하면 동시에 윤활유 공급과 드릴회전이 정지된다. 실린더 B가 귀환종료 후 공작물 클램핑용 실린더 A가 귀환한다.
④ 비상스위치를 터치하면 초기상태로 돌아간다.

• 시스템도

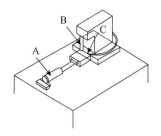

• 입·출력 변수목록

	변수 종류	변수	타입	메모리 할당	초기값	리테인	사용 유무	설명문
1	VAR	K_1	BOOL				✔	
2	VAR	K_2	BOOL				✔	
3	VAR	K_3	BOOL				✔	
4	VAR	K_4	BOOL				✔	
5	VAR	K_5	BOOL					
6	VAR	S1	BOOL	%IX0.0.1			✔	실린더A_후진단리밋
7	VAR	S2	BOOL	%IX0.0.2			✔	실린더A_전진단리밋
8	VAR	S3	BOOL	%IX0.0.3			✔	실린더B_후진단리밋
9	VAR	S4	BOOL	%IX0.0.4			✔	실린더B_전진단리밋
10	VAR	SOL1	BOOL	%QX0.2.0			✔	실린더A_SOL
11	VAR	SOL2	BOOL	%QX0.2.1			✔	실린더B_SOL
12	VAR	SOL3	BOOL	%QX0.2.2			✔	윤활유_SOL
13	VAR	SOL4	BOOL	%QX0.2.3			✔	드릴회전
14	VAR	start	BOOL	%IX0.0.0			✔	
15	VAR	T1	TON				✔	
16	VAR	비상	BOOL	%IX0.0.15			✔	

- 프로그램 [응용 24]

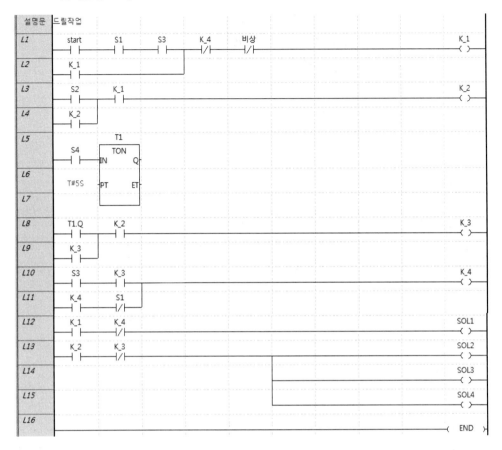

[응용 24] 프로그램

🎖 [응용 25] 수조의 수위제어

- 제어조건

① 수조의 수위조정은 급수밸브와 배수밸브의 개폐로 조정된다.

② 수위가 상한수위에 달하여 하한센서와 상한센서가 On되면 급수밸브가 닫히고 배수
   밸브가 열려야 한다.

③ 수위가 상한수위 이하로 내려가서 상한센서가 Off이면서 하한센서가 On상태이거나,
   두 센서가 모두 Off상태이면 급수밸브가 열려야 하고 배수밸브는 닫혀야 한다.

- 시스템도

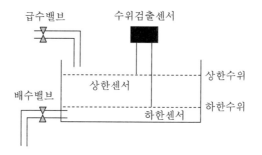

- 입·출력 변수목록

	변수 종류	변수	타입	메모리 할당	초기값	리테인	사용 유무	설명문
1	VAR	K_0	BOOL			☐	☑	
2	VAR	K_1	BOOL			☐	☑	
3	VAR	K_2	BOOL			☐	☑	
4	VAR	start	BOOL	%IX0.0.0		☐	☑	
5	VAR	stop	BOOL	%IX0.0.8		☐	☑	
6	VAR	급수밸브	BOOL	%QX0.2.0		☐	☑	
7	VAR	배수밸브	BOOL	%QX0.2.1		☐	☑	
8	VAR	상한센서	BOOL	%IX0.0.1		☐	☑	
9	VAR	하한센서	BOOL	%IX0.0.2		☐	☑	

- 프로그램 [응용 25]

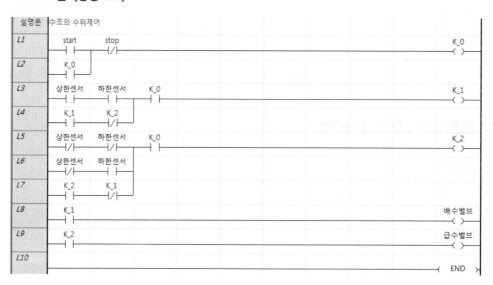

[응용 25] 프로그램

♦ [응용 26] 문자광고판 제어

- 제어조건

① 광고판에 6개의 램프가 있으며, 램프마다 글자가 표시되어 있다.

② start스위치를 터치하면 문자판 램프는 1초 후 한 글자씩 순차적으로 1초 간격으로 점등한다.

③ 문자판 램프가 모두 점등 후 2초 후에 전체 문자판 램프가 1초 간격으로 5회 반복 점멸한 후 2초간 완전히 점등한다.

④ 그 후 약 1초 후에 restart신호에 의해 위의 동작이 반복된다.

⑤ stop스위치를 터치하면 동작이 정지한다(단, 점멸 시는 그 사이클 후 모두 소등된다).

- 입·출력 변수목록

	변수 종류	변수	타입	메모리 할당	초기값	리테인	사용 유무	설명문
1	VAR	C1	CTU_INT			☐	☑	
2	VAR	C2	CTU_INT			☐	☑	
3	VAR	C3	CTU_INT			☐	☑	
4	VAR	C4	CTU_INT			☐	☑	
5	VAR	C6	CTU_INT			☐	☑	
6	VAR	C7	CTU_INT			☐	☑	
7	VAR	K_0	BOOL			☐	☑	
8	VAR	K_1	BOOL			☐	☑	
9	VAR	K_10	BOOL			☐	☑	
10	VAR	K_2	BOOL			☐	☑	
11	VAR	K_20	BOOL			☐	☑	
12	VAR	K_3	BOOL			☐	☑	
13	VAR	K_30	BOOL			☐	☑	
14	VAR	K_4	BOOL			☐	☑	
15	VAR	K_40	BOOL			☐	☑	
16	VAR	K_5	BOOL			☐	☑	
17	VAR	K_6	BOOL			☐	☑	
18	VAR	restart	BOOL			☐	☑	
19	VAR	start	BOOL	%IX0.0.0		☐	☑	
20	VAR	stop	BOOL	%IX0.0.8		☐	☑	
21	VAR	T0	TON			☐	☑	
22	VAR	T2	TON			☐	☑	
23	VAR	T3	TON			☐	☑	
24	VAR	램프1	BOOL	%QX0.2.0		☐	☑	
25	VAR	램프2	BOOL	%QX0.2.1		☐	☑	
26	VAR	램프3	BOOL	%QX0.2.2		☐	☑	
27	VAR	램프4	BOOL	%QX0.2.3		☐	☑	
28	VAR	램프5	BOOL	%QX0.2.4		☐	☑	
29	VAR	램프6	BOOL	%QX0.2.5		☐	☑	

- 프로그램 [응용 26]

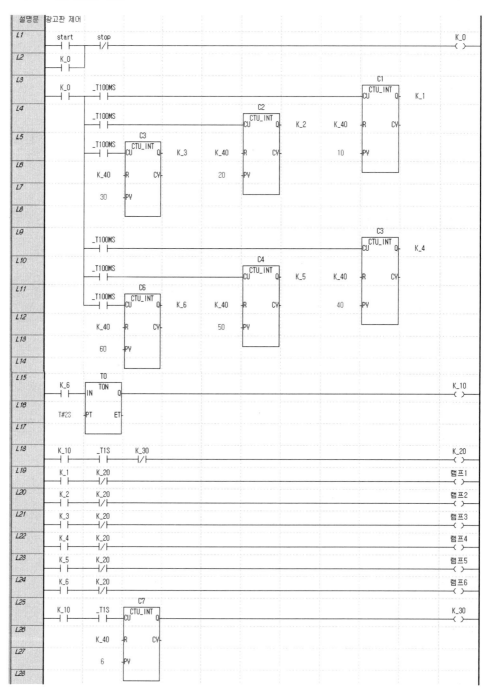

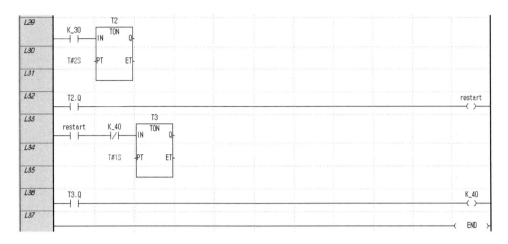

L29　　K_30　　T2
　　　　├┤├─────┤IN　　　TON　　Q├
L30　　T#2S────┤PT　　　　　ET├
L31

L32　　T2.Q　　　　　　　　　　　　　　　　　　　　　　　　　restart
　　　　├┤├──( )─

L33　　restart　　K_40　　T3
　　　　├┤├──────┤/├────┤IN　　　TON　　Q├
L34　　　　　　　　T#1S────┤PT　　　　　ET├
L35

L36　　T3.Q　　　　　　　　　　　　　　　　　　　　　　　　　K_40
　　　　├┤├──( )─
L37　　　　　　　　　　　　　　　　　　　　　　　　　　　　　　(END)─

[응용 26]　프로그램

❤ [응용 27] 다수의 조명어레이 점등제어

• 제어조건

다음의 배열(Array)에 따라 1초 간격으로 조명램프가 On/Off되어야 한다. stop스위치를 터치하면 현 상태에서 정지한다.

　　LED열[0] : 16#AAAA
　　LED열[1] : 16#5555
　　LED열[2] : 16#AA00
　　LED열[3] : 16#0055
　　LED열[4] : 16#7777

• 입력변수 목록

	변수 종류	변수	타입	메모리 할당	초기값	리테인	사용 유무	설명문
1	VAR	A	INT			☐	☑	
2	VAR	C1	CTU_INT			☐	☑	
3	VAR	K_1	BOOL			☐	☑	
4	VAR	LED열	ARRAY[0..6] OF WORD		<설정>	☐	☑	
5	VAR	LED출력	WORD	%QW0.2.0		☐	☑	
6	VAR	start	BOOL	%IX0.0.0		☐	☑	
7	VAR	stop	BOOL	%IX0.0.1		☐	☑	

[주]　<설정>을 클릭하면 LED열[A]의 초기값을 확인할 수 있다.

- 프로그램 [응용 27]

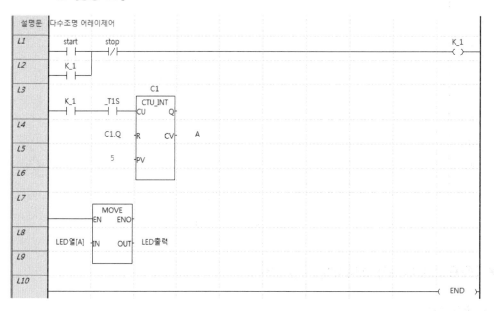

[응용 27] 프로그램

- 프로그램 시뮬레이션 [응용 27]

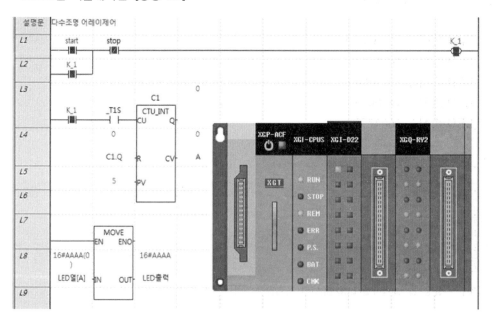

[응용 27] 프로그램 시뮬레이션

▼ [응용 28] 다수의 조명제어

- 제어조건

조명선정을 하여 조명선정0 : 16#AAAA, 조명선정1 : 16#6666, 조명선정2 : 16#0055, 조명선정3 : 16#AA00, 조명선정4 : 16#7777을 순서대로 1초 간격으로 반복 출력한다.

- 입·출력 변수목록

	변수 종류	변수	타입	메모리 할당	초기값	리테인	사용 유무	설명문
1	VAR	A	INT			☐	☑	
2	VAR	C1	CTU_INT			☐	☑	
3	VAR	LED출력	WORD	%QW0.2.0		☐	☑	
4	VAR	조명선정	BYTE	%MB0		☐	☑	
5	VAR	조명선정0	BOOL	%MB0.0		☐	☑	
6	VAR	조명선정1	BOOL	%MB0.1		☐	☑	
7	VAR	조명선정2	BOOL	%MB0.2		☐	☑	
8	VAR	조명선정3	BOOL	%MB0.3		☐	☑	
9	VAR	조명선정4	BOOL	%MB0.4		☐	☑	

- 프로그램 [응용 28]

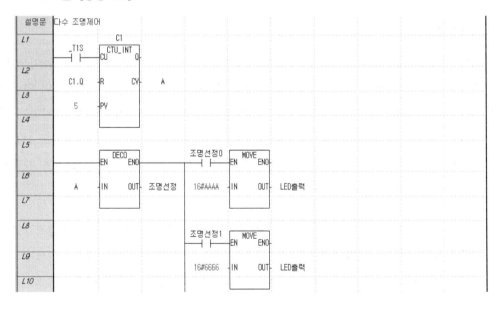

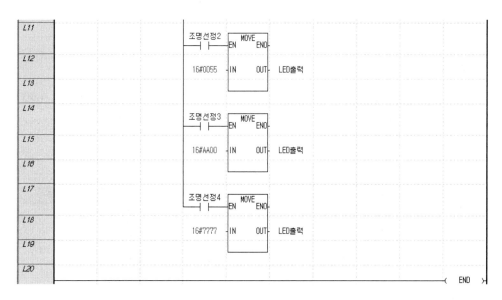

[응용 28] 프로그램

🟦 [응용 29] 아파트의 물 공급 제어

• 제어조건

하나의 물탱크에서 아파트 6개 동에 물을 공급한다. 각 동의 정화조(1~6)에 물이 없다는 수위센서의 고갈신호에 따라 그 정화조에 물탱크로부터 물을 공급하며, 그 물의 양을 3대의 펌프를 이용하여 상수원으로부터 물탱크에 물을 보충한다. 3대의 펌프를 균일하게 작동시키기 위해(수명을 동일하게 하기 위함) 정화조의 고갈신호가 1~2개이면 펌프 1대, 3~4개이면 펌프 2대, 5~6개이면 펌프 3대를 작동시켜 물을 공급하고자 한다. 5초 간격으로 펌프의 기준을 변경하여 작동시키는 제어를 한다.

- **펌프1** 기준 시 : 물 고갈신호 1~2개 → 펌프1, 3~4개 → 펌프1, 2, 5~6개 → 펌프1, 2, 3
- **펌프2** 기준 시 : 물 고갈신호 1~2개 → 펌프2, 3~4개 → 펌프2, 3, 5~6개 → 펌프1, 2, 3
- **펌프3** 기준 시 : 물 고갈신호 1~2개 → 펌프3, 3~4개 → 펌프3, 1, 5~6개 → 펌프1, 2, 3

- 시스템도

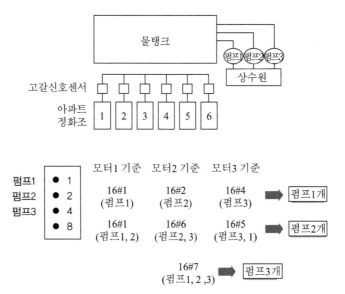

- 입·출력 변수목록

	변수 종류	변수	타입	메모리 할당	초기값	리테인	사용 유무	설명문
1	VAR	C1	CTU_INT			☐	☑	
2	VAR	T1	TON			☐	☑	
3	VAR	모터1기준	BOOL			☐	☑	
4	VAR	모터1CH	BOOL			☐	☑	
5	VAR	모터2기준	BOOL			☐	☑	
6	VAR	모터2CH	BOOL			☐	☑	
7	VAR	모터3기준	BOOL			☐	☑	
8	VAR	모터3CH	BOOL			☐	☑	
9	VAR	센서신호갯수	BYTE	%IB0.1.0		☐	☑	
10	VAR	최종출력	BYTE	%MB0		☐	☑	
11	VAR	펌프1	BOOL	%QX0.2.0		☐	☑	
12	VAR	펌프2	BOOL	%QX0.2.1		☐	☑	
13	VAR	펌프3	BOOL	%QX0.2.2		☐	☑	

- 프로그램 [응용 29]

설명문	아파트 물공급제어

L1

```
        ┌─────────┐              ┌─────────┐              ┌─────────┐
    ────┤EN  GE ENO├──────────────┤EN  GE ENO├──────────────┤EN  GE ENO├───
        │         │              │         │              │         │
```

L2

```
    2  ─┤IN1   OUT├─ 펌프1대    4  ─┤IN1   OUT├─ 펌프2대    6  ─┤IN1   OUT├─ 펌프3대
```

L3

```
 고갈신호갯   ─┤IN2     │       고갈신호갯   ─┤IN2     │       고갈신호갯   ─┤IN2     │
   수                       수                       수
```

L4

```
    1  ─┤IN3     │          3  ─┤IN3     │          5  ─┤IN3     │
        └─────────┘              └─────────┘              └─────────┘
```

L5

L6

```
  T1.Q      T1
  ─┤/├──┌────────┐
        ┤IN  TON Q├
```

L7

```
  T#5S  ┤PT    ET│
        └────────┘
```

L8

L9

```
  T1.Q      C1
  ─┤├───┌──────────┐
        ┤CU CTU_INT Q├
```

L10

```
  C1.Q  ┤R      CV│
```

L11

```
    3   ┤PV       │
        └──────────┘
```

L12

L13

```
        ┌─────────┐              ┌─────────┐              ┌─────────┐
    ────┤EN  EQ ENO├──────────────┤EN  EQ ENO├──────────────┤EN  EQ ENO├───
        │         │              │         │              │         │
```

L14

```
  C1.CV ─┤IN1  OUT├─ 펌프1기준   C1.CV ─┤IN1  OUT├─ 펌프2기준   C1.CV ─┤IN1  OUT├─ 펌프3기준
```

L15

```
    0  ─┤IN2     │          1  ─┤IN2     │          2  ─┤IN2     │
        └─────────┘              └─────────┘              └─────────┘
```

L16

L17

```
 펌프1기준  펌프1대   ┌──────────┐
  ─┤├───────┤├───────┤EN  MOVE ENO├
```

L18

```
            16#01  ─┤IN    OUT├─ 최종출력
                    └──────────┘
```

L19

L20

```
 펌프2대   ┌──────────┐
  ─┤├──────┤EN  MOVE ENO├
```

L21

```
            16#03  ─┤IN    OUT├─ 최종출력
                    └──────────┘
```

L22

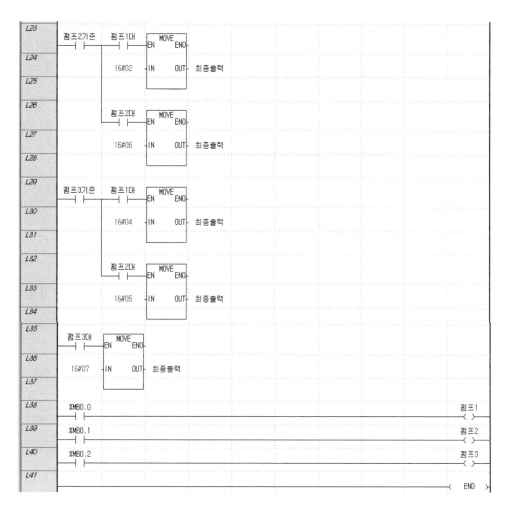

[응용 29] 프로그램

• 프로그램 시뮬레이션 [응용 29]

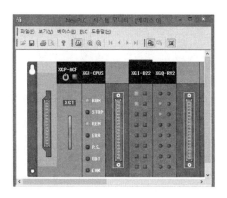

[응용 29] 프로그램 시뮬레이션

🔶 [응용 30] 이동호이스트 제어

- ### 제어조건

어떤 제품을 공정별로 순서에 의해 작업을 행할 때 D공정 → C공정 → B공정 → A공정의 순서이며, 각 공정마다 작업이 완료되면 작업완료SW를 눌러 다음 공정으로 이동시킨다. 이때 모터가 D공정으로 향할 때는 역회전, A, B, C공정으로 향할 때는 정회전으로 한다.

(1) start스위치를 누르면 모터가 역회전하여 D공정으로 이동하며, 감지센서 LS4가 감지되면 공작물의 D공정작업을 행한다.

(2) D공정작업이 완료되면 작업완료SW를 On하며, 따라서 모터는 정회전하여 C공정으로 이동하고, 감지센서 LS3가 감지되면 C공정작업을 행한다.

(3) C공정작업이 완료되면 작업완료SW를 On하며, 따라서 모터는 정회전하여 B공정으로 이동하고, 감지센서 LS2가 감지되면 B공정작업을 행한다.

(4) B공정작업이 완료되면 작업완료SW를 On하며, 따라서 모터는 정회전하여 A공정으로 이동하고, 감지센서 LS1이 감지되면 A공정작업을 행한다.

(5) 작업완료 스위치를 눌러 모든 공정작업이 완료되면 처음부터 D → C → B → A공정 작업을 하고, 작업진행 중 stop스위치를 On하면 정지상태에 있게 되며 stop스위치를 Off하게 되면 계속 작업을 진행하게 된다. 비상스위치를 On하면 모든 작업, 모든 램프가 Off된다. 각 공정에서 작업 중인 동안에는 그 작업대의 램프가 점등하고 작업이 끝나면 소등하게 한다(A램프, B램프, C램프, D램프).

- ### 시스템도

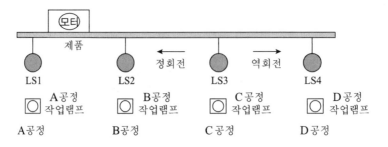

- 입·출력 변수목록

	변수 종류	변수	타입	메모리 할당	초기값	리테인	사용 유무	설명문
1	VAR	A램프	BOOL	%QX0.1.1		☐	☑	A공정 작업중
2	VAR	A이동	BOOL			☐	☑	A로 이동
3	VAR	A작업	BOOL	%QX0.1.0		☐	☑	
4	VAR	B램프	BOOL	%QX0.1.3		☐	☑	B공정 작업중
5	VAR	B이동	BOOL			☐	☑	B로 이동
6	VAR	B작업	BOOL	%QX0.1.2		☐	☑	
7	VAR	C램프	BOOL	%QX0.1.5		☐	☑	C공정 작업중
8	VAR	C이동	BOOL			☐	☑	C로 이동
9	VAR	C작업	BOOL	%QX0.1.4		☐	☑	
10	VAR	D램프	BOOL	%QX0.1.7		☐	☑	D공정 작업중
11	VAR	D이동	BOOL			☐	☑	D로 이동
12	VAR	D작업	BOOL	%QX0.1.6		☐	☑	
13	VAR	LS1	BOOL	%IX0.0.1		☐	☑	A공정 감지센서
14	VAR	LS2	BOOL	%IX0.0.2		☐	☑	B공정 감지센서
15	VAR	LS3	BOOL	%IX0.0.3		☐	☑	C공정 감지센서
16	VAR	LS4	BOOL	%IX0.0.4		☐	☑	D공정 감지센서
17	VAR	start	BOOL	%IX0.0.0		☐	☑	
18	VAR	stop	BOOL	%IX0.0.8		☐	☑	
19	VAR	비상	BOOL	%IX0.0.9		☐	☑	
20	VAR	역회전	BOOL	%QX0.2.1		☐	☑	우로 이동
21	VAR	작업완료SW	BOOL	%IX0.0.5		☐	☑	
22	VAR	정회전	BOOL	%QX0.2.0		☐	☑	좌로 이동

- 프로그램 [응용 30]

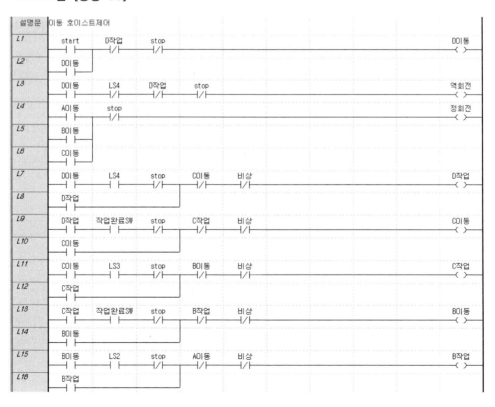

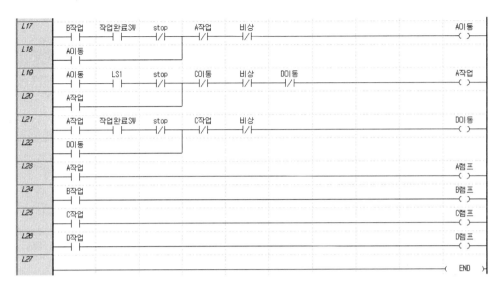

[응용 30] 프로그램

🔖 [응용 31] 보행자 우선 신호제어

- ### 제어조건

  (1) 보행자가 횡단보도를 건너기 위해 푸시버튼 PB를 터치할 때 차선 신호등은 녹색, 횡단보도 신호등은 적색등이 점등하고 있다.

  (2) PB를 터치하면 차선의 녹색등은 소등되고 대신 황색등이 2초간 점등 후 소등되며 동시에 횡단보도의 적색등도 소등된다. 그리고 횡단보도에는 적색등이 소등된 후 녹색등이 10초간 점등된 후 적색으로 바뀌고, 차선에는 황색등이 소등되고 나서 적색등이 15초간 점등 후 녹색으로 바뀐다.

- ### 입출력 변수목록

	변수 종류	변수	타입	메모리 할당	초기값	리테인	사용 유무	설명문
1	VAR	K_1	BOOL			☐	☑	
2	VAR	K_2	BOOL			☐	☑	
3	VAR	PB	BOOL	%IX0.0.0		☐	☑	
4	VAR	T1	TON			☐	☑	
5	VAR	T2	TON			☐	☑	
6	VAR	T3	TON			☐	☑	
7	VAR	차선녹색	BOOL	%QX0.2.1		☐	☑	
8	VAR	차선적색	BOOL	%QX0.2.3		☐	☑	
9	VAR	차선황색	BOOL	%QX0.2.2		☐	☑	
10	VAR	횡단녹색	BOOL	%QX0.2.4		☐	☑	
11	VAR	횡단적색	BOOL	%QX0.2.5		☐	☑	

- 프로그램 [응용 31]

설명문	보행자우선 신호제어

L1　%IX0.0.0　T3.Q　　　　　　　　　　　　　　　　　　　　　　K_1
　　　┤├　　┤/├　　　　　　　　　　　　　　　　　　　　　　　( )
　　　PB

L2　K_1
　　　┤├

L3　　　　　　T1
　　K_1　　　TON
　　　┤├　　IN　　Q

L4　　　　T#2S　PT　　ET

L5

L6　K_1　　T1.Q　K_2　　　　　　　　　　　　　　　　　　　%QX0.2.2
　　　┤├　　┤/├　┤/├　　　　　　　　　　　　　　　　　　( )
　　　　　　　　　　　　　　　　　　　　　　　　　　　　차선황색

L7　T1.Q　　　　　　　　　　　　　　　　　　　　　　　　　K_2
　　　┤├　　　　　　　　　　　　　　　　　　　　　　　　　( )

L8　　　　　　T2
　　K_2　　　TON
　　　┤├　　IN　　Q

L9　　　　T#10S　PT　　ET

L10

L11　K_2　　　　　　　　　　　　　　　　　　　　　　　　%QX0.2.3
　　　┤├　　　　　　　　　　　　　　　　　　　　　　　　( )
　　　　　　　　　　　　　　　　　　　　　　　　　　　차선적색

L12　K_1　　　　　　　　　　　　　　　　　　　　　　　　%QX0.2.1
　　　┤/├　　　　　　　　　　　　　　　　　　　　　　　( )
　　　　　　　　　　　　　　　　　　　　　　　　　　　차선녹색

L13　K_1　　T1.Q　T2.Q　　　　　　　　　　　　　　　　　%QX0.2.4
　　　┤├　　┤├　┤/├　　　　　　　　　　　　　　　　　( )
　　　　　　　　　　　　　　　　　　　　　　　　　　　횡단녹색

L14　K_1　　T1.Q　　　　　　　　　　　　　　　　　　　%QX0.2.5
　　　┤├　　┤/├　　　　　　　　　　　　　　　　　　　( )
　　　　　　　　　　　　　　　　　　　　　　　　　　　횡단적색

L15　　　　T2.Q
　　　　　┤├

L16　K_1
　　　┤/├

L17　K_1　　T2.Q　　T3
　　　┤├　　┤├　　TON
　　　　　　　　　　IN　　Q

L18　　　　T#5S　PT　　ET

L19

L20　　　　　　　　　　　　　　　　　　　　　　　　　　(END)

[응용 31] 프로그램

[1] 드릴작업을 위한 클램핑 제어(양솔)

버튼스위치 PB1과 PB2를 동시에 터치하면 가공물이 클램핑되고, 그 해제는 PB3를 터치하면 된다. 가공물이 존재(물체감지센서 LS1)할 때만 클램핑이 되며, 드릴작동 스위치를 터치하여 드릴작업 중(드릴상단 LS2검출이 안 됨)에는 클램핑 해제 스위치 PB3를 On시켜도 클램핑이 해제되지 않아야 한다.

- 시스템도

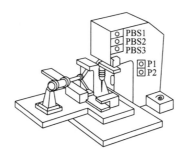

- 공압 회로도

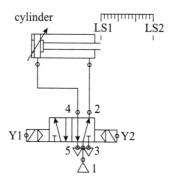

- 입·출력 변수목록

	변수 종류	변수	타입	메모리 할당	초기값	리테인	사용 유무	설명문
1	VAR	K_1	BOOL			☐	☑	
2	VAR	K_2	BOOL			☐	☑	
3	VAR	K_3	BOOL			☐	☑	
4	VAR	PB1	BOOL	%IX0.0.1		☐	☑	
5	VAR	PB2	BOOL	%IX0.0.2		☐	☑	
6	VAR	PB3	BOOL	%IX0.0.3		☐	☑	
7	VAR	Y1	BOOL	%QX0.1.0		☐	☑	클램핑 작동
8	VAR	Y2	BOOL	%QX0.1.1		☐	☑	클램핑 해제
9	VAR	드릴상단위치LS2	BOOL	%IX0.0.5		☐	☑	
10	VAR	드릴작동	BOOL	%IX0.0.8		☐	☑	
11	VAR	드릴작동정지	BOOL	%IX0.0.9		☐	☑	
12	VAR	물체감지센서LS1	BOOL	%IX0.0.4		☐	☑	

[2] 제품의 자동세척

(1) 세척 통은 수작업에 의하여 행거에 걸거나 내린다.

(2) Start스위치를 On하면 세척 통이 자동으로 3회 상하 운동하여 담갔다가 나오며, 잠기는 시간은 각 3초이다.

(3) 3회의 세척작업이 완료되면 작업완료 표시램프가 On되고 행거는 정지한다. start스위치를 On하면 이와 같은 세척작업을 다시 시작할 수 있다.

- 시스템도

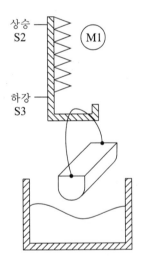

- 입·출력 변수목록

	변수 종류	변수	타입	메모리 할당	초기값	리테인	사용 유무	설명문
1	VAR	C1	CTU_INT			☐	☑	
2	VAR	K_0	BOOL			☐	☑	
3	VAR	K_1	BOOL			☐	☑	
4	VAR	K_2	BOOL			☐	☑	
5	VAR	S2	BOOL	%IX0.0.1		☐	☑	상승위치센서
6	VAR	S3	BOOL	%IX0.0.2		☐	☑	하강위치센서
7	VAR	START	BOOL	%IX0.0.0		☐	☑	
8	VAR	STOP	BOOL	%IX0.0.8		☐	☑	
9	VAR	T1	TON			☐	☑	
10	VAR	모터역회전	BOOL	%QX0.1.1		☐	☑	행거상승
11	VAR	모터정회전	BOOL	%QX0.1.0		☐	☑	행거하강
12	VAR	작업완료램프	BOOL	%QX0.1.2		☐	☑	

[3] 프레스 작업

(1) start스위치를 누르면 실린더 A(양 솔레노이드 밸브 사용)가 전진하여 프레스 작업을 완료한 후 복귀하며, 그 후 실린더 B(양 솔레노이드 밸브 사용)가 전진하여 작업 완료된 부품을 위로 밀어 제거하고 귀환한다. 소재는 수동으로 삽입한다. (A+A−B+B−)

(2) Reset스위치를 누르면 모든 실린더와 밸브 등이 원위치로 복귀하며, 그 상태에서 start스위치를 누르면 다시 작업이 가능하다.

(3) 비상스위치를 누르면 모든 실린더와 밸브 등이 그 상태를 유지하며, 비상스위치를 Off하면 그 다음단계의 작동을 하게 된다.

- 시스템도 및 공압 회로도

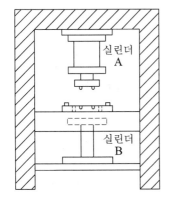
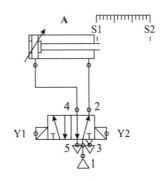
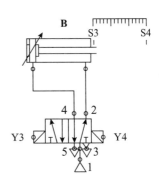

- 입·출력 변수목록

	변수 종류	변수	타입	메모리 할당	초기값	리테인	사용 유무	설명문
1	VAR	K_1	BOOL			☐	☑	
2	VAR	K_2	BOOL			☐	☑	
3	VAR	K_3	BOOL			☐	☑	
4	VAR	K_4	BOOL			☐	☑	
5	VAR	RESET	BOOL	%IX0.0.6		☐	☑	
6	VAR	S1	BOOL	%IX0.0.1		☐	☑	실린더A후진단SW
7	VAR	S2	BOOL	%IX0.0.2		☐	☑	실린더A전진단SW
8	VAR	S3	BOOL	%IX0.0.3		☐	☑	실린더B후진단SW
9	VAR	S4	BOOL	%IX0.0.4		☐	☑	실린더B전진단SW
10	VAR	START	BOOL	%IX0.0.0		☐	☑	
11	VAR	Y1	BOOL	%QX0.1.0		☐	☑	실린더A-SOL1
12	VAR	Y2	BOOL	%QX0.1.1		☐	☑	실린더A-SOL2
13	VAR	Y3	BOOL	%QX0.1.2		☐	☑	실린더B-SOL1
14	VAR	Y4	BOOL	%QX0.1.3		☐	☑	실린더B-SOL2
15	VAR	비상	BOOL	%IX0.0.7		☐	☑	

[4] 제품의 컨베이어 변환이송

(1) 컨베이어 A를 타고 이송되어 오는 제품이 sensor 1에 의해 검출되면 실린더 1(편 솔레노이드 사용)이 전진하여 스테이션 1로부터 스테이션 2로 이동시키고, 전진단 리밋 스위치 S2가 On되면 실린더 2(편 솔레노이드 사용)가 전진하여 제품을 컨베이어 B로 이동시킨다.

(2) 실린더 2의 전진으로 전진단 리밋 스위치 S4가 On되면 실린더 1과 실린더 2가 동시에 후진한다.

- 시스템 및 공압 회로도

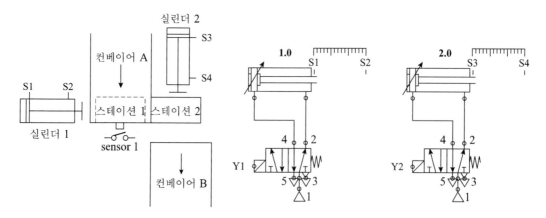

• 입·출력 변수목록

	변수 종류	변수	타입	메모리 할당	초기값	리테인	사용 유무	설명문
1	VAR	K_1	BOOL			☐	☑	
2	VAR	K_2	BOOL			☐	☑	
3	VAR	S1	BOOL	%IX0.0.1		☐	☑	
4	VAR	S2	BOOL	%IX0.0.2		☐	☑	
5	VAR	S3	BOOL	%IX0.0.3		☐	☑	
6	VAR	S4	BOOL	%IX0.0.4		☐	☑	
7	VAR	Y1	BOOL	%QX0.1.0		☐	☑	실린더1-SOL
8	VAR	Y2	BOOL	%QX0.1.1		☐	☑	실린더2-SOL
9	VAR	센서1	BOOL	%IX0.0.0		☐	☑	

[5] 램프의 플리커 회로

2개의 타이머를 사용하여 램프의 Off시간을 0.5초, On시간은 0.6초로 하는 램프의 플리커 회로를 구성한다. start스위치(유지형 스위치)를 On하면 램프가 위와 같은 On/Off의 점멸을 하고, start스위치를 Off하면 점멸이 정지한다.

• 입·출력 변수목록

	변수 종류	변수	타입	메모리 할당	초기값	리테인	사용 유무	설명문
1	VAR	START	BOOL	%IX0.0.0		☐	☑	
2	VAR	T0	TON			☐	☑	
3	VAR	T1	TON			☐	☑	
4	VAR	램프	BOOL	%QX0.1.0		☐	☑	

[6] 스탬핑 작업(A+A-B+B-C+C-)

매거진에 있는 소재를 실린더 A(편솔 사용)가 전진하여 스탬핑할 위치로 이송시킨 후 복귀한다. 그 후 실린더 B(편솔 사용)가 전진하여 스탬핑 작업을 한 후 후진하면 실린더 C(편솔 사용)가 전진하여 그 제품을 제품 보관함으로 밀어 넣은 후 귀환한다.

[부가조건]
· 단속, 연속 사이클의 선택이 가능해야 한다.
· 소재가 없으면(센서가 작동하지 않는 상태) 스탬핑 작업이 정지되어야 한다.
· 비상 스위치가 작동하면 모든 실린더는 초기위치로 복귀해야 한다.

- 시스템 및 공압 회로도

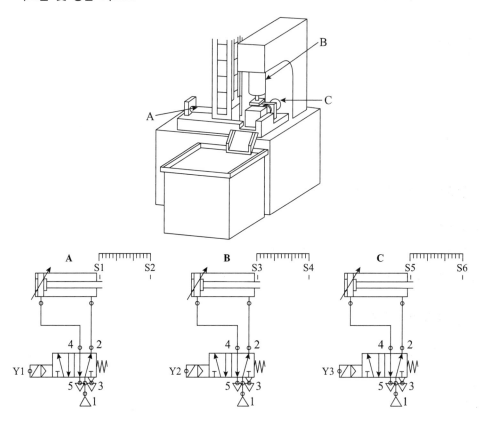

- 입·출력 변수목록

	변수 종류	변수	타입	메모리 할당	초기값	리테인	사용 유무	설명문
1	VAR	K_0	BOOL			☐	☑	
2	VAR	K_1	BOOL			☐	☑	
3	VAR	K_2	BOOL			☐	☑	
4	VAR	K_3	BOOL			☐	☑	
5	VAR	K_4	BOOL			☐	☑	
6	VAR	K_5	BOOL			☐	☑	
7	VAR	K_6	BOOL			☐	☑	
8	VAR	S1	BOOL	%IX0.0.1		☐	☑	
9	VAR	S2	BOOL	%IX0.0.2		☐	☑	
10	VAR	S3	BOOL	%IX0.0.3		☐	☑	
11	VAR	S4	BOOL	%IX0.0.4		☐	☑	
12	VAR	S5	BOOL	%IX0.0.5		☐	☑	
13	VAR	S6	BOOL	%IX0.0.6		☐	☑	
14	VAR	STOP	BOOL	%IX0.0.9		☐	☑	
15	VAR	Y1	BOOL	%QX0.1.0		☐	☑	실린더A-SOL
16	VAR	Y2	BOOL	%QX0.1.1		☐	☑	실린더B-SOL
17	VAR	Y3	BOOL	%QX0.1.2		☐	☑	실린더C-SOL
18	VAR	단속	BOOL	%IX0.0.8		☐	☑	
19	VAR	비상	BOOL	%IX0.0.10		☐	☑	
20	VAR	센서	BOOL	%IX0.0.7		☐	☑	소재유무센서
21	VAR	연속	BOOL	%IX0.0.0		☐	☑	

[7] 튜브 플랜지 작업

(1) 수동으로 동관을 삽입한 후 start스위치를 누르면 실린더 A(편솔 사용)가 공작물을 클램핑한다.

(2) 실린더 B(편솔 사용)가 전진하여 1초 동안 정지한 후 후진하여 1단계의 Flange 작업을 완료하면 실린더 C(편솔 사용)가 전진을 하고, 다시 실린더 B가 전진하여 1초간 정지한 후 후진하여 2단계 Flange 작업을 한다.

(3) 그 후 실린더 A 및 C가 동시에 후진한다. 각 실린더는 편 솔레노이드 밸브를 장착하고 있다.

• 시스템 및 공압 회로도

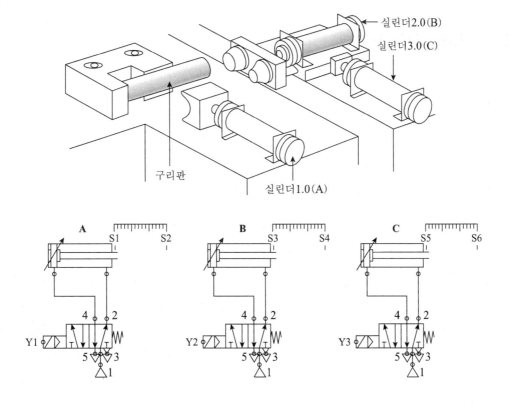

- 입·출력 변수목록

	변수 종류	변수	타입	메모리 할당	초기값	리테인	사용 유무	설명문
1	VAR	K_1	BOOL			☐	☑	
2	VAR	K_2	BOOL			☐	☑	
3	VAR	K_3	BOOL			☐	☑	
4	VAR	K_4	BOOL			☐	☑	
5	VAR	K_5	BOOL			☐	☑	
6	VAR	K_6	BOOL			☐	☑	
7	VAR	K_7	BOOL			☐	☑	
8	VAR	S1	BOOL	%IX0.0.1		☐	☑	
9	VAR	S2	BOOL	%IX0.0.2		☐	☑	
10	VAR	S3	BOOL	%IX0.0.3		☐	☑	
11	VAR	S4	BOOL	%IX0.0.4		☐	☑	
12	VAR	S5	BOOL	%IX0.0.5		☐	☑	
13	VAR	S6	BOOL	%IX0.0.6		☐	☑	
14	VAR	START	BOOL	%IX0.0.0		☐	☑	
15	VAR	T1	TON			☐	☑	
16	VAR	Y1	BOOL	%QX0.1.0		☐	☑	실린더A-SOL
17	VAR	Y2	BOOL	%QX0.1.1		☐	☑	실린더B-SOL
18	VAR	Y3	BOOL	%QX0.1.2		☐	☑	실린더C-SOL

[8] 탱크 내 유체의 혼합제어

시스템도와 같이 4종류의 액체를 혼합하는 시스템이 있다. 여기서

· Y1, Y2, Y3, Y4 : 각각 1번, 2번, 3번, 4번 액체의 유입량을 제어하는 밸브,

· M2 : 액체를 혼합탱크로 유입시키는 펌프의 모터,

· M1 : 혼합탱크 내 교반기의 모터,

· B1, B2, B3, B4 : 혼합탱크 내 액 수위를 검출하는 센서이다.

(1) start스위치를 On하면 시스템이 가동되어 교반기 모터 M1과 펌프 모터 M2가 회전하며, 작업 표시램프 H0가 켜진다.

(2) 밸브 Y1이 열려 1번 액체가 혼합탱크로 유입하여 액 수위가 상승하면 B1의 검출로 Y1이 닫힌다. Y1이 닫히면 Y2가 열리고, 2번 액체가 혼합탱크로 유입하여 액 수위가 상승하면 B2의 검출로 Y2가 닫힌다. Y2가 닫히면 Y3이 열리고, 3번 액체가 혼합탱크로 유입하여 액 수위가 상승하면 B3의 검출로 Y3이 닫힌다. Y3이 닫히면 Y4가 열리고, 4번 액체가 혼합탱크로 유입하여 액 수위가 상승하면 B4의 검출로 Y4가 닫힌다.

(3) Y4가 닫히면 펌프 모터 M2는 정지하고, 3초 후 H0은 꺼지며 작업완료 표시램프 H5가 켜진다.

(4) H5가 켜진 후 작업자가 stop스위치를 On하면 교반기 모터 M1은 정지하고, H5는 꺼지며 탱크가 비워진다.

(5) 긴급정지 스위치나 과부하 계전기 F1, F2에 의해 시스템은 정지된다.

• 시스템도

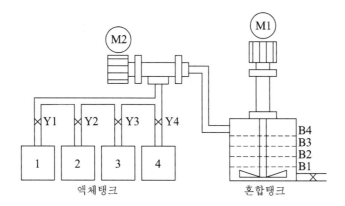

액체탱크   혼합탱크

• 입·출력 변수목록

	변수 종류	변수	타입	메모리 할당	초기값	리테인	사용 유무	설명문
1	VAR	B1	BOOL	%IX0.0.1		☐	☑	1번탱크완료센서
2	VAR	B2	BOOL	%IX0.0.2		☐	☑	2번탱크완료센서
3	VAR	B3	BOOL	%IX0.0.3		☐	☑	3번탱크완료센서
4	VAR	B4	BOOL	%IX0.0.4		☐	☑	4번탱크완료센서
5	VAR	H0	BOOL	%QX0.1.0		☐	☑	작업시작표시등
6	VAR	H5	BOOL	%QX0.1.10		☐	☑	작업완료표시등
7	VAR	K_0	BOOL			☐	☑	
8	VAR	K_1	BOOL			☐	☑	
9	VAR	K_10	BOOL			☐	☑	
10	VAR	K_2	BOOL			☐	☑	
11	VAR	K_3	BOOL			☐	☑	
12	VAR	K_4	BOOL			☐	☑	
13	VAR	K_5	BOOL			☐	☑	
14	VAR	K_6	BOOL			☐	☑	
15	VAR	M_1	BOOL	%QX0.1.8		☐	☑	교반기모터
16	VAR	START	BOOL	%IX0.0.0		☐	☑	
17	VAR	STOP	BOOL	%IX0.0.8		☐	☑	
18	VAR	T1	TON			☐	☑	
19	VAR	Y1	BOOL	%QX0.1.1		☐	☑	1번탱크벨브
20	VAR	Y2	BOOL	%QX0.1.2		☐	☑	2번탱크벨브
21	VAR	Y3	BOOL	%QX0.1.3		☐	☑	3번탱크벨브
22	VAR	Y4	BOOL	%QX0.1.4		☐	☑	4번탱크벨브
23	VAR	M_2	BOOL	%QX0.1.9		☐	☑	펌프모터
24	VAR	긴급정지	BOOL	%IX0.0.9		☐	☑	
25	VAR	모터1과전류	BOOL	%IX0.0.5		☐	☑	모터1과전류
26	VAR	모터2과전류	BOOL	%IX0.0.6		☐	☑	모터2과전류

[9] 소재의 표면가공

(1) 직육면체인 소재의 3개 표면을 가공한다.

(2) 매거진에 소재가 존재하여 센서에 의해 감지되는 상황에서 start스위치를 On하면 실

린더 A가 전진하여 소재를 클램핑하고 실린더 B가 전진하여 상면을, 실린더 C가 전진하여 좌측면을, 실린더 D가 전진하여 우측면을 순서대로 가공하는 각 실린더는 편 솔레노이드 밸브를 장착하고 있다.

(3) 가공이 완료되면 실린더 B, C, D는 동시에 복귀하고 다음에 실린더 A가 복귀한다. 소재는 수동으로 제거한다.

작업 중 비상스위치를 누르면 실린더 B, C, D가 후진한 후 클램핑용 실린더 A가 후진한다. 또한 소재가 없으면 작업을 하지 않는다. 실린더는 모두 편 솔레노이드 밸브를 장착하고 있다.

• 시스템 및 공압 회로도

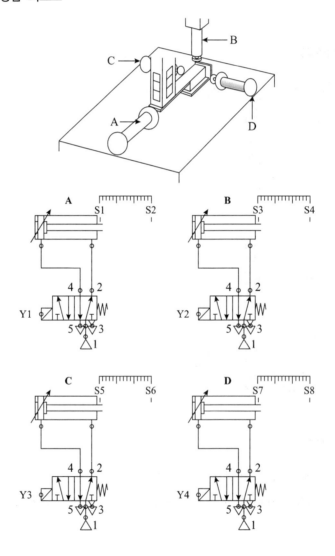

- 입·출력 변수목록

	변수 종류	변수	타입	메모리 할당	초기값	리테인	사용 유무	설명문
1	VAR	K_1	BOOL			☐	☑	
2	VAR	K_2	BOOL			☐	☑	
3	VAR	K_3	BOOL			☐	☑	
4	VAR	K_4	BOOL			☐	☑	
5	VAR	K_5	BOOL			☐	☑	
6	VAR	K_6	BOOL			☐	☑	
7	VAR	S1	BOOL	%IX0.0.1		☐	☑	
8	VAR	S2	BOOL	%IX0.0.2		☐	☑	
9	VAR	S3	BOOL	%IX0.0.3		☐	☑	
10	VAR	S4	BOOL	%IX0.0.4		☐	☑	
11	VAR	S5	BOOL	%IX0.0.5		☐	☑	
12	VAR	S6	BOOL	%IX0.0.6		☐	☑	
13	VAR	S7	BOOL	%IX0.0.7		☐	☑	
14	VAR	S8	BOOL	%IX0.0.8		☐	☑	
15	VAR	START	BOOL	%IX0.0.0		☐	☑	
16	VAR	STOP	BOOL	%IX0.0.10		☐	☑	
17	VAR	Y1	BOOL	%QX0.1.0		☐	☑	실린더A-SOL
18	VAR	Y2	BOOL	%QX0.1.1		☐	☑	실린더B-SOL
19	VAR	Y3	BOOL	%QX0.1.2		☐	☑	실린더C-SOL
20	VAR	Y4	BOOL	%QX0.1.3		☐	☑	실린더D-SOL
21	VAR	비상	BOOL	%IX0.0.11		☐	☑	
22	VAR	센서	BOOL	%IX0.0.9		☐	☑	

[10] 금속판재의 절단

얇은 금속판을 일정한 간격으로 절단한다. 각 실린더(편솔)의 작동순서는 다음과 같다.

(1) 실린더 A가 전진 : 금속판을 고정

(2) 실린더 B가 전진 : 일정한 간격으로 판재를 이송

(3) 실린더 C가 전진 : 판재를 고정

(4) 실린더 D가 전진 : 끝단에 있는 칼날에 의해 판재를 절단

(5) 후진은 실린더 A, 그 후 실린더 B와 D가 동시에 후진 후 실린더 C가 복귀한다. 정지버튼을 누르면 모든 실린더는 초기위치로 복귀한다.

[부가조건]

· 단속, 연속작업의 선택이 가능해야 한다.

· 판재의 절단 후 실린더 D는 급속 귀환한다.

· 설정된 개수만큼 절단작업을 한다.

• 시스템 및 공압 회로도

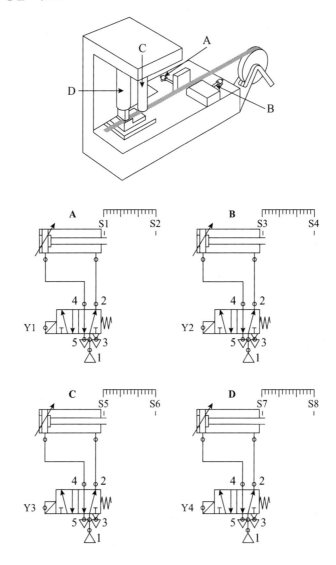

- 입·출력 변수목록

	변수 종류	변수	타입	메모리 할당	초기값	리테인	사용 유무	설명문
1	VAR	C1	CTU_INT			□	☑	
2	VAR	K_0	BOOL			□	☑	
3	VAR	K_1	BOOL			□	☑	
4	VAR	K_2	BOOL			□	☑	
5	VAR	K_3	BOOL			□	☑	
6	VAR	K_4	BOOL			□	☑	
7	VAR	K_5	BOOL			□	☑	
8	VAR	K_6	BOOL			□	☑	
9	VAR	K_7	BOOL			□	☑	
10	VAR	S1	BOOL	%IX0.0.1		□	☑	
11	VAR	S2	BOOL	%IX0.0.2		□	☑	
12	VAR	S3	BOOL	%IX0.0.3		□	☑	
13	VAR	S4	BOOL	%IX0.0.4		□	☑	
14	VAR	S5	BOOL	%IX0.0.5		□	☑	
15	VAR	S6	BOOL	%IX0.0.6		□	☑	
16	VAR	S7	BOOL	%IX0.0.7		□	☑	
17	VAR	S8	BOOL	%IX0.0.8		□	☑	
18	VAR	Y1	BOOL	%QX0.1.0		□	☑	실린더A-SOL
19	VAR	Y2	BOOL	%QX0.1.1		□	☑	실린더B-SOL
20	VAR	Y3	BOOL	%QX0.1.2		□	☑	실린더C-SOL
21	VAR	Y4	BOOL	%QX0.1.3		□	☑	실린더D-SOL
22	VAR	단속	BOOL	%IX0.0.9		□	☑	
23	VAR	연속	BOOL	%IX0.0.0		□	☑	
24	VAR	정지	BOOL	%IX0.0.10		□	☑	

[11] 도장제품의 건조

(1) 도장을 한 부품이 건조용 컨베이어에 의해 건조로를 향해 저속으로 이송된다.

(2) 광센서 B3에 의해 건조용 컨베이어상의 부품유무가 감지되어 start스위치 S0가 On 되어 있으면 공압모터가 작동하여 건조용 컨베이어가 작동한다(정회전).

(3) 공압모터의 동작 후 설정시간이 지나면(부품의 건조완료시간) 실린더는 부품을 이송 용 컨베이어 벨트로 밀어낸다.

(4) 비상스위치 S1이 On되면 부저 B가 울리며 실린더는 후진하고 건조용 컨베이어의 구동모터는 모터 역회전 리밋센서 S2에 의해 역회전해야 한다.

- 시스템 및 공압 회로도

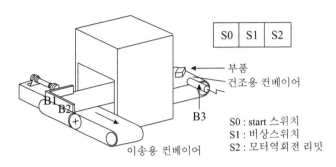

S0 : start 스위치
S1 : 비상스위치
S2 : 모터역회전 리밋

부품
건조용 컨베이어

이송용 컨베이어

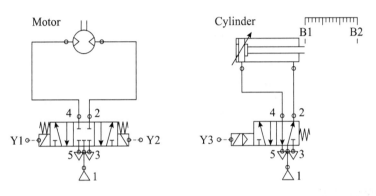

Motor

Cylinder

Y1   Y2

Y3

- 입·출력 변수목록

	변수 종류	변수	타입	메모리 할당	초기값	리테인	사용 유무	설명문
1	VAR	B	BOOL	%QX0.1.5		☐	☑	부저
2	VAR	B1	BOOL	%IX0.0.0		☐	☑	실린더후진단센서
3	VAR	B2	BOOL	%IX0.0.1		☐	☑	실린더전진단센서
4	VAR	B3	BOOL	%IX0.0.2		☐	☑	부품검출센서
5	VAR	C1	CTU_INT			☐	☑	
6	VAR	K_0	BOOL			☐	☑	
7	VAR	K_1	BOOL			☐	☑	
8	VAR	K_10	BOOL			☐	☑	
9	VAR	K_2	BOOL			☐	☑	
10	VAR	K_3	BOOL			☐	☑	
11	VAR	S2	BOOL	%IX0.0.10		☐	☑	모터역회전리밋SW
12	VAR	START	BOOL	%IX0.0.8		☐	☑	
13	VAR	T1	TON			☐	☑	건조시간
14	VAR	Y1	BOOL	%QX0.1.0		☐	☑	모터정회전
15	VAR	Y2	BOOL	%QX0.1.1		☐	☑	모터역회전
16	VAR	Y3	BOOL	%QX0.1.2		☐	☑	실린더-SOL
17	VAR	비상스위치	BOOL	%IX0.0.9		☐	☑	

[12] Pallet승강대를 이용한 제품의 이송제어

① 팔렛 하강 정지센서 S3가 On 상태에서 컨베이어 구동 스위치 S1이 On되면 벨트컨
베이어1이 동작하고, 경사 롤러를 타고 온 제품이 벨트컨베이어1에 의해 이동하여
승강대 상승 센서 S2를 On시키면 벨트컨베이어1은 정지하고 pallet승강대는 상승한다.

② 상승한 pallet승강대가 팔렛 상승 정지센서 S4를 동작시키면 pallet승강대가 정지하고,
벨트컨베이어1과 2가 동작하며, 따라서 제품은 벨트컨베이어2를 타고 이동한다.

③ 벨트컨베이어2를 타고 오는 제품이 승강대 하강 센서 S5를 On시키면 두 컨베이어는
멈추고 pallet승강대는 팔렛 하강 정지센서 S3가 On될 때까지 하강한다.

• 시스템도

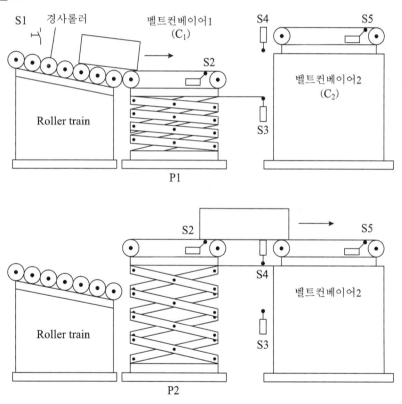

- 입·출력 변수목록

	변수 종류	변수	타입	메모리 할당	초기값	리테인	사용 유무	설명문
1	VAR	K_1	BOOL			☐	✔	
2	VAR	K_2	BOOL			☐	✔	
3	VAR	K_3	BOOL			☐	✔	
4	VAR	K_4	BOOL			☐	✔	
5	VAR	S1	BOOL	%IX0.0.1		☐	✔	컨베어1구동SW
6	VAR	S2	BOOL	%IX0.0.2		☐	✔	승강대 상승 센서
7	VAR	S3	BOOL	%IX0.0.3		☐	✔	팔렛하강 정지센서
8	VAR	S4	BOOL	%IX0.0.4		☐	✔	팔렛상승 정지센서
9	VAR	S5	BOOL	%IX0.0.5		☐	✔	승강대 하강센서
10	VAR	승강대상승	BOOL	%QX0.1.2		☐	✔	
11	VAR	승강대하강	BOOL	%QX0.1.3		☐	✔	
12	VAR	컨베어1	BOOL	%QX0.1.0		☐	✔	
13	VAR	컨베어2	BOOL	%QX0.1.1		☐	✔	

[13] 컨베이어의 순차작동

(1) 5대의 컨베이어를 설정된 순서대로 제어한다.

(2) PB0를 On하면 컨베이어는 ABCDE의 순서로 5초 간격으로 작동한다.

(3) PB1을 On하면 컨베이어가 반대로 EDCBA의 순서로 5초 간격으로 정지한다.

- 시스템도

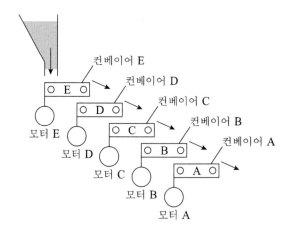

• 입·출력 변수목록

	변수 종류	변수	타입	메모리 할당	초기값	리테인	사용 유무	설명문
1	VAR	K_0	BOOL			☐	☑	
2	VAR	K_1	BOOL			☐	☑	
3	VAR	M_A	BOOL	%QX0.1.0		☐	☑	컨베어A모터
4	VAR	M_B	BOOL	%QX0.1.1		☐	☑	컨베어B모터
5	VAR	M_C	BOOL	%QX0.1.2		☐	☑	컨베어C모터
6	VAR	M_D	BOOL	%QX0.1.3		☐	☑	컨베어D모터
7	VAR	M_E	BOOL	%QX0.1.4		☐	☑	컨베어E모터
8	VAR	start	BOOL	%IX0.0.0		☐	☑	start스위치
9	VAR	stop	BOOL	%IX0.0.1		☐	☑	stop스위치
10	VAR	T1	TON			☐	☑	
11	VAR	T2	TON			☐	☑	
12	VAR	T3	TON			☐	☑	
13	VAR	T4	TON			☐	☑	
14	VAR	T5	TON			☐	☑	
15	VAR	T6	TON			☐	☑	
16	VAR	T7	TON			☐	☑	
17	VAR	T8	TON			☐	☑	

[14] PTP Robot제어(1)

초기상태는 실린더 1 하단, 실린더 2 후단, 척 Open(실린더 상단) 상태이다.

(1) start → 실린더 1 상승 → 실린더 2 전진 → 척 Close → 실린더 2 후진 → 실린더
   1 하강 → 척 Open (1사이클)

(2) start스위치를 누를 때마다 한 사이클 동작을 하고, stop스위치를 누르면 한 사이클을
   완료한 후 초기상태로 복귀하여 정지한다. 다시 한 사이클을 시작하려면 stop스위치
   를 Off한 후 start스위치를 On해야 한다.

• 시스템도

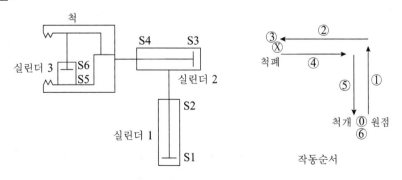

작동순서

• 입·출력 변수목록

	변수 종류	변수	타입	메모리 할당	초기값	리테인	사용 유무	설명문
1	VAR	K_0	BOOL			☐	☑	
2	VAR	K_1	BOOL			☐	☑	
3	VAR	K_2	BOOL			☐	☑	
4	VAR	K_3	BOOL			☐	☑	
5	VAR	K_4	BOOL			☐	☑	
6	VAR	K_5	BOOL			☐	☑	
7	VAR	K_6	BOOL			☐	☑	
8	VAR	S1	BOOL	%IX0.0.1		☐	☑	cyl1후진단센서
9	VAR	S2	BOOL	%IX0.0.2		☐	☑	cyl1전진단센서
10	VAR	S3	BOOL	%IX0.0.3		☐	☑	cyl2후진단센서
11	VAR	S4	BOOL	%IX0.0.4		☐	☑	cyl2전진단센서
12	VAR	S5	BOOL	%IX0.0.5		☐	☑	cyl3후진단센서
13	VAR	S6	BOOL	%IX0.0.6		☐	☑	cyl3전진단센서
14	VAR	START	BOOL	%IX0.0.0		☐	☑	
15	VAR	STOP	BOOL	%IX0.0.8		☐	☑	
16	VAR	Y1	BOOL	%QX0.1.0		☐	☑	cyl1-sol
17	VAR	Y2	BOOL	%QX0.1.1		☐	☑	cyl2-sol
18	VAR	Y3	BOOL	%QX0.1.2		☐	☑	cyl3-sol

[15] PTP Robot제어(2)

[15-1] A형

초기상태 : 실린더 C(후단), 실린더 B(상단), 척폐(실린더 A 후진)

❶ start → 척개(A) → 하강(B) → 척폐(A) → 상승(B) → 전진(C) → 하강(B) → 척개
(A) → 상승(B) → 척폐(A) 순서의 프로그램

❷ 1사이클만 작동함.

[15-2] B형

초기상태 : 실린더 C(후단), 실린더 B(상단), 척폐(실린더 A 후진)

❶ start → 전진(C) → 척개(A) → 하강(B) → 척폐(A) → 상승(B) → 후진(C) → 하강
(B) → 척개(A) → 상승(B) → 척폐(A) 순으로 동작하는 프로그램

❷ 카운터를 사용하여 2사이클 작동함.

[15-3] C형

초기상태 : 실린더 C(후단), 실린더 B(상단), 척폐(실린더 A 후진), DEG.0(모터 원점)

❶ start → 척개(A) → 하강(B) → 척폐(A) → 2초 시간지연 → 상승(B) → 모터정회전
→ DEG.180(모터 180°위치) → 모터정회전 Off → 전진(C) → 2초 시간지연 → 하
강(B) → 척개(A) → 상승(B) → 척폐(A) → 후진(C) → 모터역회전 DEG.180° Off
및 DEG.0 On 순으로 동작하는 프로그램.

❷ 1사이클만 작동함.

- 시스템도

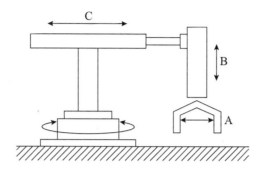

- [15-1] A형의 입·출력 변수목록

	변수 종류	변수	타입	메모리 할당	초기값	리테인	사용 유무	설명문
1	VAR	K_0	BOOL			☐	☑	
2	VAR	K_1	BOOL			☐	☑	
3	VAR	K_10	BOOL			☐	☑	
4	VAR	K_2	BOOL			☐	☑	
5	VAR	K_3	BOOL			☐	☑	
6	VAR	K_4	BOOL			☐	☑	
7	VAR	K_5	BOOL			☐	☑	
8	VAR	K_6	BOOL			☐	☑	
9	VAR	K_7	BOOL			☐	☑	
10	VAR	K_8	BOOL			☐	☑	
11	VAR	K_9	BOOL			☐	☑	
12	VAR	S1	BOOL	%IX0.0.1		☐	☑	cylA후진단센서
13	VAR	S2	BOOL	%IX0.0.2		☐	☑	cylA전진단센서
14	VAR	S3	BOOL	%IX0.0.3		☐	☑	cylB후진단센서
15	VAR	S4	BOOL	%IX0.0.4		☐	☑	cylB전진단센서
16	VAR	S5	BOOL	%IX0.0.5		☐	☑	cylC후진단센서
17	VAR	S6	BOOL	%IX0.0.6		☐	☑	cylC전진단센서
18	VAR	START	BOOL	%IX0.0.0		☐	☑	
19	VAR	Y1	BOOL	%QX0.1.0		☐	☑	cylA-sol
20	VAR	Y2	BOOL	%QX0.1.1		☐	☑	cylB-sol
21	VAR	Y3	BOOL	%QX0.1.2		☐	☑	cylC-sol

- [15-2] B형의 입·출력 변수목록

	변수 종류	변수	타입	메모리 할당	초기값	리테인	사용 유무	설명문
1	VAR	C1	CTU_INT			☐	☑	
2	VAR	K_0	BOOL			☐	☑	
3	VAR	K_1	BOOL			☐	☑	
4	VAR	K_10	BOOL			☐	☑	
5	VAR	K_2	BOOL			☐	☑	
6	VAR	K_3	BOOL			☐	☑	
7	VAR	K_4	BOOL			☐	☑	
8	VAR	K_5	BOOL			☐	☑	
9	VAR	K_6	BOOL			☐	☑	
10	VAR	K_7	BOOL			☐	☑	
11	VAR	K_8	BOOL			☐	☑	
12	VAR	K_9	BOOL			☐	☑	
13	VAR	S1	BOOL	%IX0.0.1		☐	☑	cyl1후진단센서
14	VAR	S2	BOOL	%IX0.0.2		☐	☑	cyl1전진단센서
15	VAR	S3	BOOL	%IX0.0.3		☐	☑	cyl2후진단센서
16	VAR	S4	BOOL	%IX0.0.4		☐	☑	cyl2전진단센서
17	VAR	S5	BOOL	%IX0.0.5		☐	☑	cyl3후진단센서
18	VAR	S6	BOOL	%IX0.0.6		☐	☑	cyl3전진단센서
19	VAR	START	BOOL	%IX0.0.0		☐	☑	
20	VAR	Y1	BOOL	%QX0.1.0		☐	☑	cyl1-sol
21	VAR	Y2	BOOL	%QX0.1.1		☐	☑	cyl2-sol
22	VAR	Y3	BOOL	%QX0.1.2		☐	☑	cyl3-sol

- [15-3] C형의 입·출력 변수목록

	변수 종류	변수	타입	메모리 할당	초기값	리테인	사용 유무	설명문
1	VAR	DEG_0	BOOL	%IX0.0.8		☐	☑	모터0도위치
2	VAR	DEG_180	BOOL	%IX0.0.9		☐	☑	모터180도위치
3	VAR	K_0	BOOL			☐	☑	
4	VAR	K_1	BOOL			☐	☑	
5	VAR	K_10	BOOL			☐	☑	
6	VAR	K_11	BOOL			☐	☑	
7	VAR	K_2	BOOL			☐	☑	
8	VAR	K_3	BOOL			☐	☑	
9	VAR	K_4	BOOL			☐	☑	
10	VAR	K_5	BOOL			☐	☑	
11	VAR	K_6	BOOL			☐	☑	
12	VAR	K_7	BOOL			☐	☑	
13	VAR	K_8	BOOL			☐	☑	
14	VAR	K_9	BOOL			☐	☑	
15	VAR	S1	BOOL	%IX0.0.1		☐	☑	cylA후진단센서
16	VAR	S2	BOOL	%IX0.0.2		☐	☑	cylA전진단센서
17	VAR	S3	BOOL	%IX0.0.3		☐	☑	cylB후진단센서
18	VAR	S4	BOOL	%IX0.0.4		☐	☑	cylB전진단센서
19	VAR	S5	BOOL	%IX0.0.5		☐	☑	cylC후진단센서
20	VAR	S6	BOOL	%IX0.0.6		☐	☑	cylC전진단센서
21	VAR	START	BOOL	%IX0.0.0		☐	☑	
22	VAR	T0	TON			☐	☑	
23	VAR	T1	TON			☐	☑	
24	VAR	Y1	BOOL	%QX0.1.0		☐	☑	cylA-sol
25	VAR	Y2	BOOL	%QX0.1.1		☐	☑	cylB-sol
26	VAR	Y3	BOOL	%QX0.1.2		☐	☑	cylC-sol
27	VAR	모터역회전	BOOL	%QX0.1.9		☐	☑	
28	VAR	모터정회전	BOOL	%QX0.1.8		☐	☑	

1. 수치(데이터)의 표현

PLC의 CPU에서는 모든 정보를 On과 Off, 또는 "1"과 "0"의 상태로 기억하고 처리한다. 따라서 수치연산도 1과 0으로 처리된 수치, 즉 **2진수**(Binary number, BIN)로 처리한다.

한편, 일상생활에서는 10진수가 알기 쉽고 가장 널리 사용되고 있다. 그래서 PLC에 수치를 기록할 경우, 또는 PLC의 수치정보를 읽을 경우에는 10진수에서 16진수로, 16진수에서 10진수로 변환이 필요하다.

1.1 10진수(Decimal)

10진수란 "0~9의 종류의 기호를 사용하여 순서와 크기(양)를 표현하는 수"를 말한다. 그리고 0, 1, 2, 3, 4, …9 다음에 "10"으로 자리올림하고 계속 진행된다.

예를 들면, 10진수 153을 행과 "행의 가중치"란 측면에서 보면 아래와 같다.

$$153 = 100 + 50 + 3$$
$$= 1 \times 100 + 5 \times 10 + 3 \times 1$$
$$= 1 \times 10^2 + 5 \times 10^1 + 3 \times 10^0$$

10진수의 기호(0~9)
행의 기준치

1.2 2진수(Binary number, BIN)

2진수란 "0과 1의 두 종류 기호를 사용하여 순서와 크기를 나타내는 수"를 말한다. 그래서 0, 1 다음에 "10"으로 자리올림을 하고, 계속 진행된다. 즉, 0, 1의 한 자리 수를 비트라고 한다.

2진수	10진수	변환
0	0	$0 \times 2^0 = 0$
1	1	$0 \times 2^0 = 1$
10	2	$0 \times 2^0 + 1 \times 2^1 = 2$
11	3	$1 \times 2^0 + 1 \times 2^1 = 3$
100	4	$0 \times 2^0 + 0 \times 2^1 + 1 \times 2^2 = 4$
101	5	$1 \times 2^0 + 0 \times 2^1 + 1 \times 2^2 = 5$

예를 들면 2진수 "10011101"은 10진수로 얼마나 되는지 생각해 보자.

10진수에서 행 번호와 행의 가중치를 고려하였듯이 우측부터 비트(Bit)번호와 비트 가중치를 붙여 보자.

10진수와 같이 각 비트의 코드(Code)의 가중치의 곱의 합을 생각해 보자.

$$= 1 \times 128 + 0 \times 64 + 0 \times 32 + 1 \times 16 + 1 \times 8 + 1 \times 4 + 0 \times 2 + 1 \times 1$$
$$= 128 + 16 + 8 + 4 + 1$$
$$= 157$$

157의 10진수를 2진수로 변환해 보자.

157/2=78 나머지 1, 78/2=39 나머지 0, 39/2=19 나머지 1, 19/2=9 나머지 1, 9/2=4 나머지 1, 4/2=2 나머지 0, 2/2=1 나머지 0, 1/2=0 나머지 1이며, 나머지 값을 끝으로부터 역순으로 나열하면 10011101이 되며 2진수의 값이 된다.

즉, 2진수의 "Code가 1인, Bit의 가중치를 합산한 것"이 바로 10진수이다.

일반적으로 8Bit를 1Byte, 16Bit (2Byte)를 1워드(Word)라 한다.

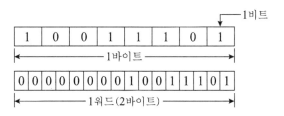

1.3 16진수(Hexadecimal, HEX)

16진수도 10진수, 2진수와 동일하게 생각하여 "0~9, A~F의 종류의 기호를 사용하여 순서와 크기를 나타내는 수"를 말한다. 9의 다음에는 A, B, C, D, E, F로 진행하고, F의 다음에 10으로 자리올림하며, 11~19의 다음에는 1A~1F, 그리고 20의 순서로 자리올림하여 계속 진행한다.

10진수	16진수	2진수	BCD	
0	0	0		0000
1	1	1		0001
2	2	10		0010
3	3	11		0011
4	4	100		0100
5	5	101		0101
6	6	110		0110
7	7	111		0111
8	8	1000		1000
9	9	1001		1001
10	A	1010	0001	0000
11	B	1011	0001	0001
12	C	1100	0001	0010
13	D	1101	0001	0011
14	E	1110	0001	0100
15	F	1111	0001	0101
16	10	10000	0001	0110
17	11	10001	0001	0111
18	12	10010	0001	1000
25	19	011001	0010	0101
26	1A	011010	0010	0110

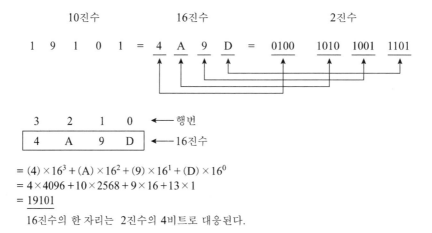

$$= (4) \times 16^3 + (A) \times 16^2 + (9) \times 16^1 + (D) \times 16^0$$
$$= 4 \times 4096 + 10 \times 2568 + 9 \times 16 + 13 \times 1$$
$$= \underline{19101}$$

16진수의 한 자리는 2진수의 4비트로 대응된다.

19101은 10진수로 환산한 값이다.

10진수 19101을 16진수로 변환하면, 19101/16=1193 나머지 13(D), 1193/16=74 나머지 9, 74/16=4 나머지 10(A), 4/16=0 나머지 4이며, 나머지를 역순으로 나열하면 4A9D가 된다.

1.4 2진화 10진수(Binary Coded Decimal, BCD)

2진화 10진수는 "10진수의 각행의 숫자를 2진수로 나타낸 수"를 말한다. 예를 들면, 10진수의 157은 다음과 같이 10진수의 0~9999(4행의 최대치)를 16비트로 나타낸다.

각 비트의 가중치는 다음과 같다.

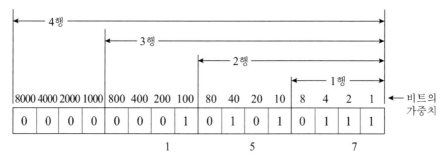

- 10진수의 각 자리를 구성하는 0~9의 수치를 4bit의 BIN으로 표현하는 방식으로서 10진수 각 행의 숫자를 2진수로 나타낸 수를 말한다. 이 코드는 각 비트의 자리값이 $8(2^3)$, $4(2^2)$, $2(2^1)$, $1(2^0)$이므로 8421코드라 하고, 10진수의 9까지는 4bit로 표시, 99까지는 8bit, 999까지는 12bit로 표시한다.

***10진수를 BCD값으로의 산출예

1 : 1/2=0 : 나머지 1 → 1   ∴4bit로 표시하면 0001

2 : 2/2=1 : 나머지 0, 1/2=0 : 나머지 1 → 역순으로 정리하면 10

∴4bit로 표시하면 0010

3 : 3/2=1 : 나머지 1, 1/2=0 : 나머지 1 → 역순으로 정리하면 11

∴4bit로 표시하면 0011

4 : 4/2=2 : 나머지 0, 2/2=1 : 나머지 0, 1/2=0 : 나머지 1 → 역순으로 정리하면 100

∴4bit로 표시하면 0100

9 : 9/2=4 : 나머지 1, 4/2=2 : 나머지 0, 2/2=1 : 나머지 0, 1/2=0 : 나머지 1 → 역순으로 정리하면 1001

∴4bit로 표시하면 1001

10 : 10/2=5 : 나머지 0, 5/2=2 : 나머지 1, 2/2=1 : 나머지 0, 1/2=0 : 나머지 1 → 역순으로 정리하면 1010

∴8bit로 표시하면 0001 0000

11 : 11/2=5 : 나머지 1, 5/2=2 : 나머지 1, 2/2=1 : 나머지 0, 1/2=0 : 나머지 1 → 역순으로 정리하면 1011

∴8bit로 표시하면 0001 0001

[주] 10진수로서 1의 자리는 BCD의 경우 4bit, 10의 자리는 BCD의 경우 8bit로 표시한다.

1.5 수치 체계표

2진화 10진수 (Binary coded Decimal) BCD		2진수 (Binary) BIN		10진수 (Decimal)	16진수 (Hexadecimal) H
00000000	00000000	00000000	00000000	0	0000
00000000	00000001	00000000	00000001	1	0001
00000000	00000010	00000000	00000010	2	0002
00000000	00000011	00000000	00000011	3	0003
00000000	00000100	00000000	00000100	4	0004
00000000	00000101	00000000	00000101	5	0005
00000000	00000110	00000000	00000110	6	0006
00000000	00000111	00000000	00000111	7	0007
00000000	00001000	00000000	00001000	8	0008
00000000	00001001	00000000	00001001	9	0009
00000000	00010000	00000000	00001010	10	000A
00000000	00010001	00000000	00001011	11	000B
00000000	00010010	00000000	00001100	12	000C
00000000	00010011	00000000	00001101	13	000D
00000000	00010100	00000000	00001110	14	000E
00000000	00010101	00000000	00001111	15	000F
00000000	00010110	00000000	00010000	16	0010
00000000	00010111	00000000	00010001	17	0011
00000000	00011000	00000000	00010010	18	0012
00000000	00011001	00000000	00010011	19	0013
00000000	00100000	00000000	00010100	20	0014
00000000	00100001	00000000	00010101	21	0015
00000000	00100010	00000000	00010110	22	0016
00000000	00100011	00000000	00010111	23	0017
00000001	00000000	00000000	01100100	100	0064
00000001	00100111	00000000	01111111	127	007F
00000010	01010101	00000000	11111111	255	00FF
00010000	00000000	00000011	11101000	1,000	03E8
00100000	01000111	00000111	11111111	2,047	07FF
01000000	10010101	00001111	11111111	4,095	0FFF
10011001	10011001	00101111	00001111	9,999	270F
		00100111	00010000	10,000	2710
		01111111	11111111	32,767	7FFF

10진수	16진수	2진수		
		4bit	8bit	16bit
0	h0000	0000	0000 0000	0000 0000 0000 0000
15	h000F	1111	0000 1111	0000 0000 0000 1111
255	h00FF	–	1111 1111	0000 0000 1111 1111
65535	hFFFF	–	–	1111 1111 1111 1111

h는 hexadecimal(16진법)을 의미한다.

$$h000F \rightarrow 15 \times 16^0 = 15$$
$$h00FF \rightarrow 15 \times 16^0 + 15 \times 16^1 = 255$$
$$hFFFF \rightarrow 15 \times 16^0 + 15 \times 16^1 + 15 \times 16^2 + 15 \times 16^3 = 65535$$

2. 정수의 표현

정수 표시는 최상위 비트(MSB)가 0이 되면 양수를 나타내고 1이면 음수로 나타나게 된다. 이때 0, 1에 따라 음수 양수를 표시하는 최상위 비트를 Sign 비트라고 한다.

16비트와 32비트에서는 MSB의 위치가 다르기 때문에 Sign 비트 위치에 주의해야 한다.

• 16비트일 경우

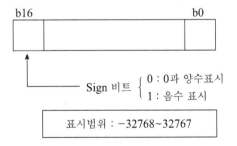

• 32비트일 경우

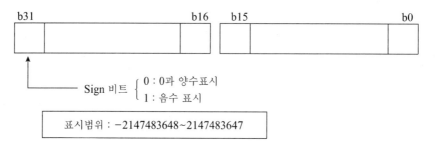

Sign 비트 { 0 : 0과 양수표시 / 1 : 음수 표시

표시범위 : −2147483648~2147483647

3. 음수의 표현

음수를 바이너리 코드로 표현하고자 할 때는 먼저 부호를 생략한 데이터를 바이너리 코드로 전환한 후 1의 보수를 취하면 된다.

예 0001을 표기하는 방법

(1) 부호를 생략한 0001을 바이너리 코드로 전환한다. (b0 = 1)

b15				b0
1	0	~	0	1

　* b15는 음수표시이므로 변화가 없다.

(2) (1)의 결과를 반전시킨다. (b0 = 0)

b15				b0
1	1	~	1	0

　* b15는 음수표시이므로 변화가 없다.

(3) (2)의 결과에 +1을 한다.

b15							b0
1	1	1	1	1	~	1	1

　* b15는 음수표시이므로 변화가 없다.

2진법으로 계산하면

$$2^0 + 2^1 + 2^2 + \cdots + 2^{15} = 65535 = \text{hFFFF}$$

$$\therefore \ -0001 = \text{hFFFF}$$

즉, 음의 정수 -0001을 바이너리 코드로 전환했을 경우 hFFFF와 동일한 결과가 나타난다. 또 무부호 정수(UINT) 정수의 최대값 65,535를 바이너리 코드로 전환해 보면 hFFFF가 나타난다. 역으로 말하면, hFFFF는 -0001 또는 65,535로 인식할 수 있는데, 변수 설정 시 설정한 데이터 타입에 따라 정수(INT) 또는 무부호 정수(UINT)로 인식하게 된다.

동일한 방법으로 -0002의 경우는

$$00 \cdots 10 \rightarrow \text{반전하면} \ 111 \cdots 01 \rightarrow +1 \text{을 하면} \ 111 \cdots 10 \ \therefore 65534$$

-0003의 경우는

$$00 \cdots 11 \rightarrow \text{반전하면} \ 111 \cdots 00 \rightarrow +1 \text{을 하면} \ 111 \cdots 01 \ \therefore 65533$$

· 덧셈법칙은 다음과 같다.

$$0 + 0 = 0$$
$$0 + 1 = 1$$
$$1 + 0 = 1$$
$$1 + 1 = 10$$

위의 예를 4bit표기하면 다음과 같다.

$-0001(-1)$의 경우 : $1001 \rightarrow 1110 \rightarrow$
$$\begin{array}{r} 1110 \\ +\,0001 \\ \hline 1111 \end{array}$$

$-0002(-2)$의 경우 : $1010 \rightarrow 1101 \rightarrow$
$$\begin{array}{r} 1101 \\ +\,0001 \\ \hline 1110 \end{array}$$

$-0003(-3)$의 경우 : $1011 \rightarrow 1100 \rightarrow$
$$\begin{array}{r} 1100 \\ +\,0001 \\ \hline 1101 \end{array}$$

부록 2 … 펑션 및 펑션블록 일람

2.1 펑션

[1] 전송펑션

펑션 이름	기능
MOVE	데이터 전송(IN → OUT)
ARY_MOVE	배열 변수 부분 전송

[2] 형변환 펑션

펑션 그룹	펑션 이름	입력 데이터 타입	출력 데이터 타입	비고
BCD_TO_***	BYTE_BCD_TO_SINT 등 8종	BYTE(BCD)	SINT	−
SINT_TO_***	SINT_TO_INT 등 15종	SINT	INT	−
INT_TO_***	INT_TO_SINT 등 15종	INT	SINT	−
DINT_TO_***	DINT_TO_SINT 등 10종	DINT	SINT	−
DINT_TO_***	DINT_TO_DWORD 등 5종	DINT	DWORD	−
LINT_TO_***	LINT_TO_SINT 등 15종	LINT	SINT	−
USINT_TO_***	USINT_TO_SINT 등 15종	USINT	SINT	−
UINT_TO_***	UINT_TO_SINT 등 11종	UINT	SINT	−
UINT_TO_***	UINT_TO_LWORD 등 5종	UINT	LWORD	−
UDINT_TO_***	UDINT_TO_SINT 등 17종	UDINT	SINT	−
ULINT_TO_***	ULINT_TO_SINT 등 15종	ULINT	SINT	−
BOOL_TO_***	BOOL_TO_SINT 등 9종	BOOL	SINT	−
BOOL_TO_***	BOOL_TO_WORD 등 4종	BOOL	WORD	−

펑션 그룹	펑션 이름	입력 데이터 타입	출력 데이터 타입	비고
BYTE_TO_***	BYTE_TO_SINT 등 13종	BYTE	SINT	–
WORD_TO_***	WORD_TO_SINT 등 14종	WORD	SINT	–
DWORD_TO_***	DWORD_TO_SINT 등 16종	DWORD	SINT	–
LWORD_TO_***	LWORD_TO_SINT 등 15종	LWORD	SINT	–
STRING_TO_***	STRING_TO_SINT 등 19종	STRING	SINT	–
TIME_TO_***	TIME_TO_UDINT 등 3종	TIME	UDINT	–
DATE_TO_***	DATE_TO_UINT 등 3종	DATE	UINT	–
TOD_TO_***	TOD_TO_UDINT 등 3종	TOD	UDINT	–
DT_TO_***	DT_TO_LWORD 등 4종	DT	LWORD	–
***_TO_BCD	SINT_TO_BCD_BYTE 등 8종	SINT	BYTE(BCD)	–

[3] 비교펑션

NO	펑션 이름	기능(단, n은 8까지 가능함)
1	GT	'크다' 비교 OUT ← (IN1>IN2) & (IN2>IN3) & ... & (INn−1 > INn)
2	GE	'크거나 작다' 비교 OUT ← (IN1>=IN2) & (IN2>=IN3) & ... & (INn−1 >= INn)
3	EQ	'같다' 비교 OUT ← (IN1=IN2) & (IN2=IN3) & ... & (INn−1 = INn)
4	LE	'작거나 같다' 비교 OUT ← (IN1<=IN2) & (IN2<=IN3) & ... & (INn−1 <= INn)
5	LT	'작다' 비교 OUT ← (IN1<IN2) & (IN2<IN3) & ... & (INn−1 < INn)
6	NE	'같지 않다' 비교 OUT ← (IN1<>IN2) & (IN2<>IN3) & ... & (INn−1 <> INn)

[4] 산술연산 펑션

NO	펑션 이름	기능
1	ADD	더하기(OUT ← IN1 + IN2 + ... + INn) (단, n은 8까지 가능함)
2	MUL	곱하기(OUT ← IN1 * IN2 * ... * INn) (단, n은 8까지 가능함)
3	SUB	빼기(OUT ← IN1 − IN2)
4	DIV	나누기(OUT ← IN1 / IN2)
5	MOD	나머지 구하기(OUT ← IN1 Modulo IN2)
6	EXPT	지수 연산(OUT ← $IN1^{IN2}$)

[5] 논리연산 펑션

NO	펑션 이름	기능(단, n은 8까지 가능)
1	AND	논리곱(OUT ← IN1 AND IN2 AND ... AND INn)
2	OR	논리합(OUT ← IN1 OR IN2 OR ... OR INn)
3	XOR	배타적 논리합(OUT ← IN1 XOR IN2 XOR ... XOR INn)
4	NOT	논리반전(OUT ← NOT IN1)
5	XNR	배타적 논리곱(OUT ← IN1 XNR IN2 XNR ... XNR INn)

[6] 비트시프트 펑션

NO	펑션 이름	기능
1	SHL	입력을 N비트 왼쪽으로 이동(오른쪽은 0으로 채움)
2	SHR	입력을 N비트 오른쪽으로 이동(왼쪽은 0으로 채움)
3	SHIFT_C_***	입력을 N비트만큼 지정된 방향으로 이동(Carry 발생)
4	ROL	입력을 N비트 왼쪽으로 회전
5	ROR	입력을 N비트 오른쪽으로 회전
6	ROTATE_C_***	입력을 N비트만큼 지정된 방향으로 회전(Carry 발생)

[7] 수치연산 펑션

(1) 하나의 입력을 갖는 수치 연산 펑션

No	펑션 이름	기능	비고
		일반 펑션	
1	ABS	절대값 연산(Absolute Value)	–
2	SQRT	제곱근 연산(Square Root)	–
		로그 펑션	
3	LN	자연 대수 연산(Natural Logarithm)	–
4	LOG	상용 대수 연산(Common Logarithm Base To 10)	–
5	EXP	자연 지수 연산(Natural Exponential)	–
		삼각 펑션	
6	SIN	사인 값 연산(Sine)	–
7	COS	코사인 값 연산(Cosine)	–
8	TAN	탄젠트 값 연산(Tangent)	–
9	ASIN	아크 사인 값 연산(Arc Sine)	–
10	ACOS	아크 코사인 값 연산(Arc Cosine)	–
11	ATAN	아크 탄젠트 값 연산(Arc Tangent)	–
		각도 펑션	
12	RAD_REAL	각도의 단위를 (°)에서 라디안(Radian)으로 변환	–
13	RAD_LREAL		
14	DEG_REAL	라디안(Radian) 값을 각도(°)로 변환	–
15	DEG_LREAL		

(2) 기본 수치 연산 펑션

No	펑션 이름	기능	비고
		입력개수를 확장할 수 있는 연산 펑션(단, n은 8까지 가능)	
1	ADD	더하기(OUT ← IN1 + IN2 + ... + INn)	–
2	MUL	곱하기(OUT ← IN1 * IN2 * ... * INn)	–
		입력개수가 일정한 연산 펑션	
3	SUB	빼기(OUT ← IN1 − IN2)	–
4	DIV	나누기(OUT ← IN1 / IN2)	–
5	MOD	나머지 구하기(OUT ← IN1 Modulo IN2)	–
6	EXPT	지수 연산(OUT ← $IN1^{IN2}$)	–
7	MOVE	데이터 복사(OUT ← IN)	–
		입력 데이터 값 교환	
8	XCHG_***	입력 데이터 값을 서로 교환	–

[8] 선택펑션

NO	펑션 이름	기능(단, n은 8까지 가능)	비고
1	SEL	입력 IN0와 IN1 중에 선택하여 출력	–
2	MAX	입력 IN1, ... INn 중에 최대값 출력	–
3	MIN	입력 IN1, ... INn 중에 최소값 출력	–
4	LIMIT	상, 하한 제한 값 출력	–
5	MUX	입력 IN0, ... INn 중 k번째 입력을 출력	–

[9] 문자열 펑션

NO	펑션 이름	기능	비고
1	LEN	입력 문자열의 길이 구하기	–
2	LEFT	입력 문자열을 왼쪽으로부터 L만큼 출력	–
3	RIGHT	입력 문자열을 오른쪽으로부터 L만큼 출력	–
4	MID	입력 문자열의 P번째부터 L만큼 출력	–
5	CONCAT	입력 문자열을 붙여 출력	–
6	INSERT	첫 번째 입력 문자열의 P번째 문자 뒤에 두 번째 입력 문자열을 삽입하여 출력	–
7	DELETE	입력 문자열의 P번째 문자부터 L개 문자를 삭제하여 출력	–
8	REPLACE	첫 번째 입력 문자열의 P번째 문자부터 L개 문자를 두 번째 입력 문자열로 대치하여 출력	–
9	FIND	첫 번째 입력 문자열 중에 두 번째 입력 문자열 패턴과 동일한 부분을 찾아 시작 문자 위치를 출력	–

[10] 데이터교환 펑션

NO	펑션 이름	기능	비고
1	SWAP_BYTE	BYTE의 상·하위 Nibble을 교환하여 출력	–
	SWAP_WORD	WORD의 상·하위 BYTE를 교환하여 출력	–
	SWAP_DWORD	DWORD의 상·하위 WORD를 교환하여 출력	–
	SWAP_LWORD	LWORD의 상·하위 DWORD를 교환하여 출력	–
2	ARY_SWAP_BYTE	Array로 입력된 BYTE의 상·하위 Nibble을 교환하여 출력	–
	ARY_SWAP_WORD	Array로 입력된 WORD의 상·하위 BYTE를 교환하여 출력	–
	ARY_SWAP_DWORD	Array로 입력된 DWORD의 상·하위 WORD를 교환하여 출력	–
	ARY_SWAP_LWORD	Array로 입력된 LWORD의 상·하위 DWORD를 교환하여 출력	–

[11] MK(Master−K) 펑션

NO	펑션 이름	기능(단, n은 8까지 가능)	비고
1	ENCO_B, W, D, L	On된 비트 위치를 숫자로 출력	−
2	DECO_B, W, D, L	지정된 비트 위치를 On	−
3	BSUM_B, W, D, L	On된 비트 개수를 숫자로 출력	−
4	SEG_WORD	BCD 또는 HEX 값을 7세그먼트 디스플레이 코드로 변환	−
5	BMOV_B, W, D, L	비트 스트링의 일부분을 복사, 이동	−
6	INC_B, W, D, L	IN 데이터를 하나 증가	−
7	DEC_B, W, D, L	IN 데이터를 하나 감소	−

[12] 확장 펑션

NO	펑션 이름	기능(단, n은 8까지 가능)	비고
1	FOR	FOR~NEXT 구간을 n번 실행	−
2	NEXT		−
3	BREAK	FOR~NEXT 구간을 빠져나옴	−
4	CALL	SBRT 루틴 호출	−
5	SBRT	CALL에 의해 호출될 루틴 지정	−
6	RET	RETURN	−
7	JMP	LABLE 위치로 점프	−
8	INIT_DONE	초기화 태스크 종료	−
9	END	프로그램의 종료	−

2.2 펑션블록

[1] 타이머

NO	펑션블록 이름	기능(단, n은 8까지 가능)	비고
1	TP	펄스 타이머(Pulse Timer)	−
2	TON	On 딜레이 타이머(On-Delay Timer)	−
3	TOF	Off 딜레이 타이머(Off-Delay Timer)	−

NO	펑션블록 이름	기능(단, n은 8까지 가능)	비고
4	TMR	적산 타이머(Integrating Timer)	–
5	TP_RST	펄스 타이머의 출력 Off가 가능한 노스테이블 타이머	–
6	TRTG	리트리거블 타이머(Retriggerable Timer)	–
7	TOF_RST	동작 중 출력 Off가 가능한 Off 딜레이 타이머(Off-Delay Timer)	–
8	TON_UINT	정수 설정 On 딜레이 타이머(On-Delay Timer)	–
9	TOF_UINT	정수 설정 Off 딜레이 타이머(Off-Delay Timer)	–
10	TP_UINT	정수 설정 펄스 타이머(Pulse Timer)	–
11	TMR_UINT	정수 설정 적산 타이머(Integrating Timer)	–
12	TMR_FLK	점멸 기능 타이머	–
13	TRTG_UINT	정수 설정 리트리거블 타이머	–

[2] 카운터

NO	펑션블록 이름	기능	비고
1	CTU_***	가산 카운터(Up Counter) INT, DINT, LINT, UINT, UDINT, ULINT	–
2	CTD_***	감산 카운터(Down Counter) INT, DINT, LINT, UINT, UDINT, ULINT	–
3	CTUD_***	가감산 카운터(Up Down Counter) INT, DINT, LINT, UINT, UDINT, ULINT	–
4	CTR	링 카운터(Ring Counter)	–

[3] 에지검출 펑션블록

NO	펑션블록 이름	기 능	비고
1	R_TRIG	상승 에지 검출(Rising Edge Detector)	–
2	F_TRIG	하강 에지 검출(Falling Edge Detector)	–
3	FF	입력조건 상승 시 출력 반전	–

[4] 기타 펑션블록

NO	펑션블록 이름	기능	비고
1	SCON	순차 스텝 및 스텝 점프	−
2	DUTY	지정된 Scan마다 On/Off 반복	−
3	RTC_SET	시간 데이터 쓰기	−

[5] 바이스테이블 펑션블록

NO	펑션블록 이름	기능	비고
1	SR	세트 우선 쌍안정 출력	−
2	RS	리셋 우선 쌍안정 출력	−
3	SEMA	시스템 자원 제어용 Semaphore	−

[6] 특수 펑션블록

NO	펑션블록 이름	기능	비고
1	GET	특수모듈 데이터 읽기	−
2	PUT	특수모듈 데이터 쓰기	−
3	ARY_GET	특수모듈 데이터 읽기(어레이)	−
4	ARY_PUT	특수모듈 데이터 쓰기(어레이)	−
5	GETE	특수모듈 데이터 읽기(상위 워드 Access 가능)	−
6	PUTE	특수모듈 데이터 쓰기(상위 워드 Access 가능)	−
7	ARY_GETE	특수모듈 데이터 읽기(어레이, 상위 워드 Access 가능)	−
8	ARY_PUTE	특수모듈 데이터 쓰기(어레이, 상위 워드 Access 가능)	−

부록 3 ··· 사용자 플래그 및 연산결과 플래그

[1] 사용자 플래그

플래그명	TYPE	내용	설명
_USER_F	WORD	사용자 타이머	사용자가 사용할 수 있는 타이머이다.
_T20MS	BOOL	20 ms 주기의 CLOCK	사용자 프로그램에서 사용할 수 있는 클록 신호로 반주기마다 On/Off 반전된다. 스캔종료 후에 신호반전을 처리하므로, 프로그램수행 시간에 따라 클록신호가 지연 또는 왜곡될 수 있으므로, 스캔시간보다 충분히 긴 클록을 사용하여야 한다. 클록신호는 초기화 프로그램 시작시, 스캔 프로그램 시작시에 Off에서 시작한다.
_T100MS	BOOL	100 ms 주기의 CLOCK	
_T200MS	BOOL	200 ms 주기의 CLOCK	
_T1S	BOOL	1 s 주기의 CLOCK	
_T2S	BOOL	2 s 주기의 CLOCK	
_T10S	BOOL	10 s 주기의 CLOCK	
_T20S	BOOL	20 s 주기의 CLOCK	
_T60S	BOOL	60 s 주기의 CLOCK	_T100ms 클럭 예 50ms 50ms
_On	BOOL	상시 On	사용자 프로그램 작성시 사용할 수 있는 상시 On 플래그
_Off	BOOL	상시 Off	사용자 프로그램 작성시 사용할 수 있는 상시 Off 플래그
_1On	BOOL	첫 스캔 On	운전시작 후 첫 스캔 동안만 On 되는 플래그
_1Off	BOOL	첫 스캔 Off	운전시작 후 첫 스캔 동안만 Off 되는 플래그
_STOG	BOOL	스캔 반전(scan toggle)	사용자 프로그램 수행시 매 스캔마다 On/Off 반전되는 플래그(첫 스캔 On)
_USER_CLK	BOOL	사용자 CLOCK	사용자가 설정 가능한 CLOCK이다.

[2] 연산결과 플래그

플래그명	TYPE	내 용	설 명
_LOGIC_RESULT	WORD	로직표시	로직 결과를 표시한다.
_ERR	BOOL	연산 에러 플래그	연산 펑션(FN) 또는 펑션블록(FB) 단위의 연산 에러 플래그로, 연산이 수행될 때마다 갱신된다.
_LER	BOOL	연산 에러 래치 플래그	프로그램 블록(PB) 단위의 연산 에러 래치 플래그로, 프로그램 블록 수행 중 발생한 에러 표시는 해당 프로그램 블록이 끝날 때까지 유지된다. 프로그램에 의해서 지우는 것이 가능하다.
_ARY_IDX_ERR	BOOL	배열 인덱스 범위 초과 에러 플래그	설정된 배열 개수를 초과하였을 시 에러 플래그가 표시된다.
_ARY_IDX_LER	BOOL	배열 인덱스 범위 초과 래치 에러 플래그	설정된 배열 개수를 초과하였을 시 에러 래치 플래그가 표시된다.
_ALL_Off	BOOL	전 출력 Off	모든 출력이 Off일 경우 On
_PUTGET_ERRn	WORD	PUT/GET 에러	n: 0~7번 베이스 PUT/GET 에러 표시
_PUTGET_NDRn	WORD	PUT/GET 완료	n: 0~7번 베이스 PUT/GET 완료 표시

- XGI 초급(V1.2), LS산전, 2013
- XGI 고급, LS산전, 2014
- XGI/XGR/XEC 명령어집(V2.7), LS산전, 2014
- XGK 초급, LS산전, 2012
- XGK 일반, LS산전, 2012
- XG5000 소프트웨어 사용설명서, LS산전, 2012
- XGI CPU모듈 사용설명서, LS산전, 2012
- XGT Series 아날로그 입력모듈 사용설명서, LS산전, 2009
- XGT Series 아날로그 출력모듈 사용설명서, LS산전, 2009
- XGT Series 카탈로그, LS산전, 2014
- GLOFA GM4중심 PLC의 제어, 엄기찬 외 공저, 북스힐, 2007
- PLC제어와 응용, 원규식 외 공저, 동일출판사, 2011
- PLC응용기술, 김원회 외 공저, 성안당, 2006
- PLC응용제어 시스템 설계, 정대원, 두양사, 2009
- PLC자동화 응용기술, 권철오, 태양문화사, 2012
- PLC 응용제어기술, 김태평, 기다리, 2005
- XGI PLC Programing(XGK중심), 신현재, 북두출판사, 2013

XGI 중심 PLC제어

초판 발행 | 2014년 12월 25일
3쇄 발행 | 2022년 02월 15일

지은이 | 엄 기 찬
펴낸이 | 조 승 식
펴낸곳 | (주)도서출판 북스힐

등 록 | 1998년 7월 28일 제22-457호
주 소 | 서울시 강북구 한천로 153길 17
전 화 | (02) 994-0071
팩 스 | (02) 994-0073

홈페이지 | www.bookshill.com
이메일 | bookshill@bookshill.com

정가 20,000원

ISBN 978-89-5526-922-2